Reinhard K. Sprenger

MAGIE DES KONFLIKTS

Warum ihn jeder braucht und
wie er uns weiterbringt

Pantheon

FSC
www.fsc.org
MIX
Papier | Fördert gute Waldnutzung
FSC® C083411

Penguin Random House Verlagsgruppe FSC® N001967

3. Auflage

in der Penguin Random House Verlagsgruppe GmbH,
Neumarkter Straße 28, 81673 München
produktsicherheit@penguinrandomhouse.de
(Vorstehende Angaben sind zugleich Pflichtinformationen nach GPSR)
Zeichnung: Peter Palm, Berlin
Umschlaggestaltung: Büro Jorge Schmidt, München
Umschlagabbildung: © Artem_Graf/shutterstock
Typografie und Satz: DVA / Andrea Mogwitz
Druck und Bindung: CPI books GmbH
Printed in Germany
ISBN 978-3-570-55455-5

www.pantheon-verlag.de

Für Wolfgang Hildesheimer, dessen gedankliche und sprachliche Pluralität mich einst anstiftete.
Heute hätte er einem Buch möglicherweise diese Trigger-Warnung vorangestellt:

Ich möchte Sie warnen, dass Sie folgende Warnung vielleicht gar nicht lesen wollen: Dieses Buch könnte Ideen enthalten, die Sie vielleicht gar nicht lesen wollen.

Inhalt

Teil 3 Psycho-soziale Konflikte 104

Teil 4 Systemisch-soziale Konflikte 234

»Das ist er! riefen die beiden Frauen mit einer Stimme und ergriffen den Zauderer. Für eine von ihnen hatte er sich bereits entschieden und nannte sie daher ›Die Lösung‹. Seitdem verfolgte ihn die andere und bedrohte ihn (…). Sie hieß folglich ›Das Problem‹. Aber Lösung und Problem gehörten zusammen wie Auge und Apfel, sie sollten *einunddieselbe* Frau für ihn sein. (Problem) forderte, daß er Lösung verlasse und sie wähle. Das hätte er tun können, denn Problem war für sich betrachtet anziehend genug. Aber wäre dann Lösung nicht zum Problem geworden? Wie sie beide vereinigen und er durch beide hindurch der Vereinigungsfaktor?«

Botho Strauß

»Den Satz des Widerspruchs zu vernichten ist vielleicht die höchste Aufgabe der höheren Logik.«

Novalis

»Deine Zauber binden wieder / was der Mode Schwert geteilt«

Friedrich Schiller, »An die Freude« (Urtext)

Vorwort

»Magie des Konflikts« – seit Jahren gebe ich ein öffentliches Seminar mit diesem Titel. Oft wurde ich gefragt, wo man den Inhalt nachlesen könne. Nun, hier! Es schien mir dringlich, meine Praxiserfahrungen und Gedanken rund um Konflikte niederzuschreiben. Dies vor dem Hintergrund gesamtgesellschaftlicher Beunruhigung. Die allgemeine Gereiztheit nimmt zu, zivilisierende Filter brechen weg, der Zeitgeist verändert sich – oft Zeit minus Geist.

War im Kalten Krieg die Welt noch klar in Gut und Böse geteilt, so verlaufen die politischen und gesellschaftlichen Konfliktlinien jetzt kreuz und quer durch die westlichen Gesellschaften. Die Frontstellungen haben sich *nach innen* verlagert und formen dort neue Konfliktmärkte. Auf diesen Märkten handeln wir auch unsere eigenen Konflikte, im Privaten wie im Beruflichen. Das gesellschaftliche Klima umgibt uns und bildet den Hintergrund dafür, wie wir mit unserem Partner, mit Freunden, mit unseren Kindern in Konflikten handeln. Und natürlich prägt es uns besonders am Arbeitsplatz. Zwar sind die Spannungen einer hysterischen Öffentlichkeit in den Unternehmen noch kaum angekommen, aber das könnte sich rasch ändern, wenn wir nicht lernen, Konflikt anders zu begreifen. Dieses Buch macht jedenfalls nicht selbst den Wind, für den sein Autor die Segel setzt.

Im Hintergrund steht die Frage: Wie schaffen wir Zusammenhalt? Wie schaffen wir ein »Wir« – in der Gesellschaft, als Familie, im Unternehmen? Die Antwort dieses Buches lautet:

Der Konflikt ist die Lösung.

Ja, ich weiß, das klingt rätselhaft, aber doch auch verheißungsvoll, nicht wahr? Es geht mir dabei um nicht weniger, als Ihre Wahrnehmung des Konflikts fundamental zu verändern. Auch Ihre Selbstwahrnehmung im Konfliktfall. Egal, ob es um Auseinandersetzungen im Privaten oder am Arbeitsplatz geht – *überall* gilt es, die tiefgreifenden Vorurteile zu Konflikten zu prüfen, die uns gefangen halten. Vor allem jene Einseitigkeiten, die in Konflikten etwas Negatives, ja Niederziehendes sehen. Denn der Konflikt ist immer schon da – und wird weiterhin da sein. Als System, als Struktur, als Hohlform. Er wartet geradezu darauf, dass wir ihn mit Inhalten füllen. Diese könnten unterschiedlicher kaum sein: Werte, Ehekrach, Ziele, Wettbewerb, Kindererziehung, Familienfehden, Entscheidungen, Fremdgehen, Verhandlungen, Fußballspiele, Meinungsverschiedenheiten, Elternabende, Work-Life-Balance – suchen Sie sich etwas aus.

Dabei wird Konflikt zumeist missverstanden. Es wird nicht gesehen, dass der Konflikt verbindet, was getrennt wurde, vereint, was sich zu sondern drohte. Wie der Zirkustrick von der zersägten Dame: Der Zauberer hat die Illusion der Trennung erzeugt, die Dame war nie wirklich zersägt. Für einen kurzen Augenblick haben wir es geglaubt. Das ist das Magische am Konflikt: In nahezu allen Erscheinungsformen scheint er zu spalten – und fügt doch zusammen, was ich im weiteren Verlauf des Buches zeigen werde. Er ist Teil von jener Kraft, die (manchmal) das Böse will und doch das Gute schafft. Jedenfalls scheint es mir an der Zeit, die *Lösung des Konflikts* einzutauschen gegen den *Konflikt als Lösung.*

Halten Sie das für ein Sprachspiel? Für Übertreibung? Provokation? Wenn Ihnen das »Ja, aber …« auf den Lippen liegt oder Sie gerade aktuell unter einem Konflikt leiden, bitte ich um etwas Geduld. Ich will Ihre Skepsis keineswegs vom Tisch wischen. Schon aus eigener Erfahrung nicht. Aber geben Sie mir eine Chance, Konflikt neu zu beschreiben und zu bewerten – als ein Unterwegssein in einer unablässig schwankenden Wirklichkeit. Weil Leben heißt: Widersprüche verwalten – in der Gesellschaft, im Unternehmen, in privaten Beziehungen und in sich selbst.

Um Sie für die Magie des Konflikts zu gewinnen, beginne ich mit einigen *grundsätzlichen* Aussagen zum Konflikt. Dafür knipse ich verschiedene Lampen an, die den Konflikt in ein neues Licht tauchen. Wie Sie den Konflikt *anschauen* – das ist entscheidend dafür, *wie Sie mit ihm umgehen*. Ich hoffe jedenfalls, dass Sie die eine oder andere Beleuchtung er-leuchtet. Danach widme ich mich der Grundbedingung von Konflikten: der Tatsache, dass alles sein Gegenteil in sich trägt, alles einen Pluspol und einen Minuspol hat: die *Mehrdeutigkeit* der Wirklichkeit, Gegensatz, Ambivalenz – Worte für konfliktäre Uneindeutigkeit. Und damit für Realität. Drittens zeige ich, was mit uns passiert, wenn der Minuspol abgespalten wird: innere Verödung. Und was passiert, wenn wir diese Abspaltung nach außen tragen: *psycho-soziale Konflikte*. Aber auch, im positiven Fall, wenn wir als Individuen den Weg in die Souveränität gehen. Im vierten Teil schildere ich den Konflikt als Ordnungsprinzip von Organisationen. Ich zeige, dass der Konflikt nicht nur Individuen vitalisiert, sondern auch Unternehmen. Und was passiert, wenn das verkannt wird: *systemisch-soziale Konflikte*. Im fünften und letzten Teil ziehe ich Konsequenzen für *Führungskräfte*, den Lückenbüßern der Organisation. Gerade für sie gilt: Der Konsens darf nicht auf Kosten der Zukunft des Unternehmens gehen, der Konflikt nicht auf Kosten der Einheit.

Hinweise, die das Gesagte ergänzen, finden Sie optisch hervorgehoben. Beide Textteile sollen Ihnen Lust machen, mit frischen Augen auf eine Kraft zu schauen, die ertragen werden muss, aber zugleich der Motor unserer Zukunft ist. Letztlich geht es mir darum, Ihnen zu helfen, leichter mit Konflikten umzugehen. Und mit *sich selbst.*

Mit *sich selbst*? Ja, gerade Konflikte am Arbeitsplatz bleiben selten dort – wir nehmen sie mit in unsere Familien, Partnerschaften und Freundeskreise. Deshalb sage ich nicht ohne pathetischen Unterton: Ob Ihr Leben gelingt, entscheidet sich im Konflikt! Ob Sie gesund bleiben, entscheidet sich im Konflikt! Ob Sie als Manager erfolgreich sind oder eben nicht, entscheidet sich im Konflikt!

Steile Thesen, mögen Sie denken. Aber was, wenn es stimmt? Beginnen wir mit einigen Klärungen.

Teil 1

Klärungen

Konflikte. Jeder hat sie. Niemand will sie. Deshalb wollen die meisten Menschen sie möglichst weiträumig umfahren. Und wenn das nicht geht, hinter sich bringen. Oder gar *lösen*. Verständlich. Ist aber etwa so wahrscheinlich wie die Deutsche Meisterschaft für meinen heimatlichen Fußballklub Rot-Weiss-Essen. Mehr noch: schädlich. Wie das?

Gesamtgesellschaftlich hält sich das Vorurteil, dass nur das harmonische Einverständnis der Menschen Zusammenhalt bietet. Konflikt gilt als das Gegenteil von Harmonie und Zusammenhalt, als die Negation des Miteinanders. Man will ihm aus dem Weg gehen oder ihn aus dem Weg schaffen. Das verkennt die magische *Doppelwertigkeit* von Konflikten.

Natürlich sind Konflikte lästig. Im Grunde will niemand etwas mit Konflikten zu tun haben. Im Extremfall zerstören sie sogar: Eltern-Kind-Beziehungen, Freundschaften und Ehen. Sie zermürben Unternehmen und spalten Nationen. Betrachtet man einige Meter Ratgeberliteratur, dann springt folglich das *Vermeiden* ins Auge: »Konfliktfrei leben« heißt es da, »Wie man Konflikte löst« und »Konflikte positiv bewältigen«. Diese Titel bezeichnen den Kulturkonsens, die allgemein verpflichtende Lebensweise.

Aber, Hand aufs Herz, ist ein Leben ohne Konflikt wirklich wünschenswert?

Beobachten Sie sich selbst! Sie werden von Konflikten wahrscheinlich ebenso abgestoßen wie angezogen. Man spricht von »dunklen Wolken«, die aufziehen. Aber auch vom »reinigenden Gewitter«, das alles blitzsauber wischt. Manchmal ist der Konflikt ja nicht nur die Lösung, sondern geradezu *Erlösung*.

Und auch das werden Sie kennen: Wer keine Konflikte hat, ist langweilig. Interessante Geschichten in der Literatur wie im wahren Leben basieren fast immer auf Konflikten. Spannungsverhältnisse sind nicht nur belastend, sondern machen das Leben eben auch – spannend. Eine Zauberwirkung: Lassen Sie den zerstreutesten Zeitgenossen seinen Weg suchen, und er wird unfehlbar wie eine Kompassnadel von einem Konflikt angezogen.

Manche lassen sich von Konflikten geradezu »verhexen«. Oft glaubt man die Menschen kaum wiederzuerkennen, wenn man sie in Konflikten erlebt. Diese Energie! Vergleichen Sie mal zwei Menschen, die heiraten, und zwei, die sich scheiden lassen. Die Frau, die »Keinen Tag länger!« ruft – sie ist nicht dieselbe, die einst das Ja-Wort hauchte. Und der Mann, der »Auf immer und ewig!« beteuerte, ist vielleicht sich selbst ein Fremder geworden. Das sind nicht zwei Menschen, das sind vier. Magisch.

Konflikte sind vor allem dann magisch anziehend, wenn *andere* ihn haben. Es gibt nicht wenige Menschen, die zwar behaupten, selbst keine Konflikte zu haben, jedoch von zahllosen Konflikten in ihrem Umfeld berichten. Das mag Realitätsausblendung sein. Richtig daran ist: Von den meisten Konflikten sind Sie *nicht direkt* betroffen. Sie werden Ihnen medial vermittelt. Bequem sitzen Sie in Ihrem Sessel, bekommen die Konflikte mundgerecht serviert, mit Sicherheitsabstand.

Die meiste Zeit also *beobachten* Sie Konflikte. Sie beobachten, wie andere Menschen andere Menschen beobachten, sie beurteilen und entsprechend handeln. Zeitungen leben davon und Fernsehnachrichten. Ein kurzer Krieg macht bekanntlich bessere Schlagzeilen als ein langer Frieden. Und nichts begeistert den Fernsehzuschauer mehr als die Revolution in einem fernen Land. Ohne Konflikte wären ganze gesellschaftliche Subsysteme gegenstandslos. Das Rechtssystem zum Beispiel, oder die Wehrtechnik. Ebenso: Wahlkämpfe, Demonstrationen, wissenschaftliche Dispute, ja sogar Sportereignisse blieben ohne Resonanz, fehlte ihnen das Hexenkesselige. Opern, Theaterstücke, ein Überangebot an Gegenständen, die Menschen sich ausgedacht haben, um sich gegenseitig zu massakrieren, in den Museen einige Quadratkilometer gemalte Konflikte, die beim Betrachter Schrecken und Mitleid auslösen. Die Marter des heiligen Sebastian, die Verspottung Christi, Perseus kämpft mit der Medusa, der heilige Julian wird enthauptet, Seeschlachten, Gemetzel ohne Ende. Auch die Filmindustrie ist ständig damit befasst, scheußlich-schöne Schrecken hervorzubringen, damit wir unser archaisches Notverhalten nicht vergessen. Wie Platons Höhlenbewohner sind wir gefangen in einem Kino, das uns täglich mit Auseinandersetzungen, Empörungsanlässen und *breaking news* in Bann schlägt. Und wir *werden* nicht gefangen gehalten, sondern binden uns selbst, weil wir diese Konflikte als Unterhaltung lieben.

Ich habe daher nur mühevoll der Versuchung widerstanden, *alle* Bereiche des Lebens als Modifikationen von Konflikt aufzufassen. Auch Vergnügungen und spielerische Lebensaspekte stehen ja, wie gesagt, keineswegs in Opposition dazu. In Konflikten tritt jedenfalls das Grundgewebe unseres gesellschaftlichen Zusammenlebens exemplarisch zutage. Durch sie und in ihnen erfahren wir mehr über uns und unsere soziale Wirklichkeit.

Wenn wir auf *Unternehmen* schauen, erkennen wir auch dort den Magnetismus des Konflikts. Einerseits: Konflikte stören Prozesse, Energie wird »innen« gebunden. Wenn Energie nach innen geht, kann sie nicht nach außen gehen, zum Kunden. Zudem machen Konflikte Kollegen zu Gegnern, die dann weiter so tun, als seien sie Kollegen. Produktiv ist das nicht. Und immer kommen Konflikte ungelegen: Man hat Bahnbrechendes vor und zack! – plötzlich hängt der Abteilungssegen schief, weil irgendeine Rüpelvariante eines Kollegen sich nicht im Griff hat. Studien zeigen, dass Manager bis zu 18 Prozent ihrer Arbeitszeit für das Moderieren von Konflikten aufwenden.

Andererseits: Die *Attraktion* von Konflikten ist auch im Unternehmen riesig. Wenn Sie in einer Organisation ab einer gewissen Größe arbeiten, kennen Sie den Klatsch und Tratsch über Streit zwischen einzelnen Personen, zwischen Abteilungen, zwischen ganzen Organisationsbereichen, die überhaupt nicht »miteinander können« oder gar »zerstritten« sind. Wer gegen wen? Wer hat gewonnen? Wer verloren? Konflikte haben in Unternehmen oft die Qualität von Showspektakeln vor vollem Haus. Der ansonsten routinierte Arbeitsalltag nimmt Fahrt auf. Das hat Tradition: Seit Jahrtausenden versuchen die Menschen der Wiederkehr des Alltäglichen zu entfliehen, egal wohin. Das kann Fest, Abenteuer und Kino sein, das kann eben auch Zwist, Streit und Konflikt sein. Konflikt lässt den Adrenalinspiegel steigen – und alle Lebenszweifel treten in den Hintergrund. Vermutlich werden Sie mir zustimmen: Einen Teil Ihres Gesamteinkommens verdanken Sie dem *Unterhaltungswert* Ihres Unternehmens. Der wäre dann vergnügungssteuerpflichtig …

Konflikte ziehen also an und stoßen ab. Wer nur die abstoßende Wirkung fühlt, billigt zwar die übliche Dämonisierung, schadet sich aber selbst, weil er etwas ganz Zentrales übersieht: die *lebensspendende Funktion* von Konflikten.

Konflikte sind Motoren des Lebens

»Konflikt!« Ein scharfer Anlaut, zwei kurzen Silben, ein noch schärferer Ablaut – das bleibt nicht im Hintergrund. Das ist eckig, drängt zur Bewegung, ist anstößig und stößt an. Dieses Belebende können wir entdecken, wenn wir auf Konflikte schauen, die uns selbst betreffen. Alles, was wir können, all unsere Talente verdanken wir Grenzsituationen: Widerständen und Problemen. Sie fordern uns heraus, lassen uns wachsen, entwickeln neue Sichtweisen und Fähigkeiten.

Wenn gesellschaftliche Lebensqualität darin besteht, jeder einzelnen Person zur bestmöglichen Verwirklichung ihrer individuellen Fähigkeiten zu verhelfen, dann war das historisch noch immer mit häufig erbitterten Konflikten verbunden. Das Negative ist also das eigentlich Positive. Jeder Segler weiß, dass Gegenwinde viel häufiger sind als achterliche Winde. Der kundige Segler weiß sie zu nutzen … genau wie jener, der auf dem Titelkupfer der Schrift abgebildet ist, mit der Francis Bacon 1620 den Konflikt als Fortschrittsmotor der Neuzeit einbürgerte: »Viele werden ratlos umherirren, und die Erkenntnis wird groß sein.«

Ich übertreibe also nur wenig, wenn ich Sie bitte, »Hurra, ein Konflikt!« zu rufen. Da geht was voran.

Das Leben beginnt, wenn die Komfortzone endet.

Im Kindesalter geht es los. Identität zum Beispiel gibt es nur durch Konflikt. Als Abgrenzung gegenüber den Eltern. Dadurch wird Kraft freigesetzt, Kraft, die wir zum Wachsen brauchen. Wenn ein Kind sich nicht an den Eltern reiben kann, entwickelt es keine Ich-Stärke. Dann lernt es nicht, eigene Bedürfnisse durchzusetzen. Wenn nach der Shell-Jugendstudie 2019 mehr als 90 Prozent aller Jugendlichen ein gutes oder sehr gutes Verhältnis zu ihren Eltern haben, ist das keineswegs nur begrüßenswert. Ohne Konflikt werden diese Kinder die Welt nicht für sich erobern können.

Auch *Beziehungen* entscheiden sich an der Peripherie, also im Konfliktfall – so wie Architektur sich nicht über die ruhigen Flächen definiert, sondern an den Rändern, Kanten und Übergängen. Konflikte wirken stabilisierend auch auf Liebesordnungen. Wer in seiner Beziehung nie einen Konflikt hatte und diesen bewältigen musste, der bleibt anfällig für Erschütterungen. Auch »Traumpaare« erweisen sich nicht in den dahinplätschernden Regelabläufen, sondern in der virtuosen Kontroverse. Die entgiftende Wirkung des Ehekrachs – Erlösung von der halbbewusst quälenden Unausgetragenheit. Dann weiß man: Wir sind da gemeinsam durchgegangen und konnten uns anschließend wieder in die Augen sehen. Dann hat der Konflikt seinen Zauber wirken lassen.

Der Konflikt gibt uns also Gelegenheit, heranzureifen und uns zu stärken. Deshalb gilt: An die Ränder gehen, Konflikte verstehen und vernünftig handhaben, ist das A und O eines gelingenden Lebens.

Konflikte vitalisieren Unternehmen

Konflikt als Katalysator für Entwicklung und Wachstum – das gilt in besonderem Maß auch für Unternehmen. So wie nach einem geheimnisvollen Gesetz fast jedes Gebrechen eine besondere Begabung als Gegengewicht hat, so stimulieren Konflikte Veränderungen. Sie wirken wie Warnblinkleuchten: Es muss etwas geschehen! Das ist besonders wichtig für die Zukunftsfähigkeit des Unternehmens: Nur der Konflikt löst von den Fesseln vergangener Erfolge. Auch insofern ist der Konflikt die *Lösung* – zum ersten Mal verstand ich das Wort in seiner wahren Bedeutung (im Sinne von »Loslösung«), als ich diesen Satz schrieb.

Nehmen Sie die Zusammenarbeit im Unternehmen: Sie wird durch Konflikte klüger, gehaltvoller. Konflikte zeigen die Vielschichtigkeit von Sachverhalten auf, die sonst unbemerkt blieben. Wenn Sie den anderen in seiner Weltsicht »besuchen«, wirklich interessiert sind. Mehr noch: Im Konflikt finden Sie heraus, was der andere *wirklich* will. Niemals werden Sie mehr über jemanden erfahren und über das, was ihm wichtig ist, als wenn er dafür in den Konflikt geht!

Insofern sind Konflikte produktiv im besten Sinne: Sie sind für das Unternehmen, was der Regen für die Felder ist: das Lebenselixier einer agilen, zukunftsfähigen Arbeitsgemeinschaft. Jede Innovation, jeder Fortschritt ist aus einem Konflikt hervorgegangen. Denken Sie nur an Galileo Galilei, dessen wegweisende Forschungen zur Kosmologie und Astronomie ihm einen Dauerkonflikt mit der katholischen Kirche einbrachten, was schließlich sogar in einem Prozess gegen ihn gipfelte. Er blieb am Leben, aber andere – wie beispielsweise Giordano Bruno – kostete diese Auseinandersetzung das Leben. Auch Darwins Evolutionslehre ist Ergebnis und zugleich Teil des Konflikts mit der Kirche, die Gott als alleinigen Schöpfer allen Lebens sah. Immerhin wurde Darwin im

19. Jahrhundert bloß noch in erbitterte Streitgespräche verwickelt, aber nicht mehr verbrannt.

Als ein Beispiel für eine Erfindung aus der jüngeren Zeit seien hier die Post-it-Haftnotizen genannt, die der 3M-Mitarbeiter Art Fry gegen den Widerstand des Managements weiterentwickelte und, obwohl ihm wiederholt Forschungsbudgets verweigert wurden, zu einer der »wichtigsten Erfindungen des 20. Jahrhunderts« *(Fortune)* machte.

Der Konflikt geht also allem Neubeginn voraus. Wenn Sie genau hinhören, rauscht im Konflikt der Zauberwind der Zukunft.

Eine solche Perspektive revolutioniert unsere Vorstellungswelt von unternehmerischer Kooperation. Wenn wir das Versprechen ernst nehmen, das der Konflikt gibt, dann ist die Norm im Unternehmen nicht mehr die Eintracht, die gleichbedeutend ist mit Stillstand, sondern der Konflikt, der bewegt und das Potenzial von Veränderung und Erneuerung in sich trägt. Hat man den Konflikt erst einmal als *Weltbeweger* erfasst, resultiert daraus geradezu die *Pflicht* zum Konflikt. Er ist ein Zauber gegen alles, was stillzustehen droht, ein Therapeut der Paralyse. Wir sollten daher dem Konflikt vertrauen. Uns mit ihm anfreunden. Ihn sogar *genießen*, wenn wir ihn aus einem bestimmten Blickwinkel anschauen.

Wer an dieser Stelle die Stirn runzelt, schaue sich die erfolgsgelähmte Schweizer Medtech-Branche an, die deutsche Automobilindustrie, den zwischen Handelskrieg und Klimarettungseuphorie eingeklemmten Maschinenbau oder auch Großbritannien angesichts des Brexit-Dramas. Werfen Sie auch einen Blick auf die Harmoniezirkel deutscher Aufsichtsräte. Die Spitzen der deutschen Wirtschaft sind meist männlich, akademisch, westdeutsch, um die 50 Jahre alt und eng miteinander verbandelt. »Kartell der Klone« nannte das die *Wirtschaftswoche* im Oktober 2019. Sperrige Typen werden ausgemendelt. Dabei geht es nicht nur um Geld und Macht – die Monokultur im Management soll vorrangig

Konflikt vermeiden. Die Bereitschaft des *speaking up*, des offenen Stellungs- und Oppositionsbeziehens, ist kaum entwickelt. Man kennt sich, respektiert sich, sucht jemanden, der »passt«. Wie in der Spätphase des antiken Roms bürgert man nicht aufgrund von Bildung und Leistung ein, sondern aufgrund nachgewiesener Loyalität. Dieses Phänomen nennt die Organisationspsychologie »homo-soziale Reproduktion«. Ein anderes Wort dafür ist »Inzest«. Das Ergebnis: programmierter Konsens durch Schweigen. Konflikt vermeiden aber heißt die Zukunft vermeiden.

Deshalb, auch auf die Gefahr hin, hier Anstößiges zu formulieren: Wenn Sie wirklich Energie im Unternehmen freisetzen wollen, dann dürfen Sie Konflikte nicht zudecken, sondern müssen sie *aufdecken*. Mehr noch: Anfachen. Dann können Sie die Komplizenschaft von Konflikt und Unternehmensentwicklung nutzen. Wenn sich hingegen alle einig sind, wartet der Tod des Unternehmens:

Einigkeit macht starr.

Der magische *Doppelcharakter* des Konflikts kommt in dieser Formulierung gut zum Ausdruck. Konflikt ist lästig und listig, stört und hilft gleichzeitig, ist unvermeidbar und unterhaltsam, ärgert und erfrischt, schreckt ab wie ein Minenfeld, zieht an wie ein Magnet. Die Lust auf Veränderung sitzt ebenso tief wie die Furcht davor. Die Urangst vor dem Verlassenwerden hält sich die Waage mit dem bösen Vergnügen an der Zerstörung. Konflikt ist also zunächst weder gut noch schlecht. Er ist.

Auch wenn man den Doppelcharakter des Konflikts grundsätzlich anerkennt – überwiegt nun das Störende oder das Helfende? »Well, it depends!«, würde der kluge Manager sagen. Aber unter den Vorzeichen sich rapide verändernder Unternehmensumwelten sollte die *chancenreiche* Seite betont werden. Konflikt hilft.

Konflikte in Familienunternehmen

Immer wieder werden sie als positive Gegenbeispiele zu öffentlich kotierten Konzernen genannt: Familienunternehmen. Zu Recht – auch wenn die enteignungsähnliche Erbschaftssteuerreform 2018 sie zu schwächen versucht. Der lange Positivkatalog wird auch nicht durch Nachteile geschmälert, etwa der oft absurd patriarchalischen Führung, nicht selten in der Maske des Christlichen. Aber das Modell »Familienunternehmen« ist eine Leidensgeschichte. Fast alle Unternehmen *waren* mal Familienunternehmen; sie sind es heute nicht mehr. Nur 12 Prozent der Familienunternehmen schaffen die Weitergabe bis in die dritte Generation, nur 1 Prozent bis in die fünfte. Insofern ist der oft genannte Vorteil der Langfrist-Orientierung nur teilweise berechtigt. Man ist mithin gut beraten, die besondere Sollbruchstelle von Familienunternehmen zu kennen.

Die Grundschwäche des Modells ist die besondere Streitanfälligkeit familiär geprägter Gesellschafterkreise. Die ist vorrangig jener Währung zu verdanken, mit der im Familiensystem gezahlt wird. Das ist nicht Geld, sondern *Liebe*. Liebe zu Familienmitgliedern, Liebe zur großen Erzählung, Liebe zu bestimmten Produkten oder Herstellungsverfahren. Entsprechend hoch sind die Beharrungsenergien. Die interne Systemlogik »Liebe« bestimmt auch oft die Führungskräfteauswahl. Statt Kriterien wie fachliche Eignung und Passung dominieren Zusammenhalt und Gleichbehandlung der Kinder respektive der Familienstämme. Das mag unter der Bedingung nicht-volatiler, nicht-globaler und vor-digitaler Abschöpfungsmärkte funktioniert haben. Heute müssen wir die Unternehmen aus der Zukunft führen.

Die Nachteile der internen Systemlogik »Liebe« zeigen sich drastisch im Konflikt. Charakteristisch für Familienunternehmen ist die *Unendlichkeit des Spiels* – man kann Familie nicht abwählen, die hat man immer. Man ist eine Schicksalsgemeinschaft, deren Mitglieder sich nur in den seltensten Fällen freiwillig gewählt hätten. Da niemand das Ende des Spiels fürchten muss, fehlt oft die disziplinierende Wirkung des *opting out*. Entsprechend enthemmt ist die Kommunikation, nicht selten jenseits des zivilisatorisch Zulässigen. Leistungsschwäche wird umgangen, Tabus über Jahrzehnte verschleppt. Das psychologische Eigentum (»mein« Unternehmen) macht es möglich. Man sitzt in einer paradoxen »Liebesfalle«.

Der größte Wertvernichter in Familienunternehmen ist daher der chronifizierte Streit. Alte familieninterne Themen kommen immer wieder hoch, geschwisterliche Rivalitäten, Spannungen zwischen Eltern und Kindern, vor allem der häufige Vater-Sohn-Konflikt. Deshalb sollte man Strukturen bauen, die Konflikte gut organisieren: Professionalisierung der Nachfolge (möglichst früh), Legislative behalten (Verwaltungsrat), Exekutive delegieren, externe Expertise einfließen lassen, ob in einem Gesellschafterausschuss oder gleich mit Fremdgeschäftsführern. Ein konstruktiver Umgang mit Konflikten ist wahrscheinlicher, wenn nur wenige Familienmitglieder im Führungsteam sind. Maximal drei. Damit Familienunternehmen, denen wir einen großen Teil unseres Wohlstands verdanken, eine Zukunft haben. ■

Meine Erfahrung als Referent und Berater belegt jedoch nahezu täglich das Gegenteil. Man bucht gerne einen Vortrag, der den internen Status Quo bestätigt. Kritisches Infragestellen ist selten erwünscht; man wolle »die Leute« nicht irritieren. Im Grunde erklärt man damit die eigenen Mitarbeiter für blöd. Wichtiger noch: Man immunisiert sich gegen Entwicklung. Und das sollte in Unternehmen doch bei Strafe verboten sein! Nicht der Konsens, sondern der Dissens beweist die Vernunft einer Diskussion. Diese Diskussion muss uns Gründe abverlangen, warum wir es anders sehen.

Der Konflikt als sozialer Kitt des Unternehmens – das ist noch kaum verstanden worden. Dass aufrichtig und zivilisiert streiten ein *Bindemittel* ist. Ein Zeichen gegenseitiger Anerkennung. Man streitet sich ja nur mit demjenigen, den man als ebenbürtig und gleichwertig anerkennt (in früheren Zeiten hätte man »satisfaktionsfähig« gesagt). Der Soziologe Georg Simmel beschrieb schon 1908 den konstruktiven Streit als Chance, das Miteinander auszuhalten, ohne fliehen oder den anderen beseitigen zu müssen. Das wird selten zugestanden. Derart viel wird unter den berühmten Teppich gekehrt, dass man kaum noch darauf laufen kann. Vor allem auch in Familienunternehmen hält man sich gerne wechselseitig die Hand vor Augen. Amerikaner kennen das schöne Sprachbild *walking on eggshells.*

> siehe auch Seite 26: Konflikte in Familienunternehmen

Aus all dem folgt: Es ist einerlei, ob Sie viele oder wenige Konflikte in Ihrem Leben haben. Es kommt darauf an, was Sie daraus machen. Wenn Sie Konflikt als Chance sehen. Deshalb geht es mir darum, Konflikt im Unternehmen zu aristokratisieren. »What's so funny about peace, love and understanding?«, fragt der formidable Nick Lowe in seinem besten Song. Und John Lennon hätte ihm verschmitzt geantwortet: »Give war a chance!«

Die Normalität des Konflikts

Die meisten Menschen haben für ihr Leben das innere Bild eines möglichst langen, ruhigen Flusses, in dem Turbulenzen die Ausnahme sind. Dem Konflikt kommt in dieser Vorstellung der Charakter des Besonderen zu. Er ist eine Stromschnelle, die – um im Bild zu bleiben – möglichst zu umschiffen ist. Danach fließt das Wasser wieder ruhig und harmonisch. Ein trügerisches Bild. Vielmehr gilt:

Konflikte sind die Regel, Harmonie die Ausnahme.

Diese Aussage mag Sie irritieren, vielleicht aber auch befreien. Befreien von einem Missverständnis: Harmonie bedeutet nicht »Gleichklang«, sondern »Zusammenklang«. Letzteres funktioniert nur bei »Gegenstimmen«. Harmonie ist also der kluge Umgang mit Gegenstimmen. Befreien müssen wir uns aber vor allem von der Erwartung, das Leben müsse irgendwie konfliktfrei fließen. Laufen wir nicht alle täglich mit Konflikten herum? Mit inneren zumeist? Mit Entscheidungen, die zwar fällig sind, aber noch nicht gefällt? Mit dem Zwiespalt in uns, dass wir vielleicht weder Fleisch essen noch den Wäschetrockner nutzen, sogar bei schlechtem Wetter das Fahrrad nehmen – dann aber doch seufzend in das Flugzeug nach Marokko steigen und damit unsere Ökobilanz versauen? Mit äußeren Konflikten als alltägliche Begleiterscheinungen menschlichen Miteinanders? Mit Meinungsverschiedenheiten, Streit und Unfrieden in unserem sozialen Konvoi: Nachbarn, Freunden, Bekannten? Verwandten vor allem: »Wir sind verwandt / mit dem Messer in der Hand«, singt Annett Louisan. Und Streit mit Verwandten schmerzt mehr als Ehekrach – von Eltern und Geschwistern kann man sich nicht scheiden lassen.

Ebenso im Geschäftsleben: Jede Verhandlung ist im Grunde konfliktär. Denken Sie an Tarifverhandlungen zwischen Gewerkschaften und Arbeitgeberverbänden. Denken Sie an Verhandlungen mit Lieferanten. Denken Sie an Zielvereinbarungen im Unternehmen. Auch in Projekten und Teams ist Konfliktfreiheit wirklichkeitsfremd. Denken Sie an Revierstreitigkeiten nach Fusionen: Die neue Zusammengehörigkeit provoziert das *not invented here*. Genau so ist es bei Umstrukturierungen, und die passieren ja eigentlich ständig. Im Grunde ist jede Veränderung mit

Spannung verbunden – weil sie alle jene zum Gegner hat, die aus dem Status Quo ihre Vorteile ziehen.

Das Bild vom ruhigen Fluss führt also in die Irre. Das Gegenteil ist richtig: Konflikt ist das Normale. Mehr noch: Das Konfliktpotenzial zwischen Menschen ist so riesig, dass man sich eher wundern sollte, warum wir uns nicht ständig in den Haaren liegen. Aus dieser Perspektive fällt es direkt viel leichter, in einen Konflikt einzusteigen, oder?

Konflikt als Regelfall – Gründe dafür gibt es viele. Diese beiden hier sind fundamental:

> Individualität ist Differenz.
> Subjektivität ist Dissens.

Menschen werden immer individueller, haben unterschiedliche Ziele und Absichten. Etliche davon passen nicht zueinander. Das ist die *Differenz*. Der *Dissens* erklärt sich so: Jenseits der Subjektivität gibt es für uns als Gattungswesen nichts zu holen. Alles Verstehen ist gebunden an Vorwissen und Vorannahmen des Beobachters. Es ist also eine Kreisbewegung, die nur das wahrnimmt, was sie schon kennt und erwartet, aber im Regelfall mit dem Selbstverständnis des Beobachteten (Aussage, Text, Verhalten) nicht übereinstimmt. Im Jargon der Philosophen ist das der »hermeneutische Zirkel«: Objektivität ist nicht menschenmöglich, wir kommen aus unserer wahrnehmenden und bewertenden Befangenheit nicht heraus. Wir müssen uns also zu unserer unvermeidbaren Subjektivität bekennen. Alles andere wäre naiver Realismus.

Differenz und Dissens – beide Aspekte tragen dazu bei, dass der Konflikt allgegenwärtig ist.

Individualisierung und kulturelle Unterschiede als Konfliktverstärker

»Konflikt ist Freiheit, weil durch ihn allein die Vielfalt (…) menschlicher Interessen und Wünsche in einer Welt notorischer Ungewissheit angemessen Ausdruck finden kann.« Prophetische Worte des Soziologen Ralf Dahrendorf aus dem Jahr 1967. Seitdem ist die Welt noch vielfältiger geworden. Unter anderem als Folge der *Globalisierung*, der ständigen Grenzüberschreitung. Diese hat die Konfliktpotenziale geradezu explodieren lassen. Verschiedene Kulturen, Traditionen, Religionen stoßen aufeinander. Aber auch innerhalb gleicher Kulturkreise: Überall zu beobachten ist die Tendenz zur Singularität, zum Nuancieren, zum Betonen der Unterschiede. Diese Logik des Besonderen kassiert jeden Anspruch auf Verallgemeinerung. Sie brandmarkt das Ein- und Unterordnen unter ein Gemeinschaftsdenken als anachronistisch.

Mit Konsequenzen für die Unternehmen: Das menschliche Ökosystem, das wir früher »Belegschaft« oder »Personal« nannten, existiert nicht mehr. Jedenfalls nicht mehr als homogene Einheit. Es ist auch hier das uralte *Anderssein des Anderen*, das uns in seinen modernen Auffächerungen erschüttert. So feiern wir in Hochglanzbroschüren eine »Diversität«, die uns jedoch vielfach das Leben erschwert: Der andere ist so »anders«, so gar nicht so wie ich, manchmal unerträglich anders. Wie soll es da konfliktfrei zugehen? Die doppelte Paradoxie wird zumeist übersehen: 1. Unterschiede sind das Einzige, was alle gemeinsam haben. 2. Anderssein wird zum Konformismus.

> siehe auch Seite 32: Diversität

Die sich verschärfenden Konflikte werden konkret am Arbeitsplatz. Auch da verlieren soziale Konventionen ihre Verbindlichkeit; die persönlichen Lebenswelten driften immer stärker

Diversität

Das klingt sympathisch: »Diversität!«. Sie strebt ein respektvolles Miteinander an, eine möglichst diskriminierungsfreie Zusammenarbeit ist das Ziel. Ernsthaft wird dem niemand widersprechen. Zudem: Heterogenität belebt. Kulturdiverse Sozialisation, verschiedene Altersgruppen, Geschlechter, fachfremdes Studium – ganz gleich: Es geht um den anderen Blickwinkel.

Aber es hat Gegenbuchungen. Die beginnen beim Wort. Unterstellt man eine breite Varianz der Verhaltensweisen und Mentalitäten, dann sind alle Unternehmen ab einer gewissen Größe divers – so divers, dass es manchem schon »zu bunt« wird. Etlichen Kaleidoskop-Unternehmen gelingt es kaum noch, vor lauter individualisierten Lebensentwürfen Solidarenergien zu entwickeln. Wählt man hingegen eine enge Bedeutung des Wortes, dann gibt es in der Tat gruppenbezogene Ungleichgewichte, teils massive. Aber welche sind gemeint? Nur die Unterscheidung Frau/Mann? Oder auch Herkünfte, Kulturen, Religionen, Rassen? Auch Diversität der Sprachen? Oder gibt es nur noch die Hegemonialsprache Englisch? *Zweitens* dementiert sich Diversität selbst: Unter dem Banner des Unterschieds wird die Vielfalt unterschiedlicher Individuen ausgelöscht und der Einfalt der Gruppenzugehörigkeit geopfert. *Drittens* sabotiert sie die Logik: Bezogen auf Diversität soll man konform sein. Wo bleibt der Respekt vor dem Nicht-Mitmachen? Im Gleichschritt, Marsch! Für Diversität? *Viertens* steht sie im Widerspruch zu einem zentralen Wert der Aufklärung, einzelne Gruppen nicht gesetzlich sanktioniert zu begünstigen. *Fünftens* darf im wirtschaftlichen Kontext ausschließlich die individuelle Leistung gelten. Wer im Namen der Diversität bevorzugt werden will, sollte ignoriert werden – im Namen der Gleichheit.

Sechstens macht Diversität Unternehmen nicht schneller, sondern langsamer; Meetings und Abstimmungsprozesse dauern länger. Studien zeigen, dass das Vertrauen in unsere Institutionen und Mitmenschen sinkt, wenn Organisationen kulturell und ethnisch vielfältiger werden. Sogar das Mitgefühl sinkt. *Siebtens* ergibt sich vieles nicht mehr aus Tradition und Selbstverständlichkeit, sondern muss geregelt werden, wenn man nicht dauernd verhandeln will. Transaktionskosten!

Achtens und weitreichend: Die Kampfzone weitet sich aus. Es machen sich Mikroideologen breit, die die Mitarbeiter in Bevorzugungs- und Benachteiligungsgruppen spalten. Diese achten peinlich darauf, ihre partikularen Rechte einzuklagen und zu verteidigen. Das führt nicht nur dazu, dass viele Unternehmensstrukturen endlos erweitert werden, um zusätzlichen Sachverhalten gerecht zu werden. Der Fokus auf Gruppenidentität bedroht auch die *Einheit* des Unternehmens. Diese Einheit, oder »garment«, ist der Stoff oder das Gewand, das zusammenhält. Das Stoffbild stammt von Martin Luther King. Immer wieder betonte er in seinen Reden, dass die Menschen durch ein Netzwerk individueller Gegenseitigkeit miteinander verbunden seien. Dieses Gewebe franst aus, wenn man Diversität betont. Wenn alles divers ist, gibt es keine Mitte mehr. Im Unternehmen steht dann nicht mehr das *Verbindende* im Mittelpunkt, sondern das *Trennende*. Dann leidet das Gemeinschaftsgefühl, auf das ein Unternehmen so dringend angewiesen ist.

Wir müssen aufpassen, dass wir nicht nur noch Bäume sehen – und keine Wälder mehr. Denn manche Bäume spielen Wald. Sie predigen Toleranz, verteilen jedoch Ohrfeigen, wenn jemand nicht im Konformismus der Diversität marschiert. Sie folgen dem Schicksal vieler fortschrittlicher Ideen, die irgendwann genau so autoritär werden wie die Institutionen, gegen die sie Widerstand leisten. Und stehen am Ende da wie Zauberlehrlinge.

Diversität ist mithin kein Wert an sich. Sie kann bereichern und gefährden. Sie ist eine Frage des Maßes. Eine aufgezwungene Diversität ist daher kulturell naiv und betriebswirtschaftlich Unfug. ■

auseinander. Gerade die jüngeren Generationen, um die auf den Personalmärkten heiß gekämpft wird, sind mit ihren Lebensentwürfen kaum bereit, sich dem vorgeformten Unternehmensmodell zu unterwerfen. Junge Menschen wollen nicht mehr katalogisiert werden. Sie wollen in ihrer Merkmalhaftigkeit anerkannt werden. Sie fragen nach Flexibilitäten, an die frühere Generationen nicht zu denken wagten und die zur traditionellen Form der Organisation in oft massiver Spannung stehen. Nicht selten haben es junge, federnde, extrem gut ausgebildete Wissensarbeiter mit Chefs zu tun, die von der Sache schlicht keine Ahnung (mehr) haben. Die jedoch auf ihre Positionsautorität pochen und sagen, wo es langgeht. Man muss kein Psychologe sein, um sich die Folgen dieser Schieflage vorzustellen.

Das »Was« und »Wie« des Konflikts

Wie gelingt es, unter diesen schwierigen Bedingungen Zusammenhalt zu sichern? Wie mit Konflikt umgehen? Ich kann die Konsequenz der folgenden Antwort für Ihr reales Konfliktverhalten nicht hoch genug veranschlagen: Was immer Sie tun, es ist zunächst und zutiefst abhängig davon, welchen »Begriff« Sie vom Konflikt haben. Die *Auffassung* vom Konflikt bestimmt die *Handhabung*. Das »Was« bestimmt das »Wie«. Und für die meisten Menschen trägt Konflikt eine Vorentscheidung in sich: Sie sehen ihn (1) als *Ausnahme* und bewerten ihn (2) *negativ*. Das ist kellertief in unser soziales Gefüge eingesenkt.

Analog dazu denken die meisten Konfliktratgeber über ihren *Begriff* von Konflikt gar nicht nach. Sie setzen ihn einfach voraus. Für sie ist von vorneherein klar, was ein Konflikt ist und dass er weggeschafft werden muss. Falsch! Sagt dieses Buch. Denn vor dem Hintergrund einer solchen Auffassung konzentriert man sich nur noch auf das »Wie«. Man greift zu Tricks und Methoden – die alle nicht funktionieren. Eben weil man Konflikt missversteht. Es ist ein Grundirrtum zu glauben, ein Konflikt resultiere aus einem *Fehlverhalten* und sei deshalb korrigierbar. Diese Denkweise ist dafür verantwortlich, dass sowohl Wirtschaft wie Politik angesichts vieler neuer Konflikte lediglich gute Absichten bieten, sonst aber nur Ratlosigkeit. Mehr noch: Entschiedenes Wollen und der Glaube an die Erziehbarkeit der Welt *erzeugen* die Konflikte, die sie wähnen lösen zu können.

Begreifen Sie Konflikt hingegen als die eigentliche menschliche Lebensform, die sich selbst ständig erneuert, also als Daueraufgabe, die aus einem *Normalverhalten* resultiert, dann sieht das »Wie« ganz anders aus. Dann bewegt sich Ihre Welt. Dann wird Entwicklung und Fortschritt möglich. Dann können Sie Konflikt *nutzen*.

Deshalb biete ich Ihnen keine »Werkzeuge« zu einer vermeintlichen Konflikt-»Lösung« an. »Werkzeug« unterstellt, dass etwas zu reparieren ist. Das ist falsch. Es geht um ein anderes Begreifen des Konflikts und um einen selbstsicheren Umgang mit ihm, was ich im Verlauf dieses Buches entfalten will.

Es gibt nicht nur eine Vernunft

Haben Sie schon einmal erlebt, dass trotz intensiven Austauschs der Argumente keine Einigung zu erzielen war? Oder Sie sich nicht einmal auf das Thema Ihrer Auseinandersetzung einigen konnten? Dass Sie dauernd aneinander vorbeiredeten? Ich will Sie auf einen Aspekt aufmerksam machen, der in seiner Bedeutung für Konflikte, ja für das Miteinander in allen sozialen Zonen dieses Planeten noch gar nicht richtig begriffen wurde.

Wir, und damit meine ich die Mehrheit der Leser dieser Zeilen, sind aufgewachsen in einem gesellschaftlichen Klima, das

VERNUNFT sehr groß schrieb. Die zudem überzeugt ist, dass es im Grunde nur *eine* Vernunft gäbe. Das Hintergrundprogramm, gleichsam die Software dafür, hat der imperiale deutsche Philosoph Jürgen Habermas in den 1960ern geschrieben. Dieses Programm geht davon aus, dass wir alle eine gemeinsame Sachlichkeit beanspruchen, innerhalb derer Argumente und Gründe gelten. Dabei kommt es idealerweise zu einer »herrschaftsfreien« Situation. In der kann jeder alles sagen und nur die Argumente liegen im »Wider-Streit«. Letztlich gibt der »zwanglose Zwang« des besseren Arguments den Ausschlag. Dem unterwerfen sich dann alle – »vernünftigerweise«. Unter Umständen braucht es dafür einen Schiedsrichter, wie bei einem Fußballspiel: Er sagt nicht, was richtig oder wahr ist – er sagt, was *gilt*.

Diese Sichtweise ist gleichsam die unhinterfragte Rationalität von »Konflikte lösen«, »Konfliktfrei führen« und »Vereinbarungen treffen«, manchmal sogar von »Konflikten vorbeugen«. Also des Paradigmas, dass Konflikte negativ und irgendwie aus der Welt zu schaffen sind. Bezeichnenderweise kommen Konflikte in den Habermas-Texten kaum vor.

Nun haben wir seit vielen Jahren (nicht nur in Unternehmen) eine Situation, die wir »Globalisierung« nennen. Es kommen und arbeiten Menschen zusammen aus den unterschiedlichsten Kulturen, mit den unterschiedlichsten Prägungen und Moralvorstellungen. Diese Menschen beziehen sich nicht auf einen gemeinsamen Erfahrungshintergrund, sondern auf je unterschiedliche. Deshalb teilen sie auch nicht eine *gemeinsame Ordnung*, innerhalb derer Konflikte gelöst werden können. Der Konflikt entsteht vielmehr *zwischen* den Ordnungen. Es prallen auch nicht Geltungsansprüche aufeinander (»Mein Argument wiegt schwerer als deins!«), sondern Erfahrungsansprüche (»Dein Argument kenne ich gar nicht, es ist für mich keins!«). In den jeweiligen kulturgeprägten Erfahrungswelten nämlich gibt es Dinge, über die man *nicht* streiten kann. Weil sie nicht »widerstreiten«, sondern, viel grundsätzlicher, der jeweiligen Vernunft »widersprechen«. Etwa, wenn jemand dogmatisch die Familienehre hochhält. Tradition! Wahrheit! Natur! Mohammed! Oder »America first!« (wie ohnehin viele Amerikaner meinen, sie hätten qua Geburt eine privilegierte Nähe zur Wahrheit). Ebenso die »finanzielle Vernunft!« – und nicht anerkennt, dass in der Wirtschaft etwas anderes als rational gilt als in der Wissenschaft, wieder anders im Rechtssystem oder in der Politik.

So verschärft die Globalisierung soziale Konflikte, die in international aufgestellten Unternehmen oft kulturelle Konflikte sind. Manche scheinen kaum überbrückbar, weil die Menschen völlig anders »ticken«. Sie halten ihr Verhalten für ganz und gar »selbstverständlich« und zeigen im Konfliktfall keinerlei Bewusstsein für Mitverantwortung. Nehmen Sie als Beispiel nur das Thema »Vereinbarungen halten« – weltweit gibt es im Grunde darüber keinerlei Moralkonsens. Asiaten sehen das völlig anders als Europäer. Selbst innerhalb Europas: Tschechen haben davon eine ganz andere Auffassung als Deutsche und diese wieder eine andere als Franzosen. Oder das Gleichgewicht von Geben und Nehmen als sozialen Basiskonsens – dafür haben gewisse Kulturen kein Gefühl.

Will heißen: Solange man über *eine* Vernunft, über einen gemeinsamen Maßstab verfügt, kann man sich einigen. Sobald aber der Maßstab wechselt, ist eine Einigung nicht mehr möglich; diese Konflikte kann man nicht argumentativ beilegen. Wenn der jeweils andere sagt »Ihr Menschenbild interessiert mich nicht!«, ist das Gespräch vorbei. Dann stellt sich die Frage, ob beide überhaupt zusammenarbeiten sollten. Die Explosionskraft dieser Schlussfolgerung (auf den Weltmaßstab hochgerechnet) kann sich jeder selbst ausmalen. Deshalb sollten Sie sich gelegentlich daran erinnern, dass nicht zusammenpassen muss, was einfach nicht zusammengehört!

Darf ich Sie um erhöhte Aufmerksamkeit bitten? Der destruktive Umgang mit Konflikt resultiert aus der insgeheimen Übereinkunft, dass es *nur eine* Rationalität gibt! Die eigene. Wenn ich nur einen Grund nennen müsste, warum Konflikte eskalieren, dann genau deshalb. Darum: Anerkennen Sie, dass Rationalität keine absolute Größe ist. Dass es mehrerlei Vernunft gibt. Dass es auch (scheinbar) »unvernünftige« Ordnungen gibt, die erfahrungsgesättigt sind und deshalb Geltung beanspruchen dürfen. Dass man jedoch die Spielräume nutzen sollte, die jede noch so rigide Dogmatik zulässt. Wie der Volksmund sagt: »Etwas geht immer.« Dass es zum Beispiel unterschiedliche Interpretationen von »Natur« gibt, dass es Felder gibt, auf denen sich »ökologische« und »wirtschaftliche« Logik nicht widersprechen. Dass man einen soliden Selbstzweifel an der Einzigrichtigkeit seiner Erkenntnisfähigkeit nie verlieren sollte.

Alles Denken beginnt mit Konflikten

Konflikte sind jedoch noch viel tiefer in unsere Existenz eingewoben. Sie beginnen schon auf der Ebene unserer Sprache, die um die Idee des *Verstehens* herum gebaut ist: Am Anfang war das Wort, gleich danach kam das Missverständnis. Weil jeder Mensch nun mal ein Unikat ist, weil er anders ist, andere Erfahrungen gemacht hat, auf andere Weise erfolgreich geworden ist, andere Interessen hat. Es ist das unentrinnbare Nicht-Verstehen, das den Konflikt provoziert. Denn was wir erkennen, was überhaupt erkennbar ist, ist eine Differenz.

> siehe auch Seite 40: Verstehen ist unwahrscheinlich

Daher, erstens: Alle Kommunikation ist das *Mitteilen einer Differenz*. Wenn das Kommunizierte keinen Unterschied machte, würden wir es gar nicht wahrnehmen. Interessant wird es, wenn wir die Differenz im *bereichernden* Sinne bemerken: »Hm, das ist ja ein ganz neuer Aspekt!« oder »So habe ich es noch nie betrachtet.«

Zweitens: Voraussetzung aller Mit-Teilung ist die *Teilung*. Diese erst macht Kommunikation möglich. Ohne Teilung, ohne Differenz, ohne persönliche, räumliche, zeitliche Distanz braucht es keine Kommunikation. Entferntsein ist ihre Grundbedingung. Wenn wir dieses Entferntsein voneinander »überbrücken«, dann wird Zusammenhang gestiftet, gleichzeitig wird aber auch diese Distanz bestätigt.

Drittens also schafft Kommunikation Nähe unter vorausgesetzter Distanz. Was im Falle des Verliebtseins verwirrt; doch auch dann sollte man Erotik nicht mit Rhetorik verwechseln.

Viertens: Kommunikation kann auch zum Widerspruch einladen. Das Lernen, das viel beschworene Lernen – was ist das anderes als die berühmte »kognitive Dissonanz«? Etwa: Sie wissen etwas beziehungsweise glauben etwas zu wissen, und dann werden Sie konfrontiert mit einer »dissonanten Information«. Wenn diese Sie nicht überzeugt, können Sie sie ignorieren oder deren Überprüfung aufschieben. Wenn sie Ihnen einleuchtet, nennen Sie es »Erkenntnis«.

Alle Erkenntnis ist also eine *Verlustgeschichte*. Insofern immer Kritik – Kritik am Bisherigen. Das hat uns der Philosoph Hans-Georg Gadamer gezeigt: Denken ist der Verlust von Gewissheit. Um eine Erfahrung reicher sein, heißt: um eine Gewissheit ärmer.

Und da man nichts verlieren kann, ohne etwas anderes zu gewinnen, gilt:

Konflikt ist nicht das Ende des Denkens, sondern dessen Anfang.

Verstehen ist unwahrscheinlich

Stellen Sie sich vor, Sie beobachten bei einer anderen Person ein Verhalten, das Sie als feindselig erleben. Auf Ihrer »Festplatte« haben Sie das unter dem Stichwort »Ärger« abgespeichert. Sie steigen in Ihren inneren Dialog ein und fragen sich, was den anderen wohl so verärgert hat. Was Sie dort finden, entstammt jedoch *Ihrer* Vergangenheit, sowohl die Interpretation seines Verhaltens wie auch die Spekulationen über seine Beweggründe. Es sind Projektionen. Sie *unterstellen* sie. Viele basteln sich so aus ihren Phantasien über die Motive des anderen eine »Speisekarte: Konflikt«. Das Motto: »Der andere hat was gegen mich.« Dann essen sie die Speisekarte statt der Speise, beschweren sich anschließend über den schlechten Geschmack und fühlen sich in dem Verdacht bestätigt, man wolle sie vergiften.

Ich glaube nicht an »Verstehen«. Jedenfalls nicht in einem starken Sinne. Niemals werden Sie wissen, wie es im Inneren eines anderen Menschen aussieht. Auch wenn er darüber noch so viele Worte verlöre. Und ein anderer Mensch wird niemals wissen, was Sie fühlen, wenn Sie mit ihm zusammen sind. Dass Menschen dasselbe fühlen, klingt romantisch, ist aber Kitsch. Das sollte jeder wissen, der seine Pubertät hinter sich hat. In Summa: Wir leben nicht in einem Universum, sondern in einem Multiversum. In einer Fülle von Wirklichkeiten.

Auch wenn Sie intensiv zuhören – es sind Worte, die Sie hören. Die wiederum verbinden Sie mit *Ihrer* Geschichte. Dieser Prozess erzeugt in Ihnen eine andere Wirklichkeit als die, die Ihr Gegenüber im Kopf hat. Deshalb: *Verstehen ist unwahrscheinlich.* Die Regel ist vielmehr das Missverständnis. Das macht es auch so schwer, über das unwahrscheinliche Verstehen hinaus zur »Verständigung« zu kommen, zum zwanglosen Zwang des besseren Arguments, was der Philosoph Jürgen Habermas als Ziel aller Sprache begründet hat. Und was der österreichisch-britische Philosoph Karl Popper als Mindestanforderung für ein mögliches Verstehen des anderen formuliert hat: den aufrichtigen Wunsch »zu verstehen, was er sagen will«. Durch Nachfragen, Zusammenfassen, durch das Wiederholen des Vorgenannten, des von Ihnen und vom anderen Gesagten. Grundsätzlich sind Sie gut beraten, wenn Sie die Oberfläche als das nehmen, was Sie beobachten können, also das Handeln und Nicht-Handeln. Das sollten Sie respektieren. Dennoch: Der Aufgeklärte muss abgeklärt genug sein, um mit dem Unverstandenen einverstanden zu sein. ■

Somit ist der Konflikt ein geiststimulierendes Geschehen, das uns den äußeren Schein der Dinge durchdringen lässt und die tieferliegenden Ordnungen freilegt. Konflikt ist gleichsam ein Vehikel; es eröffnet den Durchgang zwischen Bekanntem und Unbekanntem, zwischen Vergangenheit und Zukunft, zwischen Zivilisation und Wildnis. Auch darin ist der Konflikt magisch.

Aus dieser Perspektive ergibt sich: Konfliktfreiheit ist nicht nur unwahrscheinlich, sondern gar kein erstrebenswertes Ideal. Wie kann man nur, frage ich Sie, noch zur Seite gesprochen, auf die Idee kommen, ein konfliktfreies Leben sei prima? Alles Denken bliebe Andenken. Ein Königreich für einen frischen, kontroversen Gedanken!

Das Gemeinsame im Trennenden finden

Konflikt kommt vom lateinischen Verb »con-fligere«, das »kämpfen«, »aneinandergeraten«, »zusammenstoßen«, sogar »zusammenschlagen« heißt, aber auch »zusammenbringen«, »vereinigen«. Ich möchte Sie hinweisen auf das »con«, das »zusammen« – die Sprache denkt wieder einmal für uns. Man muss irgendwas miteinander zu tun haben, um einen Konflikt zu haben. Hat man nichts miteinander zu tun, hat man auch keinen Konflikt. In einem übertragenen Sinne *binden* Konflikte also aneinander. Das ist nicht so trivial, wie es zunächst scheint. Aus zwei Gründen. Erstens:

Man muss etwas Gemeinsames haben, um etwas als trennend zu erleben.

Was immer das Gemeinsame sei: ein Raum, eine gemeinsame Zeit, auch die Übereinstimmung, dass man ein Problem hat und ein gemeinsames Interesse, es aus dem Weg zu räumen. Ein Konflikt muss auch nicht unbedingt auf eine Vereinbarung hinauslaufen – häufig reicht das Ziel, einander *besser verstehen* zu wollen. Und das heißt keineswegs, einverstanden zu sein!

Dieses Gemeinsame ist in einem positiven Sinne *bezugsfähig*. Es könnte eine gute Basis sein für den konstruktiven Umgang mit einem Konflikt. Sich zunächst auf einen Minimalkonsens zu einigen: »Ja, wir haben etwas Gemeinsames, nämlich dieses …« Manchmal ist das »nur« die Liebe zur Sache, im besten und schwierigsten Fall ist es Liebe. Und Liebe ist die natürlichste Form der Magie.

Der Konflikt umfasst also immer gleichzeitig beides: *sowohl Dissens als auch Konsens*! Sie bedingen und ergänzen einander. Das klingt zunächst ungewohnt, ja kontraintuitiv. Es lohnt sich vielleicht für Sie, anlässlich eines aktuellen Konflikts einen Augenblick darüber nachzudenken: »Was ist das Gemeinsame, das uns trennt?« Wenn es gut geht, dann trennt der Streit nicht, sondern macht das Gemeinsame erst bewusst.

Zweitens: Auf einer anderen Ebene zeigt sich eine weitere Paradoxie: *Uneinigkeit* kann eine echte Quelle von Frieden und freundlichem Umgang miteinander sein. Umgekehrt kann Übereinstimmung Konflikt oder sogar Krieg bedeuten. Wie das? Nun, wenn zwei Parteien miteinander streiten, dann setzt das – wie gerade gezeigt –Übereinstimmung auf einer anderen Ebene voraus. Etwa über den Wert von etwas, um das man konkurriert. Ein begehrtes Objekt etwa oder ein gemeinsames Ziel, das nur einer der beiden Kontrahenten erreichen kann. Allerdings macht die Übereinstimmung über den Wert von, sagen wir: Marktanteilen, die Kontrahenten nicht unbedingt zu Freunden. Uneinigkeit über diesen Wert hätte sich vertragen. Man hätte einfach Verschiedenes gewollt. Beispiel: Wer nur Hering isst, dem ist egal, ob die Thunfischbestände dezimiert werden. Die Konkurrenz – und damit der Konflikt – beginnt erst, wenn der Heringesser auch Thunfisch mag. Oder: Ein Unternehmen kann von den Mitarbeitern leidenschaftlich unterstützt werden, weil sie stolz sind auf die Firmenzugehörigkeit und eine langjährige Erfolgsgeschichte – obwohl sie sich über Strategien oder Personalentscheidungen nicht einigen können. Also: Gemeinsames macht Trennendes überhaupt erst kenntlich – und umgekehrt.

> **siehe auch Seite 44: Sündenböcke**

Sündenböcke und mimetische Ansteckung

Es gibt vielfältige Ansätze, das Entstehen unserer Erwartungen, Wünsche und Bedürfnisse zu erklären. Einer der interessantesten stammt von dem französischen Kulturanthropologen René Girard. Unsere Wünsche, so schildert er an vielen Beispielen, sind nicht unsere eigenen Wünsche, sondern sind *nachgeahmt*. Er nennt dies »mimetisch«. Als soziale Wesen lernen wir von *anderen*, was begehrenswert ist für uns selbst. Daher führt das »mimetische Begehren« dazu, dass alle *dasselbe* begehren. Das schwört wiederum den Konflikt herauf: Rivalität, Neid, Eifersucht. Der Konflikt kann selbst dann noch eskalieren, wenn das ursprüngliche Zielobjekt erreicht wurde, verschwindet oder keine Rolle mehr spielt. Man kämpft weiter, weil es nur noch um die Obsession des Kämpfens geht. Und das zerstört am Ende die Gemeinschaft.

Um das Eskalieren von Konflikten zu unterbrechen, so Girard, haben Kulturen eine bestimmte Befriedungstechnik entwickelt: Sie verlagern die »mimetische Ansteckung« vom Zielobjekt weg auf ein Opfer, das man rituell schlachtet: den Sündenbock. Ein Opfer, auch ein Menschenopfer, soll es richten: »Fort mit ihm, er macht uns alle krank!« Ein Opfer verhindert die Selbstzerfleischung der Gesellschaft, schließt die Reihen der Gemeinschaft durch eine reinigende, einheitsstiftende Kanalisierung der Gewalt. Natürlich hatte man das Böse dadurch nicht unschädlich gemacht, was immer das sein mag. Aber man hatte ihm einen Namen gegeben, man hatte einen Schuldigen gefunden. Und damit klargestellt, dass man *selbst* keine Schuld trägt. Das ist entscheidend für das Funktionieren einer Gemeinschaft, die sonst am Ausbruch unkontrollierter Konfliktenergien zu zerbrechen droht. Der Sündenbock ist dabei sowohl austauschbar wie schuldlos, er wird durch den Prozess der nachahmenden Gewaltansteckung erkoren. Als da wären: Juden,

Christen, Muslime, Ausländer, Hexen, Männer, Feministinnen, »Kopftuchmädchen«, Country-Musik-Fans, der FC Bayern München.

Wichtig ist: Die Menschen glauben, dass das Opfer *wirklich* schuldig ist. Wenn Jesus sagt »Vater, vergib ihnen, denn sie wissen nicht, was sie tun«, dann ist das wörtlich zu nehmen. Dieser Satz zeigt kein Mitleid mit irregeführten Menschen, sondern offenbart, was Sache ist: Die Menschen sind zutiefst davon überzeugt, dass das Opfer schuld daran ist, dass man das Begehrte nicht erreicht.

Sündenböcke gibt es noch heute. Es sind indes nicht nur immer die anderen, die schuld sind an ihrer Opferung. Auch wir selbst befeuern das Ritual im Kollektiv. Wir hetzen mit, stimmen dem – realen oder medialen – Krawall laut oder still zu. Greifen nicht ein. Es liegt auch an uns, ob wir der Faszination des Sündenbocks erliegen.

Falls diese Gedanken triftig sind, kann uns dann »nur noch ein Gott retten«, wie Heidegger meinte? Aus meiner Sicht: nein. Aller negativen Aspekte zum Trotz ist unsere heutige Welt die beste, die Menschen je kannten. Und es ist an uns, diese Welt zu retten. Wenn wir lernen, mit Konflikten besser umzugehen. Der erste Schritt dazu ist es, unser »mimetisches« Rechthaben schonungslos anzuschauen. Und die daraus resultierende kollektive Gewaltneigung. Wann werde ich zum Täter? Auch zum passiven Täter? Werde ich aufstehen, wenn der nächste Sündenbock durch die Straßen gejagt wird? Auch wenn ich nur sanft über den Touchscreen wische? Das ist keine Sache von Religionen. Sondern zwischenmenschlicher Natur. Denn die meisten Menschen sind gut und/oder guten Willens. Wenn sie als *Individuen* handeln. Und sich nicht »mimetisch« anstecken lassen. ■

Zum Konflikt gehören zwei

Erst war Adam. Dann Eva. Mit ihr begann der Konflikt. Aber auch die Möglichkeit, zu denken, zu erkennen, Neues zu erfahren. Und es war nicht mehr langweilig, wenngleich beide aus dem Paradies vertrieben wurden.

Auf die Öffnung der paradiesischen Langeweile können Sie unterschiedlich reagieren. Sie können sich vor dem Konflikt *wegducken*, dann haben Sie Ihre Ruhe. Aber Sie werden von Ihrer Umwelt als schwach und wenig belastbar angesehen. Sie können *nachgeben*, dann hält man Sie für einen guten »Teamplayer«; Ihre Bedürfnisse bleiben jedoch auf der Strecke. Sie können den Konflikt *austragen*, dann gelten Sie als willens- und durchsetzungsstark; aber Sie haben anstrengende Zeiten. Wie mein damals 12-jähriger Sohn sagte: »Manchmal ist es einfach cool, sich aufzuregen.« Oder Sie können den Konflikt auf kluge Weise *ansprechen*, wenn Sie selbst betroffen sind. Oder *moderieren*, sollten Sie nicht selbst oder nur indirekt involviert sein.

Das sind nur einige Optionen. Grundsätzlich haben Sie eine viel prinzipiellere Wahl; die Entscheidung liegt bei Ihnen:

Sie sind nicht gezwungen, einen Konflikt zu haben.

Zum Konflikt gehören zwei. Einer der handelt, und einer der reagiert. Jene strenge Frage auf den ersten Seiten der Bibel: »Kain, wo ist dein Bruder Abel?« – sie ist mit den einfachen Worten des 2015 verstorbenen Motörhead-Sängers Lemmy Kilmister zu beantworten: »Ich bin verantwortlich für das, was ich tue. Ich muss mich hinter nichts verstecken. Der Teufel hat mich zu nichts gezwungen. Was immer ich tat, ich tat es selbst.« Extremsituationen einmal ausgenommen, kann Ihnen also niemand einen Konflikt aufzwingen. Sie haben die Freiheit, gar nicht erst einzusteigen. Oder die Freiheit auszusteigen, indem Sie das Gemeinsame verlassen, aufkündigen. Wie hoch der Preis dafür ist, das kann nur jeder selbst für sich beantworten. Die einen verharren im Konflikt bis zur Selbstaufgabe, wollen mit dem Kopf durch die Wand. Der Pferdehändler Michael Kohlhaas in Heinrich von Kleists gleichnamiger Erzählung zum Beispiel, der sich für den Tod entschied, weil ihm in der Sache Unrecht geschah. Andere fragen sich, ob es nicht doch etwas Wichtigeres gibt, als die ohnehin kurze Lebenszeit mit Streitereien zu vergeuden. Lohnt sich die Anstrengung überhaupt? Ihr Motto: »Unrat lässt man vorbeischwimmen.« Aber vielleicht ist der Konflikt ja auch »time well wasted«. Denken Sie an den Unterhaltungswert. Kann man vorher nicht wissen. Ein Preis ist ohnehin fällig – so oder so.

Dieses Element, dass Sie zu einem Konflikt »Ja« sagen müssen, um ihn zu haben, wird von den meisten Menschen übersehen. Sie ignorieren, dass sie *an etwas Gemeinsamem festhalten* und sich nicht davon trennen. Wird es dennoch gesehen, negieren sie diesen Eigenanteil. Sie erleben sich als *Opfer*; als passiver Empfänger eines Übergriffs. Der Konflikt scheint ihnen aufgezwungen: »Aus heiterem Himmel! Ich kann gar nichts dazu!«. Wenn Sie aber im Menschen ein Freiheitswesen sehen, dann verstehen Sie vielleicht, dass ich beharrlich bleibe: Sie sind kein Konfliktopfer! Sie haben sich als Konflikt*partner* zur Verfügung gestellt. Dafür haben Sie gute Gründe. Das Motiv dafür liegt im Gemeinsamen. Dieses Gemeinsame sollten Sie auf jeden Fall für sich klären, gegebenenfalls auch ansprechen und sichern. Das verschiebt den Fokus von der Trennung auf das Verbindende. Also: Denken Sie zurück an Ihren letzten größeren Konflikt. Was war das Gemeinsame, zu dem *beide* Konfliktpartner »Ja« gesagt haben?

Ironischerweise laden auch diese Aussagen wieder zu mannigfaltigem Widerspruch ein. Weiter unten können Sie zum Beispiel lesen, dass zum Konflikt *nicht immer* zwei gehören – manchmal reicht einer völlig aus. Sie selbst.

Gemeinsame Zukunft oder flüchtige Begegnung?

Sie sitzen im Zug. Ihnen gegenüber: der andere. Der quasselt unaufhörlich – im Ruheabteil. Am nächsten Tag telefoniert ein anderer lauthals und für jeden hörbar die intimsten Familiengeschichten durch den Waggon. Am übernächsten Tag hat wieder ein anderer die Musik so laut aufgedreht, dass ihm die Trommelfelle platzen müssten – es platzt aber nur *Ihnen* etwas: der Kragen. Am Tag danach hackt der So-und-so-vielte-andere lauter und lauter auf seinen Laptop ein, als müsse er den Rechner bestrafen. Und an den Tagen danach stopft ein weiterer anderer knoblauchdünstendes Kebab in sich hinein, schlürft Dosenbier, zieht die Schuhe aus und den Schnodder hoch.

Warum aber, so frage ich Sie, gibt es so viele Konflikte im Zug? Weil man weiß, dass das Zusammensein nur *von kurzer Dauer* ist. Dann wird man rücksichtslos. Falls Sie nicht Zug fahren: Wer je nach einer Theatervorstellung seine Garderobe erringen musste, weiß, wovon ich spreche.

Sollten Sie schon ein paar Jahrzehnte auf dieser Erde zugebracht haben, dann teilen Sie meine Erfahrung: *Alles präsentiert sich im Angesicht der Zukunft, die man erwartet.* Jeder Mensch, jede Beziehung, jedes Unternehmen. Deshalb nehmen Menschen Kredite auf oder investieren. Manche heiraten sogar. Auch Sie handeln in der Erwartung einer wahrscheinlichen zukünftigen Gegenwart: Gehen Sie davon aus, dass Sie sich wiedersehen werden? Wie lange wird Ihr gemeinsamer Weg mit einem anderen Menschen noch sein? Ist es ein Weg mit aufsteigender Lebenslinie? Absteigender? Werden Sie die Spätfolgen Ihres Handelns spüren? Sollten Sie Führungskraft sein: Bereiten Sie mit Ihren Entscheidungen eine gemeinsame Zukunft vor? Oder nur Ihre eigene? Dies sind Fragen, mit denen Sie von Ihren Mitarbeitern beurteilt werden.

Sobald es an der Erwartung einer gemeinsamen Zukunft fehlt, verliert man wechselseitig das Interesse aneinander. Dann schwindet das Gefühl des Gemeinsame-Sache-Machens, es bildet sich keine »gefühlte« Solidargemeinschaft. Denken Sie an die vielen Ehekonflikte im mittleren Alter: Die Kinder sind aus dem Haus, man wird kaum mehr gebraucht, über der Partnerschaft weht spürbar ein Abendhauch. Das hat diese Konsequenz:

> In Konflikte gehen Sie nur in Erwartung einer gemeinsamen Zukunft.

Ein O-Ton aus der Paartherapie: »Unsere Beziehung ist schon länger tot.« – »Wann etwa ist sie denn gestorben?« – »Etwa in dem Moment, wo wir aufgehört haben, uns zu streiten.« Zu irgendeinem Zeitpunkt kippt häufig der heiße Konflikt in ein kaltes Anschweigen, das oft schlimmer ist als die lautstarken Angriffe, die es ausgelöst haben. Warum? Weil man keine gemeinsame Zukunft mehr sieht. Weil die Hoffnung erloschen ist. Dann investiert man nicht mehr in den Konflikt, sondern meidet die offene Auseinandersetzung. Heimlich beschäftigt man sich mit alternativen Lebensszenarien, bereitet den Exit vor. Es ist eben *kein* Zeichen von Stabilität, keinen Konflikt zu haben! Im Gegenteil: Es ist ein Alarmzeichen.

Das prägt auch das »Wie«, das prägt auch den Umgang mit Konflikt. Der ist weniger der einen oder anderen individuellen Fähigkeit zu danken. Sondern schlicht der Erwartung, dass man einen Weg miteinander vor sich hat. Insbesondere dann, wenn eine wirklich langfristig angelegte Kooperationsbeziehung auf dem Spiel steht, gilt es, Konflikte so auszutragen, dass die Verbindung auf Dauer keinen Schaden nimmt. Die Griechen, schreibt Platon, »kämpfen untereinander als solche, die sich wieder vertragen wollen«. Sie waren *Gegner*, nicht Feinde. Sie wollten nach dem Krieg wieder kooperieren. Das scheint Vorläufer zu haben: Die Zoologen Frans de Waal und Filippo Aureli fanden heraus, dass sämtliche Affenarten sich nach einem Streit versöhnen. Meist ergreifen die Sieger die Initiative. Oft nur wenige Minuten nach einem Streit gehen sie auf den Verlierer zu und suchen engen Körperkontakt. Häufig scheinen sie sogar Trost zu spenden.

Auch Sie verhalten sich völlig anders, wenn Sie mit Ihrem Konfliktpartner später weiter zusammenarbeiten, weiter befreundet oder verheiratet bleiben wollen. Sie disziplinieren sich, nehmen sich zurück. Ihre Neigung wächst, den Konflikt so auszutragen, dass das Gemeinsame nicht dauerhaft überschattet wird. Sie werden dafür sorgen, dass der andere sein Gesicht nicht verliert. Sie werden den Konflikt nicht bis zum bitteren Ende durchfechten.

Sollten Sie hingegen wissen, dass kein gemeinsamer Weg mehr vor Ihnen liegt, erlischt alles, was Bindung erzeugt. Dann sterben Selbstdisziplinierung und Mäßigung. Wer heimlich den Gedanken in sich trägt »Es wäre besser, du wärst gar nicht da!«, der wird *immer neue Gründe* für Konflikte finden. Sie kommen zuverlässig wieder wie eine Gürtelrose.

Die Erwartung respektive Nicht-Erwartung gemeinsamer Zukunft gilt für unser Privatleben, gilt für das Geschäftsleben. Sie gilt für den Immobilienkaufmann Donald Trump, der auf seine alten Tage noch mal so richtig familienwirtschaftlich absahnen wollte und irrtümlich Präsident wurde. Sie gilt genauso für alte Menschen, denen nur noch ein paar Lebensjahre vergönnt sind. Sie gilt auch für Kinderlose, deren Verantwortungshorizont sich nicht selten auf die eigene Lebenszeit beschränkt. Sie gilt für den Manager vor der Pensionierung, der verglimmt, anstatt noch einmal aufzuflammen. Sie gilt für die auf drei Jahre begrenzten Vorstandsverträge, die oft ein »Nach-mir-die-Sintflut-Verhalten« auslösen. Sie gilt für die Volatilität des Wirtschaftslebens insgesamt: Viele Mitarbeiter können sich kaum mehr darauf verlassen, dass es ihre Abteilung in einigen Jahren noch gibt. Oder dass ihre Kompetenz gefragt sein wird. Loyalität wird unter diesen Bedingungen zum Bedauern, das Unternehmen nicht früher verlassen zu haben.

Für den *Umgang* mit Konflikt (auf den ich später vertieft eingehen werde) ist die Kürze der wechselseitigen Verpflichtung jedoch nicht unbedingt nachteilig: Man traut sich heute eher, die Meinung zu sagen. Das führt zu der Frage, ob, wann, wie und in welcher Situation Sie Ihre Meinung sagen sollten.

Wann Sie in einen Konflikt einsteigen sollten. Und wann nicht.

Es gibt »nötige« und »unnötige« Konflikte.

»Nötig« sind Konflikte, in die Sie mit allem Elan einsteigen sollten. Wo Sie nicht die Faust in der Tasche ballen, sondern das Herz auf der Zunge tragen sollten. Wo Toleranz Verantwortungslosigkeit wäre. Wo jede Relativierung falsch ist. Zum Beispiel, wenn Sie um den richtigen Weg kämpfen, den Sie miteinander gehen wollen (vor allem, wenn Sie Kinder haben). Wenn Sie sehen, dass das langfristige Überleben dem kurzfristigen Vorteil geopfert wird. Wenn Zurückhaltung als Zustimmung gewertet werden kann. Wenn Schweigen schuldig macht. Bei Miesmachereien, Blamierversuchen, falschen Richtigstellungen. Gerade in Zeiten agilen Überschwangs halten es viele Chefs für chic, sich zurückzuhalten, obwohl deutliches Positionsbeziehen sachlich angezeigt wäre. Vor allem aber: Wenn Ihre *Selbstachtung auf dem Spiel steht*. Viele glauben, am Leid in der Welt sei die menschliche Härte schuld. Das überzeugt mich nicht. Ich glaube im Gegenteil, das wirklich

Schlimme richtet eine knochenlose Nachgiebigkeit an, die sich als Menschenfreundlichkeit tarnt.

Auch wenn es weh tut: Wie viele Konflikte haben Sie *nicht* ausgetragen aus Furcht vor möglichen Nachteilen? Aus Sorge, der andere könnte den gemeinsamen Weg aufkündigen? Wie oft sind Sie zurückgewichen, wo beherzte Stellungnahme unumgänglich gewesen wäre? Im Großen: Jede Zivilisation stirbt an der Gleichgültigkeit gegenüber den Prinzipien, die sie begründen. Zum Beispiel: Gleichgültigkeit gegenüber dem zivilisatorischen Anstand, den wir über Jahrhunderte errungen haben. Im Kleinen: Kindern darf man eben nicht sagen, dass sie friedlich um jeden Preis sein müssten. Dass sie nicht kämpfen dürften. Im Gegenteil: Man sollte sie so früh wie möglich verpflichten, für Nicht-Relatives einzustehen (etwa Achtung vor dem Gesetz, Freiheit des Andersdenkenden). Eine gewöhnliche Kindererziehung vergisst häufig, was es heißt, sich fair auseinanderzusetzen. Sie vergisst, dass man Freiheit nicht geschenkt bekommt. Dass eine geschenkte Freiheit keine ist.

Vor allem aber in Unternehmen gibt es eine Vielzahl von Konflikten, die »nötig« sind, die geradezu konstitutiv für Unternehmen sind und die man auf keinen Fall verdecken oder vermeiden darf. Dazu später mehr. Aber es gibt eben auch »unnötige« Konflikte. Etwa die unendlich vielen Auseinandersetzungen, die täglich kurz aufflackern – um schnell wieder zu verlöschen. Auch die Triebhaftigkeit der Fehlertrüffelhunde unter den Chefs, der ewigen Querulanten, ständigen Nörgler, professionellen Stuhlbeinsäger, heimlichen Intriganten. Im Privaten: Der periodisch wiederkehrende Ehekrach, der sich an Kleinigkeiten entzündet. Der Streit darüber, wie die Spülmaschine einzuräumen sei – was die falsch ausgedrückte Zahnpastatube abgelöst hat. Nörgeleien, Mäkeleien, wie man sie oft bei zänkischen Langzeitverheirateten findet. Das Kleinliche gehört zu den schlimmsten Heimsuchungen einer aufgebrauchten Liebe. Das ist allenfalls tragisch, aber nicht magisch. Zur Bewältigung dieser Konflikte braucht man keinen Zauberkünstler.

Unnötig sind ebenso Konflikte, die aus Unachtsamkeit entstehen, aus Einseitigkeit, aus Engstirnigkeit. Wenn Sie an der Unterstellung festhalten, der andere müsse »das auch so sehen«. Wenn Sie nicht richtig hinhören, manchmal auch schlicht missverstehen. Wenn Sie mit Ihrer Voreingenommenheit den Widerstand anderer reizen, was zunächst immer zu Stillstand führt und lediglich machtbasiert zu entscheiden ist. Gewinner-Verlierer-Verhältnisse sind die Folge.

Wenn ich im Folgenden schildere, wie man Konflikte vermeiden kann, dann meine ich »unnötige« Konflikte. Die »nötigen« bleiben davon unberührt.

Das Problem dieser Konfliktsortierung: »Unnötig« ist ein Konflikt zumeist aus einer individuellen Perspektive. Der andere hingegen mag ihn für »nötig« halten. Dazu ist zu sagen: Sobald Sie an dem festhalten wollen, was Sie *verbindet*, ist das Problem des anderen auch *Ihr* Problem! Wenn Sie jedoch sagen: »Das ist nicht mein Problem«, dementieren Sie das Gemeinsame. In einer *Kooperationsarena* – egal, ob Beziehung oder Unternehmen – ist das Problem des einen das Problem des anderen. Zum Beispiel: Wenn sich hinter dem Wunsch nach höherem Gehalt ein Mangel an gefühlter Wertschätzung auf Seiten eines Mitarbeiters verbirgt, mag dieser Wunsch aus Ihrer Sicht inakzeptabel sein. Aber es ist dennoch Ihr Problem!

Eine wichtige Fähigkeit besteht darin, »nötige« von »unnötigen« Konflikten zu unterscheiden. Der Konfliktgeübte weiß, wann es sich lohnt zu kämpfen, sich einzusetzen, weil der Wirkungsgrad des Konfliktgegenstandes erheblich ist. Und er weiß auch, dass nicht jeder *small stuff* das Abendland untergehen lässt. Oder wann aussichtslosen Konflikten aus dem Weg zu gehen ist.

Hingegen kann der *Konfliktscheue* den nötigen Konflikt nicht

Wittgenstein: Streit um Worte

Nach dem österreichischen Philosophen Ludwig Wittgenstein (1889 – 1951) entstehen Konflikte aus *Sprachverwirrungen*. Streit sei oft lediglich Streit um Worte. Was meint zum Beispiel jemand, wenn er »Respekt« einklagt? Was heißt »Freiraum«? Was »Leistung«? Insofern seien Konflikte »Sprachspiele«, mithin eigentlich Scheinkonflikte. Weil man die Begriffe nicht klärt. Weil man die Kontexte von Worten nicht erläutert, in denen sie gebraucht werden. Sondern mit Plastikworten um sich wirft. Schon Thomas Hobbes hatte den Konflikt aus dem »Missbrauch der Wörter« hergeleitet. Hobbes schrieb aus der damals ganz aktuellen Erfahrung heraus, dass die Religionskonflikte und Bürgerkriege des 16. und 17. Jahrhunderts aus theologischen Begriffsmonstern entstanden.

Jeder weiß, wie verworren die Kommunikation zum Beispiel zwischen Ehepartnern manchmal sein kann. So, als sprächen sie unterschiedliche Sprachen. Nun sind nicht alle kulturellen Gräben tief, und durchaus nicht alle Paare fallen hinein. Aber die Spannungen zwischen der feinen Lübeckerin Tony Buddenbrook und dem zugriffigen Bayern Alois Permaneder waren vorrangig sprachlicher Natur. So wie binationale Beziehungen oft darunter leiden, dass die verschiedenen Muttersprachen das Entstehen von Vertrauen erschweren. Was das Knäuel der Missverständnisse noch unentwirrbarer macht. Vollends die Zerrüttung, wenn Sprechen ein Verstehen gar nicht mehr anstrebt, sondern auf ein Abgrenzen, auf ein Betonen des Nicht-Verstehens ausgerichtet ist.

Groß auch die Verwirrung, wenn Menschen – wie zum Beispiel in multinationalen Firmen – aus unterschiedlichen Kulturkreisen kommen und wirklich verschiedener Muttersprache sind. Interkulturelle Kommunikation ist enorm herausfordernd. Viele Konflikte entstehen schon allein dadurch, dass man sich einfach »nicht versteht« –

jedenfalls nicht in den Aspekten, die wirklich wichtig sind. Denken Sie nur, welches Konfliktpotenzial das Wort »pünktlich« in einer globalisierten Welt birgt. Oder nehmen wir die häufig gebrauchte Formulierung, die sich in Führungsleitlinien findet: »Bei uns darf man Fehler machen.« Wer das sagt, hat automatisch den Konflikt produziert. Denn es gibt sicher etliche, die diese Aussage für Blödsinn halten – und dafür gute Argumente haben. Sie verweisen darauf, dass gewisse Fehler das Unternehmen existenziell bedrohen können. Der Unterschied zwischen »failure« und »mistake« tut ein Übriges. Auch das gesellschaftliche Tauziehen zwischen »Freiheit« und »Gleichheit« ist oft ein Scheingefecht. Gleichheit – bezogen worauf? Vor dem Gesetz, sicher. Bei demokratischen Wahlen, ebenso. Aber *soziale* Gleichheit, etwa als Chancengleichheit, ist eine Illusion. Selbst wenn man sich aufrichtig bemüht, sie herzustellen. Nicht einmal wünschbar ist die Gleichheit als Ergebnisgleichheit, will man nicht den sozialistischen Leichnam beatmen. In der Wirtschaftswelt gibt es ebenfalls keine Gleichheit: Keine Resultate sind gleich, keine Leistungen, keine Talente. Jedoch: Extreme Ungleichheit ist ebenso gefährlich, verengt sie doch den Korridor des Gemeinsamen.

Zoomen wir uns näher an die Unternehmenswirklichkeit heran: Da wird mit der »Gerechtigkeit« manches konfliktäre Sprachspiel getrieben. Etwa als Leistungs-Gerechtigkeit bei den Entgeltsystemen. Was soll das sein – Leistung? Kraft mal Weg? Anstrengung? Blut, Schweiß und Tränen? Zielerreichung? Permanent 100 Prozent oder stetige Steigerung? Nur Quantitatives? Auch Qualitatives? Nur Kurzfristiges? Auch Langfristiges? Ist Gleichberechtigung gemeint? Darf es vor lauter Gerechtigkeitsphantasien kein Schicksal mehr geben? Ist das Unternehmen eine Addition von Einzelleistungen? Darf sogar ein Einzelner auf Kosten des Gesamtunternehmens »abräumen«? Sie sehen – wenn man das nicht klärt, kann man sich stundenlang die Köpfe einschlagen.

Begriffe klären – das sollten Sie tun, wenn Sie *unnötige* Konflikte vermeiden wollen. ■

vom unnötigen trennen. Der Konfliktscheue bleibt in der Deckung, auch wenn entschiedenes Aufstehen angezeigt wäre. Das ist jener, der problemlos zustimmt, wenn jemand sagt, dass das Wasser den Berg hinauf fließt. Dass der Kaiser gut angezogen ist, obwohl er völlig nackt dasteht. Der zum Relativismus neigt. Der sich seine Passivität als Weisheit zurechtlegt. Der nichts zum Fortschritt beiträgt, weil er Auseinandersetzungen aus dem Weg geht. Ich denke an Ahabs Ersten Offizier Starbuck aus Melvilles *Moby Dick*, der das Böse ermöglichte durch seine rechtschaffene Tugend ohne Tatendrang. Was gedeckt wird von einer stillschweigenden Übereinkunft der Pflichtbewussten wie der Gleichgültigen.

Der *Rebellische* kann ebenso wenig den nötigen Konflikt vom unnötigen unterscheiden. Der Rebellische wählt nicht wirklich sein Verhalten, er wägt nicht ab, sondern geht reflexhaft in die »Gegen-Anpassung«. So nennt die Psychologie dieses Gebaren. Er ist grundsätzlich *dagegen*, wogegen auch immer. Erst im Widerstand fühlt er sich wohl. Dieses Leben ist anstrengend. Allerdings fühlt es sich für ihn selbst richtig an. Ob es sich auch für andere richtig anfühlt, ist offen. Es könnte gut sein, dass der Sinn seines Lebens nur darin besteht, allen anderen als Warnung zu dienen. Die gute Nachricht: Sie können, wie oben gesagt, immer wählen, ob Sie sich den Umgang mit diesen Zeitgenossen antun wollen. Auch einen Chef kann man abwählen.

Versuchen wir diese Konfliktsortierung quantitativ zu wägen, gelangen wir an ein Paradox: Wir haben gleichzeitig zu viele und zu wenige Konflikte. Zu viele unnötige und zu wenig nötige. Wenn Sie *unnötige* Konflikte vermeiden wollen, möchte ich Ihnen den österreichischen Philosophen Ludwig Wittgenstein empfehlen. Er hat dazu Klärendes gesagt. Der Konflikt muss ja nicht gleich wie bei Tristan und Isolde ins Grab führen, weil alle Versuche misslangen, sich über den Trennungsschmerz hinwegzutrösten.

> **siehe auch Seite 54: Wittgenstein: Streit um Worte**

Wir haben jetzt einen Punkt erreicht, von dem aus wir auf meinen Versuch zurückschauen, den Konflikt als das Normale und Produktive zu beschreiben, auf mein Werben für den Fortbestand einer Unordnung jenseits des äußeren Scheins, den sowohl Individuen als auch Institutionen bevorzugen. Sollten Sie nicht warten können, dass wir zu Ihnen persönlich und Ihrem individuellen Konfliktverhalten kommen, bitte ich Sie noch um einen Augenblick Geduld. Um das für Sie ertragreich analysieren zu können, müssen wir zunächst Begriffsarbeit leisten. Wir brauchen vertiefende Einsicht in die Grundstruktur aller Konflikte, ja in die Grundstruktur des Lebens überhaupt: in die Ambivalenz.

Teil 2

Mehrdeutigkeiten

»I love managers with one arm and one hand.« – »Why is that?« – »Because I hate managers always saying ›But on the other hand …‹« In den USA schnappte ich diesen Witz auf. Er bringt auf den Punkt, was wir permanent erfahren: Das Leben ist voller *Ambivalenzen*. Alles ist aufgespannt zwischen Polaritäten, hat einen Pluspol und einen Minuspol, alles trägt sein Gegenteil in sich: kein Einatmen ohne Ausatmen, keine Nähe ohne Ferne, kein Berg ohne Tal. Auf den Tag mit seiner Helligkeit folgt zuverlässig die Nacht mit ihrer Dunkelheit. In uns selbst erleben wir Polaritäten oft als »innere Zerrissenheit«: Man will in die Alpen, aber am Meer ist es genau so schön. Man will als Vater mal allein sein, aber nach zwei Tagen vermisst man die Kinder. Man schuldet jemandem Treue, aber will sich auch selbst treu sein. Man kann nicht ohne den Partner leben, aber irgendwie auch nicht mit ihm. Selbst die glühendste Leidenschaft verlangt irgendwann Abkühlung, die schönste Harmonie irgendwann eine Störung. Und nicht im Bleiben konturiert sich eine Person, sondern im Kommen und Gehen. Das kann melancholisch machen. Wenn Sie im Bus aus Höflichkeit für eine alte Dame aufstehen, kann das als respektlos wahrgenommen werden – wenn die Dame sich jung und rüstig fühlt. Wenn Sie aus München kommen und gefragt werden »Woher kommen Sie?«, dann signalisiert das Interesse; sollten Sie aus Bottrop kommen, ist diese Frage eine Mikroaggression.

Auch moralisch gesehen ist das Leben wankelmütig. Man will ein guter Mensch sein und scheitert doch immer wieder an den eigenen Ansprüchen; man ist und bleibt ein Anstandshochstapler. Ebenso hat das In-sich-Gekehrte aller Doppelbegabten seinen Ursprung in der Ambivalenz – sie wissen ein Leben lang nicht, was für sie richtig ist. Die Entscheidung für das eine war eine Entscheidung gegen das andere und wird somit immer falsch gewesen sein.

Am Arbeitsplatz erfahren wir die gleichen Spannungen: Kommt es Ihnen oft so vor, dass Sie es niemandem recht machen können, egal was Sie tun? Vor allem sich selbst nicht? Wie Sie es auch drehen und wenden? Fühlen Sie sich manchmal ganz krank wegen der widersprüchlichen Anforderungen? Weil Sie zwischen allen Stühlen sitzen? Weil Sie zwischen Pest oder Cholera entscheiden müssen? Handeln Sie als Mitarbeiter Ihres Unternehmens manchmal so, wie Sie es unter Freunden oder als Vater/Mutter Ihrer Kinder niemals gutheißen würden? Fällt es Ihnen unter diesen Umständen schwer, Ihre gute Laune zu behalten? Nicht zynisch zu werden? Nicht spaltungsirre?

Wenn Sie Führungskraft sind, spitzen sich die Dilemmata noch zu. Man konfrontiert Sie mit Forderungen und Geboten, die sich oft widersprechen: Sie müssen alles verändern! Sie müssen digitaler werden! Handeln wie ein Start-up! Gleichzeitig auch: Sie müssen wachsen! Stillstand ist Rückschritt! Sowie: Sie müssen profitabler sein! Kosten senken und möglichst schnell produzieren, aber die Qualität darf nicht leiden! Aber: Seien Sie korrekt! Moralisch makellos. Diversity! Compliance! Code of Conduct! Hinzu kommen viele »weiche« Soll-Botschaften: Sie sollen fachlich vorn mit dabei sein, und auch charakterlich ein Vorbild. Sie sollen Ihren Mitarbeitern vertrauen und sie gleichzeitig kontrollieren. Sie sollen Ergebnisse liefern, aber genügend Freiraum lassen. Sie sollen in lockeren Socken Ihre Leute coachen, und sich zugleich von Schwachleistern trennen. Sie sollen sich mit der Aufgabe identifizieren und dennoch Sie selbst bleiben. Authentisch natürlich. Nach außen ein Wolf und nach innen ein Lamm. Sie sollen Verantwortung übernehmen und Verantwortung abgeben. Sie sollen motivieren, wertschätzen, fördern, respektvoll sein, immer ansprechbar, empathisch, klug, kreativ, teamorientiert, durchsetzungsstark und vor allem – erfolgreich. Dauernd. Will da noch jemand Chef sein?

Aber auch als Vater oder Mutter erleben Sie täglich die Mehrdeutigkeit Ihres Elternseins: Sie sollen verständnisvoll und langmütig sein – obwohl Klarheit und Konsequenz vermutlich ein besseres Erziehungsergebnis hervorbrächte. Sie wollen jeden Schritt Ihrer Kinder begleiten, möchten aber auf keinen Fall sich später vorwerfen lassen, dass Sie als Helikopter-Eltern die Selbstständigkeit Ihres Nachwuchses verhindert hätten. Und wie wollen Sie die verschiedenen zeitlichen Ansprüche unter einen Hut kriegen? Wie können Sie allen gerecht werden? Und sich selbst dabei nicht aus den Augen verlieren? Wie oft bringen Sie Ihre Kinder ins Bett? Lassen sich Zeit dabei? Schaffen eine ruhige, schöne

Mehrdeutigkeiten

Folgende, für unser Thema relevante Begriffe werden umgangssprachlich kaum unterschieden. Eine knappe Sortierung:

Ambivalenz/Ambiguität: Mehrdeutigkeit eines Wertes oder einer Situation. Bei nur zwei Bedeutungen spricht man von Doppeldeutigkeit. Etwa: Ein Lottogewinn kann gut und schlecht zugleich sein. Auch das Wort »Hassliebe« verknüpft unterschiedliche Wertungen. Die Einstellung »Sowohl-als-auch« wird hier häufig angewandt.

Widerspruch: Ein Begriff der formalen Logik – etwas ist der Fall oder ist nicht der Fall, etwas ist wahr oder falsch. Beides gleichzeitig ist ausgeschlossen. Entweder-oder: Die Erde kann nicht gleichzeitig eine Scheibe und eine Kugel sein.

Gegensatz, Bi-Polarität: Ein Sachverhalt ist einem anderen entgegengesetzt: Wärme/Kälte, Einatmen/Ausatmen, Tag/Nacht, Plus/Minus. Zwischen diesen Sachverhalten gibt es Fließgleichgewichte, etwa »lauwarm« oder »neutral«.

Dilemma: Situation, in der man zwei Ziele gleichzeitig erreichen will, die sich aber gegenseitig ausschließen. Oder man bietet zwei Möglichkeiten einer Entscheidung, die beide zu unerwünschten Ergebnissen führen: Pest oder Cholera, Odysseus zwischen Skylla und Charybdis.

Paradoxie: Wenn Sie bestimmte Ziele erreichen wollen und durch ihr Handeln das Gegenteil bewirken. Etwa: Je mehr Verkehrsregeln man aufstellt, desto häufiger werden sie übertreten. Je mehr man die Freiheit schützen will, desto eher zerstört man sie. In der Diskussion um die Zähmung der Internetgiganten Google, Amazon und Facebook wurde die Paradoxie der Freiheit deutlich: Wir leben offensichtlich in einer Zeit, in der unternehmerische Freiheit nicht automatisch die Lösung des Problems, sondern das Problem selbst werden kann. ■

Atmosphäre? Wie oft lesen Sie ihnen noch eine Gute-Nacht-Geschichte vor? Wo doch die Präsentation für morgen vorbereitet werden muss? Grundsätzlicher noch: Sie wollen Ihre Kinder zu Freiheitswesen erziehen, wissen aber, dass Erziehung immer den Entzug von Freiheit voraussetzt. In ihrem furiosem Essay *Lebenswerk. Über das Mutterwerden* zersägt Rachel Cusk den bigotten Kult um die Mutterschaft und ersetzt ihn durch Widersprüchlichkeit: Liebe und Enttäuschung, Härte und Zartheit, Innigkeit und Selbstverlust unter der Herrschaft eines schreienden kleinen Tyrannen – eine Widersprüchlichkeit, die Mütter bis zur Stunde ihres Todes in sich tragen.

All diese Beispiele zeigen: Wir sind aus dem Paradies der Eindeutigkeit vertrieben. Schwimmen in einem Meer von Gegensätzen. Diese haben die Form von Dilemmata, Widersprüchen, Ambiguitäten, Paradoxien – Begriffe, die auf *konfliktäre Spannungen* hinweisen.

> siehe auch Seite 62: Mehrdeutigkeiten

Paradoxerweise ist es der Sinn dieser Gegensätze, überhaupt etwas zu erleben. Wir wüssten nichts vom Paradies, wären wir nicht daraus vertrieben worden. Das ist der Schlüssel zu Realität, ohne ihn kann die Welt nicht begriffen werden. Es gäbe einfach keine Aussage, die einen Unterschied machte. Man könnte sie gegen nichts absetzen, um sie zu verstehen. Keine Beschränktheit kann deshalb größer sein als Grenzenlosigkeit.

Für den Zweck dieses Buches kann ich den fundamentalen Gegensatz so formulieren:

Der Konflikt ist Mehrdeutigkeit.

Mehrdeutigkeit ist das Wesen des Konflikts, seine Grundbeschaffenheit. Aber auch seine Ursache: Eine Situation enthält *Alternativen*; diese werden *unterschiedlich wahrgenommen* und *bewertet*.

Von Ihnen selbst und/oder von anderen. Und genau diese Wahrnehmungen und Bewertungen stehen in *Konkurrenz.* Dann haben Sie einen Konflikt – mit sich selbst und/oder mit anderen. Und Sie spüren den Druck, dass die Alternativen in bestimmten Situationen *entschieden* werden müssen. Das ist etwas anderes, als den Grund-Konflikt lösen zu können! Weil die Mehrdeutigkeit erhalten bleibt – unabhängig von Ihrer situativen Entscheidung. Durch die Entscheidung wird lediglich der Zustand der inneren Zerrissenheit kurzfristig beendet. Jedoch nicht immer endgültig. Denn die Entscheidung kann unter veränderten Umständen zur Wiedervorlage kommen. Das ist sogar mehr als wahrscheinlich. Dann muss neu entschieden werden. Möglich ist allerdings auch die Verweigerung der Entscheidung. Was wiederum eine Entscheidung ist.

Damit spiegeln ambivalente Inhalte die Doppelwertigkeit des Konflikts. Nicht nur der *Konflikt* ist ambivalent (Plus/Minus) – die *Inhalte* selbst sind es auch. Der Konflikt entwirft die Welt mithin als *doppelte Doppelwertigkeit.* Das macht manchen Konflikt extrem komplex.

Nehmen wir ein Beispiel: Ein Kind kommt ins Krankenhaus. Um es zuzuspitzen: *Ihr* Kind. Blinddarmentzündung. Häufig kann man dieses Krankheitsbild mit Antibiotika erfolgreich bekämpfen. Ohne Operation. Stattdessen aber regelmäßige Untersuchungen, tägliche Blutkontrollen, häufige Ultraschallaufnahmen. Aufwendige Medizin. Manchmal ist eine Operation unumgänglich, aber nicht immer. Was tun? Keine einfache Entscheidung für Ärzte, schon rein medizinisch. Hinzu kommen nicht-medizinische Aspekte: Eine Operation wäre für die Klinik profitabler. Deshalb werden Ärzte von der Krankenhausleitung daran erinnert, dass ein Krankenhaus auch ein ökonomischer Betrieb ist. Dass es Diagnosen gibt, die deutlich ertragreicher für die Klinik sind. Es gibt sogar Zielvereinbarungen mit den Ärzten – in der Erwartung, die Patientenzahlen zu erhöhen. Zu erhöhen! Auch gälte es bei Krankenhausaufenthalten sogenannte Grenzverweildauern zu beachten, die weder über- noch unterschritten werden dürften. Weil sonst die Kassen nicht zahlen. Auch die Definition eines »Falls« wird von nicht-medizinischen Erwägungen beeinflusst: Es gibt für einen Krankenhausaufenthalt eben nur das Geld, dass dem jeweiligen Fall zusteht. Die doppelte Doppeldeutigkeit dieser Situation liegt auf der Hand: Die Medizin darf nicht das Vertrauen der Patienten verlieren; deshalb dürften ärztliche Entscheidungen keinesfalls von nicht-medizinischen Weisungen beeinflusst werden. Sagen die Mediziner (die aber auch verdienen wollen). Die kaufmännische Leitung will ein profitables Krankenhaus und vor dem Hintergrund explodierender Gesundheitskosten das Vertrauen der Krankenkassen nicht verspielen. Das Ganze vor dem Hintergrund eines Gesundheitsbegriffs, dem man den Warencharakter abspricht; Gesundheit sei ein absoluter Wert. Andererseits türmt sich über dem so definierten Gesundheitsbegriff ein ökonomisches System, für das jeder Bürger Verantwortung trägt, das jedoch von vielen Interessen ausgebeutet wird.

Versucht man diese Gemengelage in ein Portfolio zu übersetzen, dann sieht das in etwa so aus:

AMBIVALENZ	Kaufmännischer Dienst	*profitable Klinik*	*Krankenkassen-Vertrauen*
	Medizinischer Dienst	*teure Therapie*	*Patienten-Vertrauen*
		Minus	Plus
		KONFLIKT	

Wenden wir dieselbe Methode für die Leitunterscheidung »zentral/dezentral« an, die viele Unternehmen umtreibt:

AMBIVALENZ	dezentral	*teuer*	*kundennah*
	zentral	*starr*	*effizient*
		Minus	Plus
		KONFLIKT	

Oder für die Leitunterscheidung »Freiheit/Zwang«:

AMBIVALENZ	Freiheit	*orientierungslos*	*eigeninitiativ*
	Zwang	*ohnmächtig*	*bequem*
		Minus	Plus
		KONFLIKT	

Alle diese Konflikte drängen zur Entscheidung. Wenden wir uns nun den verschiedenen Formen der Entscheidung zu.

Konflikte entscheiden (I): Schwarz oder weiß?

Viele Konflikte haben die Grundstruktur »*Entweder-oder*«. Die Alternativen sind nicht einfach nur unterschiedlich, sondern diametral entgegengesetzt. Null oder eins? Schwarz oder weiß? Rechts oder links? Karriere oder Kinder? Wenn Sie Erik heiraten, dann nicht Robert. Wenn Sie Müller den Job geben, kann ihn Maier nicht bekommen. Oder Sie haben nur eine bestimmte Geldsumme zur Verfügung: Wenn Sie davon ein neues Auto kaufen, können Sie nicht mehr in die Ferien fahren.

Die Alternativen solcher Konflikte schließen sich aus. Das macht sie besonders bedrängend. Einige von Ihnen haben vielleicht noch Mary MacGregors Hit von 1976 im Ohr: »Torn between two lovers«. Oder, wie eingangs von Botho Strauß gesagt: Die Lösung könnte auch das Problem werden. Jeder kennt den Konflikt zwischen Liebe und Begehren – wenn er nicht gerade selbst verliebt ist, das heißt situativ bewusstseinsgetrübt. Die Liebe, die Nähe braucht, und die Erotik, die Distanz braucht. Die verstörende Aufgipfelung des Entweder-oder-Konflikts findet sich im Alten Testament: Abraham muss sich entscheiden zwischen der Liebe zu Gott und der Liebe zu seinem Sohn. Abraham hebt das Messer, um seinen Sohn Isaak zu opfern …

Während in dem biblischen Beispiel Gott die Entscheidung abwendet, sieht es im richtigen Leben anders aus. Fortwährend müssen wir entscheiden zwischen Alternativen, die beide attraktiv erscheinen, aber nicht gleichzeitig erreichbar sind. Und nicht immer kennen wir die Konsequenzen. Was wartet wohl hinter der nächsten Weggabelung auf uns? Zumindest können wir das nicht vollumfänglich wissen.

Das Entscheiden von Entweder-oder-Konflikten fällt niemandem leicht, der einen Sinn für die Vielgestaltigkeit der Welt hat. Einerseits wollen wir die große Auswahl, wollen die vielen Möglichkeiten der Lebensführung, »des Lebens goldner Baum«, wie es im *Faust* heißt. Andererseits lähmen viele Optionen unsere Entschlusskraft. Deshalb quälen sich viele Menschen mit den Alternativen herum, manchmal jahrelang. Sie leben im inneren Dauerkonflikt und schieben die Entscheidung immer wieder auf. Sie suchen nach einer »kostenlosen« Lösung, nach dem »have your cake and eat it, too«. Das nennt man »entscheidungsschwach«. »Ich kann mich gar nicht entscheiden, ist alles so schön bunt hier!«, sang Nina Hagen im Song »TV-Glotzer« von 1978. Ein Freiheitsparadox.

Denn entscheiden heißt: Ein Preis ist fällig. Und das ist für manche Menschen unerträglich. Ich habe wohl einen Großteil meiner Arbeitszeit mit Menschen zugebracht, die zwar alles tun und haben möchten – aber nicht den Preis dafür zahlen wollten. Vielmehr fordern sie: »Ich will beides!« Oder sie haben sich bereits entschieden: für die Unentschiedenheit. Aber auch das ist nicht kostenlos: Aufschub ist der Dieb der Zeit. Man könnte meinen, diese Menschen hätten noch ein zweites Leben im Rucksack. Das alles habe ich in *Die Entscheidung liegt bei dir* für unser Privatleben entfaltet.

Richtig schwierig wird das Entweder-oder, wenn – beispielsweise im Berufsleben – *andere* Ihnen zurufen: »Du sollst beides erreichen!« Und das auch noch gleichzeitig. Und in gleichem Maße. Mehr noch: Wenn fremde Erwartungen an Sie gestellt werden, die Ihren eigenen Wünschen und Präferenzen widersprechen. Dann stecken Sie in einer *Zwickmühle.*

Zum Beispiel, wenn Sie zum Kunden eine vertrauensvolle Beziehung aufbauen wollen, ihm aber Produkte verkaufen sollen, die er eigentlich nicht braucht. Sie sagen sich dann vielleicht innerlich: »Das ist mit mir nicht vereinbar!« Oder wenn Sie Mitarbeiter entlassen und gleichzeitig eine Vertrauenskultur aufbauen sollen: »Das geht doch gar nicht!« Wenn Sie den beiden Polen dieses Dilemmas in gleicher Weise gerecht werden sollen, dann gibt es kein wirkliches Entrinnen.

> **siehe auch Seite 70: Wahl und Entscheidung**

Als Einzelner können Sie nicht nach rechts und links *gleichzeitig* gehen. Wenn man das von Ihnen verlangt, reagieren Sie mit Ohnmacht, Ratlosigkeit, Selbstzweifel, Wut, Vermeidung, Weglaufenwollen. Aber nur, wenn Sie glauben, es gäbe da eine »richtige« Entscheidung! Die gibt es jedoch nicht. Sondern nur eine, *die Sie persönlich treffen und verantworten*. Für die Sie also gerade stehen. Hand aufs Herz: Haben Sie die Tatsache unterschätzt, dass Ihr Leben gespickt ist mit Widersprüchen? Dass Sie sich – vor allem als Führungskraft – für eine fundamental dilemmatische Existenz entschieden haben? Auch wenn das oft bestritten wird:

Das Problem ist nicht, dass die Dinge konfliktär sind, sondern dass so getan wird, als seien sie es nicht.

Unwürdig ist es, wenn Sie *nach* einer Entscheidung die andere Seite abwerten. Etwa, um Klarheit, Entschiedenheit oder eben Alternativlosigkeit zu unterstreichen. Damit leugnen Sie Ihre Freiheit, dass Sie sich auch anders hätten entscheiden können. Nein, es muss heißen: »Beide Seiten sind gleich gültig, beide sind möglich. Aber ich habe mich jetzt für die eine Seite entschieden. Das dementiert nicht die Alternative, nimmt nichts von ihr weg. Und es mag sein, dass ich sie zu einem späteren Zeitpunkt vorziehe.« Wenn Sie Führungskraft sind, dann ist nur eine solche Aussage auf der Höhe der Komplexität, die zu bewältigen Sie bezahlt werden. Wollen Sie diese Höhe nicht erreichen, dann rufen Sie Unternehmensberatungen, die so lange rechnen, bis der Konflikt

Wahl und Entscheidung

Wie schaffen Sie es, dass Mitarbeiter in die Verantwortung gehen? Wie schaffen Sie es, dass sie nicht passiv bleiben, eine Entscheidung vertagen oder auf eine höhere Managementebene verschieben? Immer wieder höre ich in den Unternehmen diese klagenden Fragen. Vor allem in flachen Hierarchien ist Entscheiden ungewohnt und ungeübt. Viele Menschen spielen dann *cover your ass!* – aus Angst, etwas falsch zu entscheiden.

Dabei können Sie eigentlich gar nichts falsch entscheiden. Wie das?

Gesetzt den Fall, Sie haben in einem Zielkonflikt eine Entscheidung getroffen. Dann ist nicht nur klar, *wofür* Sie entschieden haben, sondern auch *wogegen*. Dieses Wogegen hat es in sich. Es ist die Startrampe für weitere Konflikte. Die abgelehnte Alternative läuft nämlich als Zweifel immer mit: Hätten Sie nicht doch lieber den anderen Weg gehen sollen? Im Unternehmen bemühen sich alle redlich, den Zweifel auszuräumen. McKinsey und Konsorten reichen dazu hilfreich die Hände. Aber der Zweifel erhebt immer wieder sein Haupt. Vor allem, wenn das gewünschte Ergebnis ausbleibt. Dann werden immer mehr Stimmen laut, die sagen, Sie hätten falsch entschieden.

Die Grundannahme dabei ist, dass die Alternativen Ihres Handelns klar und die Konsequenzen Ihrer Entscheidung *vorhersehbar* gewesen seien. Und genau das ist die Crux: Das waren sie nämlich nicht. Sonst hätten Sie Ihr Handeln ja »ausrechnen« können. Das wäre dann eine *Wahl* gewesen.

Obwohl umgangssprachlich synonym gebraucht, kann man differenzieren zwischen einer Wahl und einer Entscheidung. Eine *Wahl* basiert auf Fakten, die gemessen und bewertet werden. Insofern ist eine Wahl begründungsfähig. Insbesondere Entweder-oder-Konflikte erzeugen in Unternehmen endlose Datenerhebungen, Abstimmungsschleifen, Absicherungen, Schwarzer-Peter-Spiele. Aber auch eine Messung kann ungenau sein und die Bewertung der Daten extrem vorurteilsvoll. Das gilt ebenso für Algorithmen, die ja auch das Weltbild des Programmierers spiegeln. Insofern kann die Wahl richtig oder falsch sein.

Im Unterschied dazu basiert eine *Entscheidung* zwar manchmal ebenso auf Fakten, aber nur auf wenigen. Oder sie widersprechen sich, sind unklar, unscharf. Man steht gleichsam vor einer Nebelwand und weiß nicht, welchen Weg man einschlagen soll. Es gibt genauso viele und gute Gründe dafür wie dagegen. Neunmalkluge wissen nachher immer, was man vorher hätte wissen sollen. Eine Führungskraft ist bekanntlich ein Mensch, von dem hundert Leute sagen, sie sei eine Fehlbesetzung. Aber in einem strengen Sinne weiß man bei einer Entscheidung erst *im Nachhinein*, was man entschieden hat. Außer in Extremfällen kann deshalb eine Entscheidung nicht falsch sein. Aber auch nicht richtig. Sie ist eben eine Entscheidung. Und es gibt kein Paralleluniversum, in dem Sie eine alternative Entscheidung mal probeweise durchspielen könnten. Sollte sich der eingeschlagene Weg als holprig, gar als kaum begehbar herausstellen, dann ist das mühsam, zweifellos. Aber Sie können nicht wissen, ob die Alternative erfolgreicher gewesen wäre. Sie können nur jetzt und heute neu entscheiden, ob Sie weitergehen oder umkehren wollen.

Eine Entscheidung, die diesen Namen verdient, ist deshalb immer eine Wette. Insofern gibt es keine »schwierigen« Entscheidungen – Entscheidungen sind immer schwierig, sonst wären sie keine. Zusammengefasst: Was man nicht rechnen kann, das muss man entscheiden.

Und dann brauchen Sie Glück! Wenigstens aber die Abwesenheit von Pech. ■

weggeräumt ist, bis die Evidenz für eine Alternative unabweisbar scheint. Dann können Sie in das Gewand des Pontius Pilatus schlüpfen. Und hören allerorten die Klage: »Unsere Manager entscheiden nicht, sichern sich ständig ab!«

Konflikte entscheiden (II): Denken Sie Grau!

»Nun ja, nein, aber ein bisschen schon auch, hm.« – »Es ist kompliziert, jedenfalls nicht einfach.« – »Das ist nicht ganz falsch, aber es ist auch nicht ganz richtig, also Jein.« Unentschiedensein, das sich in unserer Alltagssprache ausdrückt. Je älter ich werde, desto mehr überzeugt mich das. Und ich komme damit in einen logisch nicht auflösbaren Selbst-Widerspruch: Ich halte das »nicht ganz richtig« für ... richtig. Und das »nicht ganz falsch« auch. Ist das Meinungslosigkeit? Nein, es ist die Einsicht, dass viele Dinge nicht im Entweder-oder entschieden werden können. Werte zum Beispiel.

Wer mit beiden Beinen in der realen Welt steht, der weiß: Werte gibt es nur im Doppelpack. Sie können nur im Mehr-oder-weniger, Sowohl-als-auch oder Mal-so-mal-so entschieden werden. Diese *Fließgleichgewichte* sind immer wieder neu zu justieren. Worauf kommt es dabei an? Auf die Umstände. Und die sind nie stabil, erfordern eine flexible Prioritätenordnung, die man den wechselnden Sachlagen anpassen kann. Nennen wir einige von ihnen:

Freiheit – Zwang
Vertrauen – Misstrauen
Gleichheit – Unterschiedlichkeit
Einzelleistung – Zusammenarbeit
Stabilität – Wandel

Zentral	–	Dezentral
Offenheit	–	Verschwiegenheit
Durchsetzung	–	Einfühlung
Autonomie	–	Bindung
Ordnung	–	Freiraum
Befriedigung	–	Frustration

Illustrieren wir das Fließgleichgewicht am Beispiel *Vertrauen.* Vertrauen ohne Misstrauen wäre gegenstandslos, beide wären sogar ununterscheidbar. Ein neugeborenes Kind weiß nicht, dass es vertraut; das weiß es erst ab dem Moment, in dem sein Verlangen unerfüllt bleibt. Von einem vorreflexiven Vertrauen träumt dann der Erwachsene: Blindes Vertrauen ist die Sehnsucht nach dem Ende der Ambivalenz. Wäre es nicht schön, dem eigenen Partner bedingungslos vertrauen zu können? Oder dem Treiben der eigenen Kinder im Teenageralter ohne Kontrolle zu begegnen? Wäre es nicht toll, die Menschen im Unternehmen einfach machen zu lassen? Ja, sagen die Stimmen, die innovative Kulturen mit Vertrauen, Fehlertoleranz und Experimentierfreude assoziieren. Allerdings sagt die Forschung, dass dies nur die eine Seite der Medaille ist, die sympathische. Sie braucht als Gegengewicht strenge Disziplin, Unnachsichtigkeit bei Inkompetenz, extreme Offenheit und hohe persönliche Verantwortung.

Und ist Misstrauen nicht immer dort richtig am Platz, wo Vertrauen Dummheit wäre? Klingt weniger sympathisch, nicht wahr? Aber nur das Aushalten dieser Spannung stabilisiert die Beziehung zu Partner und Kindern und lässt innovative Kulturen im Unternehmen erfolgreich werden. Und schon droht weiteres Ungemach: Innovationen lassen Unternehmen wachsen. Aber je mehr sie wachsen, desto mehr verlieren sie an Innovationskraft. Nicht einfach auszutarieren. Aber wenn es einfach wäre, könnte es ja jeder; dann wäre Innovation kein Wettbewerbsvorteil mehr.

Oder die Spannung zwischen *Einzelleistung* und *Zusammenarbeit*. Wird jemand je genau sagen können, wie sich Unternehmenserfolg letztlich erklärt? Ob durch individuelle Initiative oder durch gemeinsames Weitertragen? Der Kern des Unternehmens jedoch, der Grund der Unternehmensgründung, ist die Zusammenarbeit. Deshalb hat sie Vorrang. Dieser *Kooperationsvorrang* ist bei allen Entscheidungen zu beachten. Was nicht heißt, das Individuelle auszuschließen.

Ein weiteres, für mich besonders wichtiges Beispiel: *Freiheit*. Es gibt keine Freiheit ohne Zwang. Freiheit könnte man ohne Zwang gar nicht abgrenzen, gar nicht beschreiben, es herrschte vollständige Unberechenbarkeit, Zufälligkeit, Chaos. Freiheit kann man überhaupt nur begreifen durch ihr Gegenteil. Sonst wäre der Freiheitsbegriff leer. Sein Gegenspieler, die Unfreiheit, tritt in vielen Formen auf. Nennen wir sie hier der Einfachheit halber »Grenzen«. Freiheit ist immer Freiheit »innen«, also innerhalb von Grenzen. Demnach ist Freiheit ein *graduelles* Gut. Das ist in jeder Ehe und Partnerschaft so, in jeder Familie, sogar in jeder Freundschaftsbeziehung. Auch in Unternehmen gibt es unterschiedliche Arten von Freiheit. Und ebenso in unterschiedlichem Maße – etwa im Verkauf anders als im Controlling. Freiräume sind Räume, und auch die sind begrenzt. Sonst könnten wir eben nicht von Freiraum sprechen. Im politischen Kontext wird *Freiheit* oft in Kontrast zur *Gleichheit* gesetzt. Aber auch Gleichheit ist ambivalent. Die Forderung nach Gleichheit setzt Ungleichheit voraus – sonst bräuchten wir sie nicht. Diese Mehrdeutigkeit wird von der politischen Rechten gerne nach dem Grundsatz »So viel Freiheit wie möglich, so viel Gleichheit wie nötig« organisiert. Umgekehrt neigt die politische Linke zu »So viel Gleichheit wie möglich, so viel Freiheit wie nötig«. Das gesellschaftliche Tauziehen darüber ist ein Mehr-oder-weniger-Konflikt um das richtige Maß. Es wird in einer Demokratie von Wahl zu Wahl prozedural geschlichtet. Diese immer neue

Schlichtung ist der Basiskonsens der Bürgermehrheit. Sonst funktioniert die Demokratie nicht. Was die Gegensatzpaare zusammenhält, nennt man *dialektische Spannung*. Anders formuliert: Konflikt. Der Konflikt besteht darin, dass die Dinge erst von ihrem Gegenteil belebt werden, erst durch das Gegenteil verständlich sind. Aber dieses Gegenteil trägt eben auch das »Andere« ins Leben. Das heißt, wir haben es mit Gegensätzen zu tun, die 1) *ohne einander nicht existieren*, und gleichzeitig 2) *sich wechselseitig verneinen*. Das ist paradox. Und Quelle vieler Konflikte. Weil viele Menschen nur Weiß können. Oder nur Schwarz. Lust auf Grau? Das können nur wenige. Das wäre aber lebensnäher: Wir Menschen können etwas bejahen, ohne naiv zu sein. Wir können kritisch sein, ohne misstrauisch zu sein. Wir können ausgeglichen sein, ohne gleichgültig zu sein. Wir können leidenschaftlich sein, ohne fanatisch zu sein. Wer im Unternehmen keine Minderheiten fördern will, ist noch lange kein konservativer Hardliner. Wer über Selbstorganisation nachdenkt, ist noch lange kein anarchistischer Träumer. Wer gegen extreme Individualgehälter an der Firmenspitze ist, ist noch lange kein Anti-Kapitalist. Wer darauf hinweist, dass man Adam Riese nicht aus dem Amt jagen kann, ist noch lange kein Turbo-Kapitalist. Wer darauf besteht, dass Kontrolle im Unternehmen das wirtschaftliche Überleben sichert, ist noch lange kein Kontrollfreak. Und wer die kulturellen Gepflogenheiten in seinem Land verteidigen will, ist noch lange kein Rechtsradikaler. Einer der spannendsten Advokaten des Sowohl-als-auch ist der 1998 verstorbene Schriftsteller Ernst Jünger, dessen Werk man nicht durch die moralisierende Brille der Gegenwart lesen sollte. Intelligenz fliegt auf zwei Flügeln!

> siehe auch Seite 76: Polaritäten-Profile

Versuche einer Mäßigung stecken auch in Sprachmünzen wie »konstruktive Kritik«, »soziale Marktwirtschaft« oder auch »kontrollierte Offensive«. Es zeigt sich in diesen Begriffen der altbekannte Unterschied zwischen Gift und Arznei – es kommt auf die

Polaritäten-Profile

Bei der Personalauswahl können Sie Polaritäten-Profile als Beurteilungshilfe anwenden. Sie können so im Auswahlprozess mehrere Kriterien prüfen – etwa »Durchsetzungsvermögen/Kompromissfähigkeit«. Dabei müssen Sie nicht schwarz/weiß urteilen, sondern können Ihr Urteil abstufen. Nehmen wir beispielhaft die Polarität »Zurückhaltung/Kontaktfreude«. Wir können sie etwa so darstellen:

Zurückhaltung				Kontaktfreude		
3	2	1	0	1	2	3

Damit ist gemeint: Wenn jemand umgänglich ist und gerne auf Menschen zugeht, lieber auf eine Party als ins Theater geht, dann ist eine »2« auf der Seite Kontaktfreude realistisch. Um dieses »realistisch« auch rechtfertigen zu können, müssen Sie aufpassen, dass Sie nicht in die *Falle der Selbstähnlichkeit* tappen. Sie müssen Ihre eigenen Empfindlichkeiten und Prägungen kennen und mitdenken. Je markanter Sie selbst sich auf einer Seite des Fließgleichgewichts befinden, desto intensiver erleben Sie den Anderen als – »anders«. Entsprechend beurteilen Sie ihn entschiedener. Sollten Sie beispielsweise selbst eine »2« auf der Seite der Kontaktfreude haben, desto eher bescheinigen Sie einem unaufdringlichen Menschen nicht etwa eine »1« auf der Seite der Zurückhaltung, sondern eine »2« oder gar »3«. Sollten Sie sogar in einen Pol hinein eskaliert sein, desto mehr erleben Sie das Anderssein des Anderen als: Schwäche! Ein ausgeglichener Mensch ist in Ihrer Wahrnehmung dann »halbherzig«, ein durchsetzungsstarker Mensch ist ein »Tyrann«, ein einfühlsamer Mensch ein »Weichei«, ein spontaner Mensch »oberflächlich« und ein sorgfältiger Mensch »detailverloren«. Sie addieren dann auf jeder Seite des Polaritätenprofils eine »4«. Sie sind dann kaum bereit anzuerkennen, dass auf der anderen Seite Ihres bevorzugten Verhaltenskontinuums ebenfalls eine nützliche Eigenschaft liegt. Im obigen Fall:

Zurückhaltung								Kontaktfreude
4	3	2	1	0	1	2	3	**4**
menschenscheu								**distanzlos**

Als Diagnostiker müssen Sie also intim vertraut sein mit Ihrem eigenen Polaritätenprofil. Je heftiger Sie auf ein Bewerberverhalten reagieren, desto mehr hat diese Reaktion etwas mit Ihnen zu tun. Vor allem, wenn Sie älter werden: Wer seine Prägungen nicht anschaut, eskaliert im Alter! Wenn Sie früher »prinzipienfest« waren, werden Sie dann »stur«. Sie selbst merken es nicht; die anderen umso mehr. Seien Sie sicher. ■

Dosierung an. Und da ist militante Intoleranz fast immer Gift. Vermeiden Sie Extreme; wer ins Extreme geht, kann meist nur beweisen, dass alles falsch ist. Also, bleiben Sie skeptisch! Fragen Sie beharrlich: Schließt sich das wirklich aus? Überlegen Sie gut, ob eine Entscheidung wirklich notwendig ist. Sie können beides wollen. Nicht alles zu gleicher Zeit, nicht alles in gleichem Maße, nicht alles am gleichen Ort. Aber eben doch Sowohl-als-auch. Denken Sie Grau!

Bei so viel Ambivalenzen, Widersprüchen, Dilemmata – müssen wir verzagen? Oder sollten wir alles für beliebig erklären – »anything goes«? Ist alles egal? Alles relativ? Nein, beides ist gültig. Gleich gültig. Weder gut noch schlecht. Sondern schlicht unvermeidlich. Werte sind wie Zwillingspaare, die einander ständig ins Wort fallen. Sie brauchen einander, kommen nicht ohneeinander aus, ergänzen sich gegenseitig. Das nennen wir »antagonistisch«. Aber ein Arm braucht eben Beuger und Strecker. Deshalb sind eindeutig formulierte Leitbilder, Wertebibeln und Compliance-Richtlinien so kurios unterkomplex. Keine sprachliche Fixierung kann die Mehrdeutigkeit wirtschaftlicher Transaktionen

Britische Gleichgewichte und *muddling through*

Der *common sense*, der Inbegriff des gesunden Menschenverstandes, stammt nicht zufällig aus Großbritannien. Die Ahnenreihe derer, die für eine pragmatische Rationalität argumentierten, lässt sich vom Schotten David Hume über John Locke und Thomas Hobbes bis zu Francis Bacon verfolgen. Sie prägten ein Land, das sich früh in Demokratie übte und eine Mentalität prägte, die in der Waage ihr Sinnbild fand. Auch die dynamischen Gleichgewichtsmodelle der Neuzeit stammen alle von der Insel: Das beginnt mit Newtons kosmischem Modell, das ein Gleichgewicht von Gravitation und Fliehkraft beschrieb. Einhundert Jahre später stellte Adam Smith sein ökonomisches Gleichgewicht von Angebot und Nachfrage vor. Und abermals einhundert Jahre später beschrieb Darwins biologisches Modell einen Markt konkurrierender Arten, der immer wieder neue Fließgleichgewichte schuf. Dann das Parlament – seit siebenhundert Jahren ist es das Zünglein an der Waage, hält es die Parteien im Gleichgewicht. Die alltägliche Form dieses Austarierens ist der Kompromiss. Ein Gleichgewicht, das immer wieder neu zu finden ist. Der Englandkenner Hans-Dieter Gelfert erklärt den Brexit vor allem so, dass sich der Kompromiss nicht mehr in London findet, sondern in Brüssel. Unter europäischer Regie würde das britisch »Eigene« verleugnet und gleichmacherisch der Beliebigkeit preisgegeben. Und deshalb sei für viele Briten das Gleichgewicht verloren gegangen. Europa sei einfach zu groß, um das jahrhundertelange Erfolgsrezept des kompromisslerischen *muddling through* für die Menschen zustimmungsfähig zu machen. Auch wenn man den Brexit für eine Verblendung hält, wird man sich dieser Sichtweise nicht vollständig verschließen können. ■

ganz umfassen. So schafft man niemals ein kollektiv verbindliches Selbstverständnis der Gesamtorganisation. Der Steuerungsbedarf komplexer Teilsysteme ist viel zu hoch, als dass Liturgieformeln diese aufeinander abstimmen können. Entscheidungen können daher nicht durch normative Regelungen bewältigt werden, sondern durch Dialogprozesse. Weil es immerfort um Balancierungen geht: Wie können wir Innovation und Tradition verbinden? Binnen- und Außenorientierung? Kundenwünsche und Mitarbeiterinteressen? Sicherheit und Risiko? Wir sollten mithin (1) die Illusion loslassen, wir könnten die andere Seite der Unterscheidung ignorieren. Die sprichwörtlichen zwei Herzen in unserer Brust – es gilt sie anzuerkennen. Wir sollten (2) nicht nur und immer die eine Seite als richtig und wünschbar ausweisen – denn dadurch wird die andere Seite erst gestärkt! Wir können (3) die Ambivalenzen entfalten, sie offen darlegen, in ihrer Wechselwirksamkeit anerkennen. Wir können (4) uns zu einem bipolaren Schwanken bekennen, zu einem Hin und Her, zum Oszillieren. Wir können (5) uns explizit für Vorziehungen aussprechen, für ein Mehr-oder-weniger, also ein »mehr dezentral als zentral« oder ein »dezentral *vor* zentral«. Wir können (6) die Bedingungen für diese Vorziehungen angeben, begründen, wo und warum wir die eine Seite der Unterscheidung bei der augenblicklichen Marktlage der anderen vorziehen. Wir können (7) prüfen, ob wir nicht auf Verlautbarungen verzichten sollten. Warum müssen wir alles und jedes explizit machen? Jeder ideologisch unverblendete Mensch handelt doch mal so und mal so. Warum es nicht dabei belassen?

Für den Praktiker werden die Punkte (3) und (5) wichtig sein. Um sie handhaben zu können, braucht es die Fähigkeit, mit Mehrdeutigkeit souverän umzugehen. Dazu braucht es Ambiguitätstoleranz. Dazu gleich mehr nach dem nächsten Unterkapitel.

> **siehe auch Seite 78: Britische Gleichgewichte**

Konflikte entscheiden (III): Kompromisse

Aufgabe von Führungskräften war es schon immer, »widerstreitende Kräfte, Interessen und Bedingungen miteinander zu versöhnen« – so schon Chester Barnard 1938. Dass er »versöhnen« schrieb und nicht »aufzulösen«, verrät ihn als klugen Menschen. Denn unterschiedliche Interessen lösen sich nicht einfach auf, sondern sind im Regelfall nur zu vermitteln. Dabei wird man beide Seiten ein bisschen »verraten« müssen. Es geht darum, bei einheitlicher Materie, aber divergierender Meinung ein Gleichgewicht von Gewinn und Verzicht zu erzielen. Das nennt man »Kompromiss«. Der hat keinen guten Leumund: Das Adjektiv »faul« ist schnell zur Stelle, und auch als »kompromisslerisch« will niemand gelten. Alle Kompromisse seufzen.

Zu Unrecht. Wenn Sie schon etwas Leben angehäuft haben, dann ist Ihnen klar, dass es im Leben vor allem um *Ausgleich* geht. Nicht jede Regel ist Reglementierung, nicht jede Bindung ist Behinderung. Die große Forderung der Französischen Revolution, die Trias »Freiheit, Gleichheit, Brüderlichkeit« bindet gänzlich feindliche Werte aneinander; da passt nichts zusammen. Eine demokratische Gesellschaft stellt sich diesen Widersprüchen und sucht dann pragmatisch nach temporären Verknüpfungsmöglichkeiten. Eben nach Kompromissen. Auch der liberale Rechtsstaat ist ein Kompromiss, eine Mittelposition: zwischen rechtsfreien Räumen und Totalüberwachung.

Der Regisseur Todd Phillips erzählt in seinem Film *Joker* von der Unfähigkeit einer Gesellschaft zum Kompromiss, indem er diese tragende Säule des Gesellschaftsvertrages entfernt. Er führt damit den Zuschauer direkt in das Herz eines Menschen, der sich vom Hass ernährt – und für den sich das Futter in den Straßen türmt wie Müllberge.

Im Kompromiss geht die *ideale* Ethik über in die *pragmatische*.

Im Kompromiss muss man sich dem anderen stellen, sich mit der Alternative der eigenen Überzeugung auseinandersetzen. Und das hat es in sich! Es macht offen für den Zufall, die Unsicherheit, die *Kontingenz* – etwas ist weder notwendig noch unmöglich; es gibt keine Entscheidung, die man nicht auch anders hätte fällen können. Es gibt uns einen Vorgeschmack auf das, was morgen vielleicht überrascht. Denn der Kompromiss beendet ja nicht die Mehrdeutigkeit, aber sie blockiert das Handeln nicht mehr. Mehrdeutigkeit wird gleichsam eingeklammert. Das tut im Einzelfall weh. Was aber auf dem Spiel steht, ist die Zukunft. Das Spiel soll weitergehen.

Keineswegs beginnen wir also bei makellosen Prinzipien, sondern wir beginnen mit Kompromissen, die an Kompromisse anknüpfen, die wiederum an Kompromisse anknüpfen. Die Prinzipien denken wir uns manchmal hinzu – später, so wie wir oft hinterher »Strategie« nennen, was sich zuvor aus Zufall ereignet hat. Wenn Sie nicht vom eigenen Glanz geblendet sind, dann wissen Sie, dass Sie als Führungskraft von dieser Lizenz zur Nachträglichkeit leben. Ähnliches gilt ja auch für unsere Lebensgeschichten, die wir oft im Nachhinein zu einer konsistenten Zusammenschau verdichten und dichten. Natürlich ist Erfolg das, was folgt. Aber nicht immer folgerichtig folgt. Der Zufall spielt eben auch eine Rolle.

Kompromisse funktionieren allerdings nur, wenn es tatsächlich Kompromisse sind. Wenn eine Partei sich als Verlierer sieht, ist der Kompromiss nicht lange tragfähig. Alle Handelnden müssen auf ihre Kosten kommen. Gegen diese einfache Einsicht ist auch mit dem viel beschworenen »commitment« nichts zu machen.

> **siehe auch Seite 82: Was ist Commitment?**

Was ist Commitment?

Gesetzt den Fall, Sie wollen mit einer anderen Partei zusammenarbeiten, haben aber unterschiedliche Interessen. Sie haben fair verhandelt und sind zu einer Vereinbarung gelangt, die man gemeinhin als »Kompromiss« bezeichnet. Einige Ihrer Interessen haben Sie realisieren können, auf einige haben Sie verzichtet. Die andere Partei auch. Nun haben Sie die Wahl, auf das zu schauen, was Sie *erreicht* haben. Oder auf das, was *unerfüllt* blieb.

Commitment bedeutet, nicht darüber zu jammern, dass etwas fehlt, sondern es als Teil des gemeinsamen Spiels anzuerkennen. Und dieser Vereinbarung ein volles »Ja!« zu geben. 100-prozentig, nicht 70-prozentig. Commitment sagt »Ich tue es!«, obwohl einige Wünsche offen bleiben. »Es ist zwar nicht alles toll, aber wenn ich gewählt habe, mit dem anderen zu arbeiten, dann muss ich ihn mitgewinnen lassen. Dann mache ich das Beste aus der Situation, die ich mir selbst ausgesucht habe.« In einer idealen Situation bedarf es keines Commitments. Aber die ideale Situation ist eben nicht von dieser Welt.

Commitment ist demnach ein persönlicher Bewusstseins-Schritt *über die Vereinbarung hinaus*, und mithin eine individuelle Einstellung. Es ist eine Selbstfestlegung unter Ablehnung anderer Optionen. Commitment ist Verpflichtung *mir selbst* gegenüber, nicht bezogen auf andere. Kein soziales Ereignis, kein Vertrag zwischen zwei Menschen. Um es deutlich zu sagen: Sie können sich nicht gegenüber einem anderen Menschen »committen«. Sie können Commitment nur für sich selber geben. Es ist innerer Frieden. ■

Ambiguitätstoleranz – wie mit Mehrdeutigkeit umgehen?

Schon Goethe fragte zu seiner Zeit, »was die Welt im Innersten zusammenhält«. »Widersprüche!«, möchte man ihm zurufen, und er hätte wohl nicht protestiert. In unserer täglichen Kommunikation sieht das anders aus: »Da widersprechen Sie sich aber!« Lastend hängt der Vorwurf im Raum, Triumphgefühl herrscht auf der einen Seite vor, Rechtfertigungsdruck auf der anderen. »Und?«, möchte man fragen, »das Leben ist doch voller Widersprüche!« Widersprüche, die wir alle in uns vereinen, die wir alle in uns spüren. »Der Mensch ist immer Mensch in seinem Widerspruch«, wusste schon Platon. Später Conrad Ferdinand Meyer, einer der bedeutendsten Schweizer Dichter des 19. Jahrhunderts: »Ich bin kein ausgeklügelt Buch / ich bin ein Mensch mit seinem Widerspruch.« Oder, etwas saloppper:

> *Nur wer nicht spricht, widerspricht sich nicht.*

Sind Sie da bei mir? Wenn nicht, könnte ich das verstehen. Um die Mehrdeutigkeit steht es schlecht im öffentlichen Ansehen. Das Digitale prägt nicht nur die Technik, sondern auch das Denken. Es ist das »Gesetz vom ausgeschlossenen Widerspruch«, das sich unter so wohlklingenden Wünschbarkeiten wie »Klarheit« und »Eindeutigkeit« verbirgt. Als Kinder der Aufklärung sind wir diese Eindeutigkeit gewohnt. Etwas *ist* oder *ist nicht*. Richtig oder falsch. Es kann nicht beides sein. Oder mit einem Satz aus der klassischen Logik: Tertium non datur – es gibt kein Drittes.

Deshalb ist Entweder-oder in allen westlichen Gesellschaften kulturbildend geworden. In der Praxis klingt das so: Entweder man vertraut mir oder man vertraut mir nicht! Ein bisschen schwanger geht nicht! Alles-oder-nichts! Ganz-oder-gar-nicht! Sekt oder Selters!

Nicht erst durch das Auftauchen der Populisten gibt es eine starke gesellschaftliche Tendenz, *Ambivalenz zu verneinen*. Man versucht, alles Ambivalente zu beseitigen, vor allem jene Seiten, die das eilige Meinen als »negativ« etikettiert. Man könne nur in die eine Richtung gehen, die überhaupt gewollt werden kann. Das kommt vielen Menschen entgegen, die es kaum aushalten, dass die Welt nicht kindlich-klar in Gut und Böse geteilt ist. Natürlich, vordergründig und verbal wehrt man sich gegen das »Schwarz-weiß-Denken«. Insgeheim aber sehnt man sich nach Eindeutigkeit. Es liegt offenbar in der Natur des Menschen, widersprüchliche Situationen zu meiden. Die Psychologie nennt das »ambiguitäts*in*tolerant«. Im Unternehmen kann man diese Neigung am Ruf vieler Mitarbeiter ablesen: »Wo sind die Richtlinien?« – »Wir brauchen eine klare Strategie!« Führungskräfte greifen das gerne auf: »Wir müssen den Leuten Orientierung geben!« – »Glasklare Antworten!« Und schon bald sieht man nicht mehr das Besondere, sondern nur das Allgemeine, nicht mehr die Nuance, sondern das grobe Korn. Das artikuliert sich heute gerne englisch: »One best way«, »Benchmarking«, »Best Practice« heißt es, oder »Code of Conduct«. Berüchtigt sind auch die »Case Studies« der Harvard Business School, bei denen nur genau *eine* richtige Lösung für ein Unternehmensproblem möglich ist. Praxisferner geht es kaum. Da verfällt die Intelligenz in vorbeugende Duldungsstarre. Sogar in der Debatte über »korrekten« Sex erwägt man eindeutige »Zustimmungsregeln«. Völlig ausgeblendet wird dabei (und Birgit Schmid hat darauf hingewiesen), wie mehrdeutig Sexualität erlebt werden kann. Weiß man immer, was man will? Eindeutig will? Was ist mit Verführung? Was mit gleichzeitigem Angezogen- und Abgestoßensein? Was ist mit gespieltem Widerstand, den Frauen zuweilen gezielt als gleichzeitige Zustimmung und Ablehnung strategisch einsetzen? Was ist mit Schweigen? Der Mensch ist und bleibt ein widersprüchliches Wesen. Auch die Sexualität kennt viele Ambivalenzen. Sie zu reglementieren zerstört jede Sinnlichkeit.

> siehe auch Seite 86: Löwenthal

Dagegen nun: *Ambiguitätstoleranz.* Der Begriff wurde nach dem Zweiten Weltkrieg entwickelt. Man versuchte wissenschaftlich herauszufinden, wieso sich bei Nazi-Größen der extreme Antisemitismus als Persönlichkeitsmerkmal entwickelt hatte. Seinen publizistischen Niederschlag fand dieses Konzept in Theodor W. Adornos berühmtem Buch *The Authoritarian Personality (*dt. *Studien zum autoritären Charakter).*

Es ist ein schwieriger Begriff. Nicht nur wegen seiner Länge, nicht nur wegen des ungebräuchlichen Fremdwortes »Ambiguität«. Sondern auch wegen der »Toleranz«. Goethe hielt Toleranz für minderwertig: »Toleranz sollte eigentlich nur eine vorübergehende Gesinnung sein: Sie muss zur Anerkennung führen.« Das ist, mit Verlaub, zu viel verlangt. Ich will unterscheiden dürfen zwischen dem, was ich tatsächlich befürworte, und dem, was ich ertrage und toleriere. Tolerant ist man also, wenn man etwas nicht mag, es aber trotzdem zulässt. Und so ist es wohl auch hier gemeint. Kaum jemand ruft bei Mehrdeutigkeit »Hurra!«. So wurde Wolfgang Hildesheimers Mozart-Biographie, die Widersprüche in Mozart Leben und Werk nicht wegschliff, sondern gar als Quelle seines Genies beschrieb, von der affirmativen Mozart-Rezeption empört zurückgewiesen. Trigger-Warnung! So ist das mit der Akzeptanz für Mehrdeutigkeit bis heute – die in unseren Breiten viel gepriesene »Meinungsstärke« blendet lediglich die Ambivalenz aus.

Das Verständnis für Mehrdeutigkeit, das Aushalten offener Fragen und Situationen, hat gesamtgesellschaftlich abgenommen. Viele erleben Mehrdeutigkeit als Stress. Alles muss erledigt, mög-

Löwenthal

»Mein Herr, ich teile Ihre Meinung nicht, aber ich würde mein Leben dafür einsetzen, dass Sie sie äußern dürfen.« An diese Worte Voltaires muss ich denken, wenn ich mich an das *ZDF-Magazin* erinnere, das jahrzehntelang von Gerhard Löwenthal moderiert wurde – dem Maschinengewehr des Kapitalismus. Unermüdlich warnte er vor sozialistischen Träumereien hüben wie drüben. Uns Jüngeren galt er als Kalter Krieger, als Ewiggestriger. Und auch aus heutiger Perspektive kann ich seiner verbohrten Feindseligkeit gegen die damalige Entspannungspolitik wenig abgewinnen. Zutiefst bedenklich aber ist die Tatsache, dass heute ein solch entschieden konservativer Journalist von den öffentlich-rechtlichen Fernsehanstalten nicht mal als Hausmeister geduldet würde. Die grünliberallinke Hegemonie lässt keine klaren Antipoden mehr zu. Wenn es die aber nicht mehr gibt, stirbt der Meinungsstreit, stirbt der Kampf um das bessere Argument. Dabei ist es unerheblich, welche Weltsicht ausgeblendet wird, rechts, links, grün, gelb, pro oder anti – ganz gleich. Es ist ein Anschlag auf die Demokratie – finanziert von Zwangsabgaben.

lichst rasch »geklärt« werden. Dadurch erleben sich die Menschen als selbstwirksam – auch wenn es immer nur eine Schein-Erledigung sein kann. So machen es im Wirtschaftsleben die zahllosen Blender, die eben durch das Ausblenden der Mehrdeutigkeit so überzeugend auftreten – und in der Realität wirkungslos bleiben. Mehr noch: In den USA konnte ich intensiv erleben, wie die Wahl Donald Trumps zum Präsidenten 30 Jahre lange Freundschaften, sogar Familien auseinanderbrechen ließ. Im besten Fall wurde das Thema tabuisiert. Besser wäre es gewesen, nachzufragen, auch in ruhiger Weise dagegenzuhalten. Im Respekt vor der Sichtweise des anderen. Im Kontakt bleiben, zum eigenen Zögern stehen, zu eigenen Unsicherheit. Leider ist das Idealbild vom meinungsfreudigen Macher omnipräsent. Und nicht nur in den USA (»zero tolerance!«) hat Intoleranz neuerdings einen positiven Klang. Vor allem in dauerbeleidigten Milieus.

Wie ohnehin der Wunsch nach Eindeutigkeit vergiftet ist. Denn Ambiguität ist die *Bedingung unserer Autonomie*, die Voraussetzung unseres Wählenkönnens. Wäre es möglich, sie zu beseitigen, wir würden uns als Freiheitswesen aufkündigen. So wusste schon Friedrich Nietzsche: »Wer nur die eine Seite sieht, schielt.« Das können, das dürfen wir nicht wünschen. Also schauen wir gewissenhaft hin: Was genau ist Ambiguitätstoleranz? Wie gehen wir mit der Tatsache um, dass Menschen viele Interessen haben, die oft gegeneinander laufen? Mit widersprüchlichen Situationen konfrontiert sind? Dass jeder seinem eigenen Traum folgt? Pragmatisch: Wie halten wir uns in der Schwebe, ohne entweder ins Besserwisserische oder ins Teilnahmslose abzustürzen?

> **siehe auch Seite 88: Autonomie**

Tolerieren

Robert Musil schreibt in seinem *Mann ohne Eigenschaften* über das alte Österreich der k. u. k. Monarchie: »Es war nach seiner Verfassung liberal, aber es wurde klerikal regiert. Es wurde klerikal regiert, aber man lebte freisinnig. Vor dem Gesetz waren alle Bürger gleich, aber nicht alle waren eben Bürger. Man hatte ein Parlament, welches so gewaltigen Gebrauch von seiner Freiheit machte, dass man es gewöhnlich geschlossen hielt. Aber

Autonomie

Ist menschliche Autonomie, wie manche behaupten, eine Fiktion? Nein, Autonomie ist möglich. Unter einer Bedingung: Dass wir die Spannungen und Widersprüche des gelebten Alltags anerkennen. Sonst gibt es keine Autonomie. Es gibt sie nur, wenn wir uns der Möglichkeit stellen, *bewusst* zu entscheiden und jederzeit auch *anders* entscheiden zu können. So wie Adam und Eva sich einst im Paradies auch anders hätten entscheiden können. Erst das Entscheiden und Konsequenzen-Tragen macht uns zu vollständigen Menschen.

Wir alle kennen die Zwickmühlen, in denen sich Antigone oder Hamlet befinden, die klassischen Konflikte, aus denen die Film- und Theaterstoffe gewebt sind. Was wir oft verkennen: Widersprüche sind die *Bedingung* für Autonomie! Ohne diese können wir nicht sinnvoll von Autonomie sprechen. Wenn wir sie für uns beanspruchen wollen, kann es also nicht darum gehen, Ambivalenzen auszumerzen. Sondern darum, einen souveränen Umgang mit ihnen zu entwickeln.

Nun weiß jeder, dass der Alltag es häufig erschwert, uns selbst als autonom zu empfinden. Wir erleben uns oft als fremdgesteuert, gefangen in Pflichten und Rollen. Das heißt aber nicht, dass Autonomie unmöglich ist. Im Gegenteil: Das bedeutet, dass wir in unterschiedlichen Kontexten auf unterschiedliche Weise handeln können. So wie jemand als Manager in einer Weise handelt, wie er es als Nicht-Manager, Vater oder Freund nicht tun würde – und insofern Autonomie beweist. Oder wenn jemand zwischen der dörflich-religiösen und kastenförmigen Ordnung seiner Herkunftsfamilie und der globalisierten Welt eines multinationalen Konzerns hin- und herwechselt – und insofern mit Ambivalenz souverän umgeht. Man will das eine, klar. Aber ein paar andere Dinge will man eben noch lieber. Oder lieber nicht. Beispiel Organspende: Ein Staat, der die Autonomie des Individuums respektiert, muss diese Ambivalenz akzeptieren. Und nicht vorentscheiden, weil er glaubt, er wisse als Staat besser, was gut und richtig ist. Wir müssen lernen wertzuschätzen, welch ungeheure Bedeutung die Mehrdeutigkeit für uns Menschen hat. Und dass es Grund gibt, sie zu feiern. Widersprüche sind die Bedingung unserer Freiheit!

Ein nicht-autonomer Mensch denkt, was *immer* schon gedacht wurde, mehr noch, er wird von diesem Gedanken gedacht. Er sieht, was *alle* sehen, und er sieht es so, wie *alle* es sehen. Er bleibt schwach, weil er seine innere Leerstelle nicht anerkennt, weil er seine Schwäche nicht als Stärke anschaut. Ein autonomer Mensch hingegen nimmt, was er braucht, verwirft es, widerspricht sich, nicht willkürlich, aber doch bewusst, ahnt sich in seiner Polarität, entwirft sich immer wieder neu. Deshalb geht er gedanklich auf hohe See, bricht immer wieder auf, nimmt die Umwege in Kauf, die Versuchungen und Gefahren. Was hätte Odysseus erzählen können, wäre er bei Penelope geblieben?

man hatte auch einen Notstandsparagraphen, mit dessen Hilfe man ohne das Parlament auskam, und jedesmal, wenn alles sich schon über den Absolutismus freute, ordnete die Krone an, daß nun doch wieder parlamentarisch regiert werden müsse.« So klingen Ironie und Kummer über das verscherzte Nicht-festgelegt-Sein. Ich wüsste keine literarische Quelle, die Ambiguitätstoleranz schöner illustriert.

Menschen mit Ambiguitätstoleranz sehen die Unabgeschlossenheit im Kern jeden Gedankens. Daraus resultiert die Fähigkeit, mit Widersprüchen souverän umzugehen. Wenn zum Beispiel die zentrale Hierarchie einer Firma entscheidet, dass ab morgen die Dezentrale zu stärken sei. Solange es Hierarchie gibt, ist diese Paradoxie unaufhebbar. Oder, wenn Sie sich dem Teamgeist einer Sportmannschaft unterordnen und dennoch Ihren »eigenen Kopf« behalten wollen. Wenn Ihre beste Freundin bei einer Stellenbesetzung zugleich Ihr Wettbewerber ist. Wenn Sie im Unternehmen gleichzeitig Start-up-Mentalität und Rangordnung brauchen. Wenn Sie anerkennen müssen, dass Sie als Mutter nicht Kind und Karriere in gleichem Maße haben können.

Im Unternehmen haben sich die Anerkennungs-Balancen in den letzten Jahren verschoben. Früher sehnten sich viele Menschen nach *Teilhabe* am Unternehmen; man wollte zu einer Firma zugehörig sein. Die neue Anerkennung gilt dem Ich in seiner *Besonderheit*, das sich zu einer Arbeitsgemeinschaft von lauter Individuen zusammenschließt. Diese sollen im besten Fall zu einem neuen Ganzen zu verschmelzen – und dennoch, trotz Verzahnung, eigene und unverwechselbare Persönlichkeiten bleiben. Die Grenzen verwischen eine Zeitlang, lösen sich aber leichter wieder auf. Statt lebenslanger Bindung will man Berufsabschnittspartnerschaften. Man weiß um die zeitliche Limitierung, die nicht zwangsläufig eintreten muss, aber wahrscheinlich ist. Das verspricht Beweglichkeit, Neugier, Dynamik. Selbstbewusste Individualität wird zur Voraussetzung des Gemeinsamen. Das Unternehmen als Heimat der Unterschiedlichen, *shared space* für Differenz. Wie geschrieben steht auf einem Navajo-Wandteppich in einem Kinderkrankenhaus in Albuquerque: »We're all DIFFERENT but as a TEAM we are all the same!« Die Mitarbeiter haben den Teppich selbst gewebt.

Die nicht zu tilgende Ambivalenz gilt auch für *Werte*. Werte sind Antipoden, die sich gut kennen – ich habe es oben schon angedeutet. Was sie be-*deuten* und welche Seite vorzuziehen ist, ist abhängig vom *Kontext*. Sie sind also keineswegs so eindeutig, wie zumeist unterstellt wird. Wenn jemand zum Beispiel Menschen hilft, tut er anderen etwas Gutes – aber auch sich selbst, weil er sich selbst gefallen oder sich besser fühlen will. Manchmal, und das wird oft übersehen, schwächt Hilfe auch – wenn der andere es alleine schaffen könnte, wenn Hilfe zudringlich wird, wenn Hilfe gleichsam ihr Gebrauchtwerden erzeugt. Auf einer Bürotür las ich: »Bitte nicht helfen. Es ist auch so schon schwer genug.« Warum lacht man, wenn man das liest? Weil die Ambivalenz aufflammt. Weil mit »helfen« etwas eindeutig Gutes verbunden wird – was aber so eindeutig nicht ist. Ich habe mit diesem Fundstück gleich einen Songtext geschrieben, den Samariter-Blues.

Ambiguitätstoleranz bedeutet mithin, *Kontexte* zu sehen, sich bezogen auf diese korrekt zu verhalten, also Gleichheit und Verschiedenheit gleichermaßen ernst zu nehmen: hier so, dort anders. Ambiguitätstoleranz übernimmt Verantwortung für *beide* Seiten – im Umgang mit Unsicherheit, Widersprüchen, anderen Menschen. Der Gewinn wäre Gelassenheit und Wohlwollen mit anderen, vor allem aber auch mit Ihnen selbst – Ihren eigenen Unsicherheiten, Ihren inneren Widersprüchen. Dadurch kämen Sie wiederum in einen Kreislauf von Gelassenheit und Wohlwollen. Die Grundlage dafür bildet die Einsicht, dass Anspruch und Wirklichkeit in unserem Leben selten zusammenpassen.

Ein ambiguitätstoleranter Mensch hat mithin einen *integrativen* Blick auf die Dinge. Er verlässt möglichst oft seinen privaten Realitätstunnel, fügt viele Informationskanäle zusammen, ist skeptisch gegenüber den eigenen Dogmen. Er anerkennt die Ko-Existenz von positiven und negativen Eigenschaften einer Person, öffnet sich für Ungewöhnliches wie die Ko-Evolution von Kunden und Unternehmen, von innen und außen. Auch Ihre Partnerschaft können sie nicht stabilisieren, indem Sie mit dem anderen symbiotisch verschmelzen. Glück ergibt sich auch hier aus dem Spannungsfeld von Nähe und Distanz. Sie müssen es aushalten können, wenn Sie beispielsweise mit einem Freund bei vielen Themen einer Meinung sind, sich in Ihrer politischen Ausrichtung aber plötzlich an entgegengesetzten Seiten des Parteienspektrums

Alles tolerieren?

Im Leben müssen wir fortwährend entscheiden zwischen janusköpfigen Werten, die beide berechtigt sind. Aber sind *immer* beide berechtigt? Fast immer. Es gibt das, was Immanuel Kant das »radikal Böse« genannt hat – extremes Verhalten, bei dem nicht mal der leise Verdacht des Relativen aufkommt. Richard Rorty, ein bedeutender amerikanischer Philosoph, sagte sinngemäß, er sei bereit, über alles zu diskutieren – außer über Grausamkeit. Natürlich weiß Rorty, dass auch Grausamkeit kultur- und zeitabhängig definiert wird. Dennoch will ich mich ihm anschließen – und noch Analoges wie Terror, Folter, Kindesmissbrauch, Menschenverachtung, Vergewaltigung und Krieg hinzufügen. In diesen Fällen bedarf der Ruf des Gewissens keines besonders trainierten Ohrs.

Die theoretische Vernunft würde kurz dagegenhalten und argumentieren, auch Krieg sei nur erkennbar durch Frieden. Die praktische Vernunft allerdings braucht keinen Krieg, um den Frieden vorzuziehen. Wie Jorge Semprún einst meinte: »Nicht nötig, die SS zu verstehen, es genügt der feste Wille, sie bis zu ihrer Niederlage zu bekämpfen.« Diese Extreme ausgenommen, fordert die *praktische* Vernunft unausweichlich Kompromisse zwischen Alternativen, die gleich-»gültig« sind und je nach Situation entschieden werden müssen.

wiederfinden. Will man darüber wirklich eine jahrelange Freundschaft zerbrechen lassen? Ohne Ambiguitätstoleranz können Sie in einer schnelllebigen, ja mitunter chaotischen Wirtschaftswelt, aber auch in einem komplexen und von Widersprüchen gekennzeichneten privaten Umfeld nicht überleben. Anders formuliert:

Sie müssen Unklarheit und Mehrdeutigkeiten *mögen*. Und darin nicht Risiken sehen, sondern Chancen. Dabei steht viel auf dem Spiel: Ihre Gesundheit zum Beispiel, nicht nur die seelische, auch die körperliche, aber ebenso Ihr Lebensglück. Ab einer gewissen Reife heißt Gesundheit: gesund mit Krankheit umzugehen.

Ambiguitätstoleranz ist jedoch in Mitteleuropa nicht sehr verbreitet. Im Grunde ist es *östliches Denken*. Dort ist, was vernünftig ist, nie von vorneherein klar und eindeutig. Es ist situationsabhängig. Und wird daher immer wieder neu entschieden. Eben, weil die Dinge im Fluss sind. Chinesen haben kaum Mühe, eine Entscheidung nach zwei Wochen zu revidieren, sollten sich neue Einsichten ergeben. Der Westen sagt: »Wir haben eine Entscheidung getroffen und die ziehen wir jetzt durch!« Das sieht der Osten anders. Wer da an Esoterik oder gar Prinzipienlosigkeit denkt, muss sich klarmachen, dass die Chinesen über viele Jahrhunderte mächtige Reiche auf solche Prinzipien gegründet haben. Und auch vor der gegenwärtigen Ausdehnung des chinesischen Einflusses sollten wir nicht die Augen verschließen.

Für den Einzelnen geht es darum, die Doppelnatur der Werte als Ausgleich und nicht als Zerreißprobe zu erleben. Vollständig leben heißt, beiden Seiten die Ehre zu geben. Da, wo es möglich ist, sollten Sie die Vereinfachung eines sich ausschließenden Entweder-oder vermeiden. Denn weder die eine noch die andere Seite ist moralisch vorentschieden, keine ist von vorneherein gut oder schlecht. Falls Sie noch einen Schritt weiter gehen wollen: Vielleicht können Sie ja nicht nur mit Ambivalenzen leben lernen, sondern sich sogar freuen über die durch sie aufgespannte Freiheit. Denn es ist nicht nur entsetzlich anstrengend, ein moralisch stets einwandfreies Leben zu führen, es ist unmöglich. Ein Leben ohne Widersprüche kann nur Lüge sein.

Das ist, ich muss es immer wieder betonen, keine fröhliche Beliebigkeit. Und ich möchte Ihnen natürlich nicht ausreden, ein moralisch orientiertes Leben zu führen. Das Vorstehende resultiert lediglich aus der nüchternen Erkenntnis, dass es keinen ethischen Code gibt, der sich nicht in Widersprüche verstrickt. Der nicht verdeckt, dass Egoismus und Altruismus ursprünglich zusammengehören, dass Selbstbehauptung und Fremdhinwendung als ungetrennte Möglichkeit gedacht werden müssen. Dass zum Beispiel auch Führung eine Mitte finden muss zwischen Eigenmächtigkeit und Eigenrelativierung. Und dass dieser Widerspruch niemals vollständig aufgelöst werden kann – weil er im Ursprung nie einer war.

> siehe auch Seite 92: Alles tolerieren?

Balancieren

Sie sitzen im Flugzeug von Frankfurt nach Denver. Was glauben Sie: Wie viel Prozent der Flugzeit liegt die Maschine exakt auf Kurs? 90 Prozent? 80 Prozent? 50 Prozent? Fragen Sie den Piloten. Seine Antwort: Fast nie. Zigtausendmal pro Minute errechnet der Computer die Abweichungen und korrigiert die Leitwerke.

In der Mehrdeutigkeit, in der Werte-Spannung liegt also die Chance zur *wechselseitigen Korrektur*. Dann werden Gegensätze zu *Gegenseitigkeiten*. Sowohl das Aufgehen in Pflichterfüllung wie auch ein Leben ohne diese sind zum Scheitern verurteilt. Bejahung und fortwährende Balancierung dieser Spannung ermöglicht ein umfassend gutes Leben. Das Verhältnis ist nicht zugunsten einer der beiden Seiten aufzulösen; es ist vielmehr in der Schwebe zu halten. Und nie gibt es einen Punkt der Erfüllung, des Stillstands.

Balancieren ist eine Notwendigkeit, Balance ist eine Illusion.

Der Pragmatiker weiß: Es geht im Leben weniger um die gerade Linie, sondern um Berichtigungen, um fortwährende Kurskorrekturen. Ein Plan mag noch so gut sein, die Entscheidung noch so durchdacht, die Startbedingungen noch so günstig: Wir müssen fortwährend anpassen, ausgleichen, uns neuen Umständen stellen. Das ist mehr als nur Elastizität – das bedeutet auch Dauerreparatur. Wir müssen uns lösen von dem Trugbild, wir könnten den Weg geradeaus gehen, Pläne seien ohne Korrekturen zu verwirklichen. Denn das Leben ist kein Zustand, sondern eine *Bewegung*. Und die richtet sich nicht nach lebensfeindlichen Festlegungen. Wie jede Ehe und jede Freundschaft, wie jedes Aktienportfolio und auch Ihr Job: Es ist das Korrigieren, die ständige Anpassung an veränderte Umstände, die das Leben gelingen lässt. Je turbulenter die Welt ist, desto unwichtiger ist der Plan, desto wichtiger ist die Kurskorrektur.

Möchten Sie das balancierende Widerspiel von Licht und Schatten personifizieren, dann stoßen Sie unvermeidlich auf den Maler Neo Rauch, den Meister der Uneindeutigkeit. Oder auf die große Schauspielerin Meryl Streep, die stets die Waage hält, das Brennen und die Kühle, das Pathos und die Distanz. Oder natürlich auf Goethe, den Hohepriester der Selbstbejahung – er war ein Meisterjongleur.

> **siehe auch Seite 96: Das Beziehungskonto**

Jonglieren müssen auch Unternehmen. Jedoch neigen diese dazu, es bei den organisatorischen Ausschließungen zu weit zu treiben. Dann will man zum Beispiel auf Teufel-komm-raus Kosten sparen, immer effizienter werden. Das kann dazu führen, dass man nicht mehr schlank, sondern magersüchtig ist. Das ist kurzsichtig. Denn dann leidet die Wandlungsfähigkeit, weil man

Das Beziehungskonto

Man kann jede Handlung in sozialen Zusammenhängen als eine *Ware* betrachten, die jemand »zu Markte trägt«. Jedes Gespräch, jedes Helfen, jede liebevolle Geste, jedes Sich-Anblicken, jede verbrachte Stunde – alles das ist eine Ware, die jemand zum Tausch anbietet. Jedoch: Keine-Zeit-haben ist ebenso eine Ware, Gesprächsverweigerung auch, ebenso wie Ignoranz. Jeder Mensch führt nun mit jedem anderen Menschen, der ihm nahesteht, ein *Beziehungskonto*: mit dem Lebenspartner, mit Bekannten, Verwandten und Freunden, mit dem Chef. Auf diesen Beziehungskonten werden permanent Handlungen und Nicht-Handlungen eingezahlt und abgehoben. Die Intensität der Tauschgeschäfte beschreibt die Beziehung zwischen zwei Menschen.

Sind *Geben und Nehmen* im Gleichgewicht, »funktioniert« die Beziehung. Dann ist der Ausgleich gelungen. Wenn Geben und Nehmen nicht ausgeglichen sind, lädt man die Flinten. Wenn zum Beispiel einer der beiden Partner die Kontostände vergleicht und sieht, er hat auf das Konto des anderen mehr eingezahlt (gegeben), als ihm selbst rücküberwiesen wurde (genommen), wird er zunächst eine Mahnung schreiben: »Hm, ich erlebe dich in letzter Zeit so abweisend …«. Oder er geht in den Konjunktiv: »Du könntest ja wieder mal …«. Oder er führt sich migränehaft auf. Wenn die Mahnungen nichts fruchten, wird er das Konto zunächst stilllegen und später löschen. Dann ist die Beziehung tot.

Die Schwierigkeit bei diesem Spiel: Es gibt keine allgemein gültige Währung. Jeder bewertet nämlich das Handeln des anderen nach einem individuellen Wertsystem. Was eine Ware ist und wie viel sie wert ist, kann nicht vom Anbieter bestimmt werden! Ob eine Dienstleistung wirklich eine Dienstleistung ist, entscheidet der Käufer. Ausschließlich. Da mögen Sie noch so sehr vom Wert Ihrer »Ware« überzeugt sein. Auch zwischen Ehepartnern: Sie meinen vielleicht, Ihrem Partner einen Dienst erwiesen zu haben, den dieser jedoch gar nicht als »Dienstleistung« anerkennt. Weil ihm anderes wichtiger ist, er andere Werte hat. Etwa: Sie kommen abends abgekämpft nach Hause, glauben gewissermaßen zwölf Stunden harte Arbeit auf das Konto Ihres Partners eingezahlt zu haben, und erwarten nun Ausgleich. Zum Beispiel ein schönes Essen. Der andere weiß aber vielleicht gar nicht, welche Schwierigkeiten Sie tagsüber hatten, hält Ihren Einsatz für selbstverständlich, hat selbst einiges geleistet, spürt Ihre Verärgerung, wundert sich … und schaut auf seinen Kontostand. »Versteh' ich nicht«, denkt er, »ist doch alles ausgeglichen.« Er sieht nicht, dass die Konten aus *Ihrer* Sicht in Schieflage sind. Sie ärgern sich über seine Undankbarkeit; Ihr Partner wundert sich über Ihre offene oder versteckte Gegenleistungsforderung. Krach.

Was können Sie daraus lernen? Mindestens dies: Schicken Sie sich ab und zu mal eine Saldenmitteilung. Und sorgen Sie für Ausgleich. Das spart Scheidungskosten. ■

gleichsam keine Organisations-Reserven mehr hat. Die nannte der Stanford-Professor James G. March *slacks*. Es sind keine Puffer mehr da. Meine weltkriegserfahrene Mutter hätte gesagt: »Du hast dann nichts mehr zuzusetzen.« Deshalb sind Nachhaltigkeit und Effizienz zwei Werte, die in Spannung leben. Wir brauchen beide, müssen sie ständig neu balancieren.

Ebenso verhält es sich mit dem Verhältnis der Mitarbeiter untereinander: Es ist ambivalent. Die Mitarbeiter stehen ja nicht nur in einem Kooperationsverhältnis, sondern auch in Konkurrenz zueinander. Sie konkurrieren um Karrierechancen, Macht, Ressourcen, Image, Wertschätzung. Es wäre naiv, davor die Augen zu verschließen. Das kann sich bisweilen zu innerorganisatorischen

Kriegen ausweiten – dann, wenn es wichtiger ist, intern zu gewinnen, als draußen am Markt einen Wettbewerbsvorteil zu sichern. Miteinander und Gegeneinander sind also zu balancieren – was am ehesten gelingt, wenn man organisatorisch-institutionell ein »Füreinander« stärkt. Also die Organisation so gestaltet, dass der eine ohne den anderen nicht gewinnen kann.

> siehe auch im Anhang Seite 307: Ambivalenzen des Sozialen

Können Sie das? Wie jemand mit Ambivalenzen umgeht, hängt davon ab, wie er mit seinen *eigenen* Widersprüchen umgeht. Die Fähigkeit dieser Selbstreflexion erkennt man am Umgang mit Konflikten: Pendeln, Balancieren, Entscheiden, Neu-Entscheiden, Gratwandern.

*Leben heißt: auf dem Drahtseil stehen.
Alles andere ist warten.*

Wahrscheinlich sehnen Sie sich bisweilen nach mehr Eindeutigkeit und Entschiedenheit. Obwohl das ein verständlicher Wunsch ist, muss Ihnen klar sein: Diese wären nicht von Dauer. Schon kurz nach einer Entscheidung brechen wieder neue Mehrdeutigkeiten auf. Paradoxer noch: Selbst wenn Sie der Ansicht widersprechen, dass die Ambivalenz die Grundstruktur des Lebens ist, haben Sie lediglich eine neue Ambivalenz eröffnet. Wir taumeln gleichsam von einer Mehrdeutigkeit in die nächste. Und viele sogenannte »Widersprüche« lösen sich erst in zeitlicher Reihung auf, letztlich nur in der Unendlichkeit Gottes. Mein alter Philosophie-Professor fasste das in die unauslöschlichen Worte: »Wir irren uns voran.« Ich halte das für einen der humansten Sätze, die ich je gehört habe.

»UND« als Metakompetenz

Jean-Paul Sartre hat erstmals auf das Paradoxon aufmerksam gemacht, dass nur die Aufrechterhaltung von Unentscheidbarkeit die Entscheidung erzwingt. Es sind Führungskräfte, die die Entscheidungsfähigkeit nicht-entscheidbarer Situationen sichern. Wenn die Dinge vage, mehrdeutig, widersprüchlich sind, wenn man vor einer Milchglasscheibe steht, wenn die Zukunft nebelig und unvorhersehbar ist, wenn genauso viele Argumente für oder gegen etwas sprechen, wenn der Stillstand droht, wenn Mitarbeiter sich nicht einigen können – dann ist es ihre Aufgabe, in die Verantwortung zu gehen. Das kann die Form des Entweder-oder haben, etwa bei sich ausschließenden Alternativen. Das kann die Form des Mehr-oder-weniger haben, etwa bei Wertkonflikten. Es kann aber auch die Form des Nicht-Entscheidens haben, des *bewussten* Offenlassens. Eine souveräne Führungskraft beherrscht die gesamte Klaviatur.

Das bewusste Offenlassen: Die katholische Kirche hat eine lange, erfolgreiche Tradition im Aushalten von Widersprüchen, von Vielfalt und Einheit, von Tradition und Moderne. Darauf hat der Islamforscher Thomas Bauer hingewiesen. Die römische Kurie hat dafür eine Formel parat: »Nihil esse respondendum«, zu deutsch etwa »Es soll keine Antwort gegeben werden.« Man beschließt, nicht zu beschließen, sich nicht festzulegen. Nicht jetzt. Eine solche Haltung mag uns in der modernen Wirtschaftswelt kaum mehr zur Verfügung stehen; Nachdenken vor dem Handeln gilt dort oft als Zaudern. Aber: »Skepsis ist die Nachtwache vor dem Kreuzzug.« (Nicolás Dávila) Man kann Positionen vertreten und gleichzeitig anerkennen, dass andere eine andere Sicht haben, die ebenso legitim ist. Das ist eine »methodische« Skepsis; in einer pluralistischen Gesellschaft gilt alles »unter Vorbehalt«. Und das ist eine Absage an jede Form der »Wahrheit«. Es ist mindestens klug, sich nicht ohne Not vorzeitig festzulegen. Vielleicht werden Sie auch schon erlebt haben, dass sogar ein Verschleppen von Entscheidungen dazu führte, dass sich ein Dilemma von alleine löste.

Um was es hier geht, ist das große »UND«. Die Zusammenschau. Eine Denkästhetik, die beiden Seiten die Ehre gibt. Beide Seiten sind berechtigt, haben ihre Bedeutung, ihre Gültigkeit. Es gibt dann etwas zwischen dem Richtig/Falsch, dem Gut/Böse. Es sind Hybride, Kreuzungen, Gemische – der Anthropologe Arnold Gehlen hat dafür den Begriff »objektiv Verwischtes« gefunden. So wie Freiheit einen Zwischenraum definiert – den Zwischenraum zwischen Determinierung und Zufälligkeit.

In der Praxis nimmt die Perspektive des »UND« verschiedene sprachliche Formen an. Etwa ein »Das eine tun und das andere nicht lassen«, ein »Mal so, mal so« oder auch ein »Heute so, morgen anders«. Damit tun sich viele Menschen schwer. »Unglaubwürdig!«, schleudert es einem entgegen, mit beiden Händen auf den Wertekanon zeigend. Man möchte sich ducken. Niemand will als »Fähnchen im Wind« gelten. In der Tat, damit wird man für die Umwelt zwar unberechenbarer – aber dafür auch wirklichkeitsnäher.

Unternehmen geraten auf der Suche nach Differenzierung im Wettbewerb oft in Situationen, wo das eine zu tun ist, das andere aber nicht gelassen werden darf. Wandlungs- und Zukunftsfähigkeit ist dann gleichbedeutend mit der *Wiedereinführung der Alternative.* Was manchmal alt-organisatorische Entscheidungen revidiert. Denn Organisieren bedeutet ja Alternativvernichtung, also Konfliktausschließen. Das »So-oder-anders-machen« ist nämlich konfliktär, es dringt darauf, zu entscheiden. Wenn dann eine Seite als die »richtige« erkannt wird, sogar dauerhaft »richtig« erscheint, wird organisiert. Die »falsche« Seite wird ausgeschlossen. Mit der Alternative hat man also auch den Konflikt vernichtet. Aber je genauer ein Unternehmen seine Programme und

Strukturen formalisiert, desto langsamer reagiert es auf Marktveränderungen. Manchmal muss man gar das gänzlich Neue zulassen. Sogar Geschäftsmodelle integrieren, die die alten Erfolgsrezepte bedrohen. Wer das nicht tun will, kann sich Anschauungsunterricht holen: wie Apple die Handys von Nokia auf die Resterampe schob, wie die Digitalfotografie die Kodak-Filme musealisierte und der Online-Handel die Einkaufskataloge in die Altpapier-Tonne stampfte. Die berühmten disruptiven Markterfolge verdanken sich heute einer Frage: Welches *Problem* will der Kunde lösen? Wie heißt die Frage *hinter* der bekannten Antwort? Will der Kunde ein Taxi? Oder will er von A nach B? Will der Kunde einen Bohrer kaufen? Oder will er Löcher? Oder will er etwas befestigen? Das ursprüngliche Kundenproblem – das eröffnet Alternativen, Vieldeutigkeiten, Marktchancen.

*Nur wer Vieldeutigkeit lebt,
kann es sich anders überlegen.*

Die eigene Wandlungsfähigkeit wird im Regelfall in den Unternehmen überschätzt. Die Realität zeigt vielmehr Übersicherheiten, ein Festhalten am Althergebrachten (z. B. einem traditionellen Führungsverständnis), an einer hierarchiebetonten, von oben diktierten Befehlsstruktur. Entwicklung wird verhindert, weil viel Kraft für die Abwehrarbeit aufgebracht wird. Man denke an den Dieselskandal. Um ein Beispiel zu nennen, das mir persönlich naheliegt: In der Musikindustrie zeigte es sich über Jahre, dass es sich rächt, stur an alten Geschäftsmodellen festzuhalten. Aber es ist auch falsch, einfach alles über Bord zu werfen, mit dem man in der Vergangenheit Erfolg hatte. In die Zukunft gerichtet erfolgreich ist vielmehr eine Strategie des selbstbewussten »UND«. Man kann weiterhin physische Tonträger verkaufen – und man kann die Musik auch als Dienstleistung über Spotify, YouTube Music oder Apple Music verkaufen. Für Menschen, die Musik nicht besitzen wollen, sondern ausschließlich hören. Vergleichbar auch mit der Entwicklung des Detailhandels: Wie lange haben sich die stationären Anbieter gegen den Online-Handel gewehrt? Nun ergänzen sich Offline und Online, verstärken einander auf vielfältige Weise. Sogar in die umgekehrte Richtung: Frühere »pure online player« eröffnen lokale Geschäfte. Siehe Amazon.

Blicken wir zurück auf das Ursprungsthema und fragen: »Ist Konflikt nun gut oder schlecht? Was stimmt denn nun eigentlich?« Die Antwort kann nur lauten: Es stimmt beides. Er ist wie eine Dur-Variation und eine Moll-Variation über dasselbe Thema. Im Leben stimmen von zwei widersprüchlichen Weisheiten immer beide, feiern nach William Blake eine »Hochzeit von Himmel und Hölle« – und auch das ist eine Einsicht, zu der sich sicher ein Einwand findet. Vor allem von Seiten jener Interessen, die methodische Skepsis mit Zaudern verwechseln. Die moralisierend den Anspruch erheben, »für alle« zu sprechen. Die wissen, was das homogen gedachte »Volk« will. Die sogar als Forscher nicht sagen, was der Fall ist, sondern was der Fall sein *soll* (»Szientokratie« hat das Peter Strohschneider genannt). Die »Ein-Sicht« braucht dann keine Verhandlung mehr, keinen Interessenausgleich. Was dann passiert, beschreibt schon 1919 die berühmte Gedichtzeile von William Butler Yeats: »Things fall apart; the centre cannot hold.«

Wir sind jetzt an einem Punkt, wo Sie persönlich ins Spiel kommen. Was passiert, wenn Sie die Polarität der Dinge nicht anerkennen? Wenn Sie Ihre inneren Widersprüche nicht ertragen? Was passiert, wenn Sie zum Beispiel eine Seite der Werte-Ambivalenz bevorzugen, die andere Seite aber von einem anderen Menschen vertreten wird? Also aus Ihrer intrapsychischen Entscheidung für einen Wert ein sozialer Konflikt wird? Denn soziale Konflikte sind personifizierte Ambivalenzen: Die eine Seite wird von Ihnen favorisiert, Ihr Kontrahent befürwortet die andere. Dann geht es darum, diesen Konflikt vernünftig zu handhaben. Gefordert ist die Fähigkeit, zwei einander widersprechende Gedanken zu ertragen – und nicht reflexhaft »Gefällt mir« oder »Gefällt mir nicht« zu klicken. Und auch nicht schockiert zum Riechsalz zu greifen, sobald jemand eine Meinung jenseits des Konformitätsstroms äußert. Wer sich der Orthodoxie der Mehrheit beugt, lebt lediglich im größten Silo. Haben zu Galileis Zeiten nicht auch 99 Prozent aller Wissenschaftler gesagt, dass die Sonne sich um die Erde dreht? Ein geglücktes Leben zeichnet sich dadurch aus, dass man die Widersprüche akzeptiert und mit ihnen umgeht. Das gilt privat wie beruflich. Wie eingangs gesagt: Managen heißt Widersprüche verwalten. Im Unternehmen. Und in sich selbst.

Teil 3

Psycho-soziale Konflikte

Konflikt entsteht dadurch, dass die Welt nicht so ist, wie sie sein sollte. Was ist, ist offenbar ungenügend, verfehlt, ein Schadensgebiet. Auch die Menschen: irgendwie defizitär. Sie sind ja bunt und friedlich – wenn man nichts von ihnen will! Sobald man etwas von ihnen will, wird ihr Anderssein zum Problem: Sehen, dran drehen. »Wäre der andere doch eher wie ich und alles wäre gut.« Dann prallt das Wollen des einen auf das Sosein des anderen – und wird zu dessen Sollen. Die Botschaft: »So, wie du bist, bist du nicht in Ordnung.« Die Gestaltgeste des Konflikts ist also das Sich-Ausdehnen auf das Anderssein des anderen.

Daher hier eine erste, allgemeine Annäherung an eine psychosoziale Konflikt-Definition:

> Konflikt resultiert aus dem Schmerz, dass andere anderes wollen.

Wer diesen Schmerz nicht spürt, hat keinen Konflikt. Umgekehrt gilt ebenso: Wer keinen Konflikt hat, ist entweder Zen-buddhistisch erleuchtet oder unfähig, Schmerz zu empfinden.

Aber der Konflikt hat viele Gesichter. Bei Licht betrachtet stimmt die obige Definition zwar häufig, aber keineswegs in jedem Fall. Man könnte auch so formulieren: Konflikt resultiert aus dem Schmerz, dass andere *dasselbe* wollen. Dass ein knappes Gut begehrt wird. Der Konflikt trägt dann die Hülle der Konkurrenz, des Wettbewerbs, der Rivalität.

Eine operativere Antwort hängt davon ab, ob man noch einen Schritt zurücktritt und zunächst den *intrapsychischen* Konflikt betrachtet. Auch dieser kommt in vielen Farben: »Should I stay or should I go?«, 1981 veröffentlicht von The Clash, einer der größten Rocksongs aller Zeiten. Oder der Tragödienkonflikt zwischen Pflicht und Neigung; klassisch vorgeführt von Friedrich Dürrenmatt in *Die Physiker*. Auch das Zerrissensein zwischen Vernunft und Leidenschaft, zwischen Charlotte und Ottilie, was Eduard in Goethes *Wahlverwandtschaften* verzweifeln lässt. Oder die große Karrierechance in der Großstadt auf der einen Seite, aufregend und stressig; das eher bescheidene Berufsleben in der Provinz auf der anderen, beschaulich und vorhersehbar.

Das Gemeinsame an diesen Beispielen: Intrapsychische Konflikte sind Denk- und Fühlprozesse, die gleichsam »in« einer Person ablaufen und dort zur Entscheidung drängen. Sie haben häufig, jedoch nicht immer, soziale Konsequenzen. Dann werden sie zu psycho-sozialen Konflikten.

Sobald Sie nach Beispielen für *psycho-soziale Konflikte* suchen (die das Intrapsychische spiegeln), fallen Ihnen wahrscheinlich sofort etliche ein: zwischen Ehepartnern, Eltern und Kindern, Familienclans, Nachbarn, im Freundeskreis, zwischen verfeindeten Fußball-Fanklubs, gesellschaftlichen Gruppen, ganzen Völkern. Forscht man in der Fachliteratur nach einer *Definition*, der man den Rang einer gewissen Allgemeingültigkeit zusprechen könnte, kommt man jedoch zu keinem Ergebnis. Daher verwendete ich bisher, um über solche Konflikte sprechen zu können, die ebenso kurze wie lebenserfahrene Formel: *Ich will, sie/er nicht.*

Diese Verkürzung fanden nicht alle Menschen lustig. Da kam mir der Soziologe Niklas Luhmann zur Hilfe. Er gab 1993 zu bedenken, dass man bei einem »Nein« noch keinen Konflikt hat. Konkret: Eine Meinungsverschiedenheit ist noch kein Konflikt. Erst wenn derjenige, der »Ich will« sagt, ein »Nein« nicht akzeptiert, also mit einem Gegen-Nein antwortet, erst dann gibt es einen Konflikt. Wenn zum Beispiel Vorstand A sagt: »Lasst uns Investition X verfolgen« und Vorstand B sagt: »Ich meine, wir müssen auf die Kostenbremse treten«, gibt es keinen Konflikt. Vorstand A hat in jedem Augenblick die Wahl, die Argumente von Vorstand B anzuerkennen und sich überzeugen zu lassen. Oder umgekehrt. Nur wenn einer der Vorstände an seiner Position festhält, heben sich die Lanzen.

Noch einmal, weil es für mich ein zentraler Gedanke und für Ihre Handlungsoptionen wichtig ist: Niemand zwingt Sie, einen Konflikt entstehen zu lassen. Konflikt ist Ihre freie Entscheidung! Ebenso können Sie gemeinsam nach einer dritten Option suchen. Es ist ja egal, ob das Glas halbvoll oder halbleer ist – solange noch ein paar Flaschen im Kühlschrank sind.

Konflikt als Erwartungsdifferenz

Für eine wirklich lebenspraktische Definition, mit der wir arbeiten können, sollten wir zunächst das Wortfeld »Konflikt« überblicken. Assoziiert finden wir Begriffe wie »Streit«, »Auseinandersetzung«, »Meinungsverschiedenheit«, »Kontroverse« bis hin zu »Kampf« und »Krieg« – dem »höheren Indianerspiel«, wie Thomas Mann einst meinte. Das Gemeinsame dieser Begriffe ist ihre emotionale Ladung: Sie sind alle *negativ* konnotiert. Man ist *in low spirits*, nicht einig mit der Welt, eine Kluft öffnet sich zwischen Ideal und Realität, zwischen Soll und Ist. Das alles gilt gemeinhin als »schlecht«. Anders gewendet: Kaum jemand kommt auf die Idee, bei Konflikt an »gut« zu denken, sich zumindest von diesem allzu schlichten Dualismus zu lösen. Das hat Konsequenzen, auf die ich gleich eingehen werde.

Den zweiten Aspekt einer praxisbezogenen Definition von Konflikt erschließe ich über Ihre möglichen Erwartungen an diese Lektüre: »Warum haben Sie dieses (Hör-)Buch gekauft?« Wenn Sie zum Beispiel Kniffs und Tricks erhoffen, wie Sie Konflikte *lösen* können, dann werde ich Ihre Erwartung nicht erfüllen. Dann haben wir – genau, einen Konflikt. Den können Sie lösen (!), indem Sie das Buch in die Ecke werfen oder das Hörbuch stoppen …

… aber dann könnten Sie nicht mehr prüfen, was ich Ihnen für eine lebenspraktische Definition des Konflikts ans Herz legen will. Denn jetzt ist alles zusammengetragen:

Ein Konflikt ist eine Situation
1) unterschiedlicher Erwartungen, die
2) negativ erlebt wird.

Das mag in Ihren Ohren simpel klingen. Aber jeder Konflikt entschärft sich bereits, wenn Sie nüchtern bleiben und schlicht »unterschiedliche Erwartungen« ins Zentrum rücken. Weitere Verkomplizierungen sind unnötig. Diese mögen wissenschaftliche Vollständigkeitsstandards bedienen, in der Praxis helfen sie uns nicht weiter.

Im Folgenden will ich die beiden Teile dieser Definition näher beleuchten, um einen Konflikt »handhabbar« zu machen. Ich beginne mit dem zweiten Teil: »negativ erlebt«.

Konfliktdämonisierung

Warum können wir Konflikt nicht gut? Das liegt nicht am Fehlen von Konflikten in unserem Leben, sondern vorrangig an einem falschen *Begriff* von Konflikt, insbesondere einer falschen Auffassung seiner Funktion. Wir meiden den Konflikt und können ihn – wie manches andere im Leben – dann schon aus mangelnder Übung nicht gut. Warum aber meiden wir Konflikte? Weil wir davor zurückscheuen, für unsere Bedürfnisse einzutreten. Und wenn wir es dennoch tun, dann oft auf eine Weise, die den Konflikt erst richtig eskalieren lässt. Beide Verhaltensweisen erklären sich vor allem dadurch, dass wir in Konflikten etwas *Negatives* sehen.

Entsprechend einfallsreich ist die *Rhetorik der Einigkeit*, um den Konflikt zu verunglimpfen: Aus der Auseinandersetzung wird Aggression, aus der Kontroverse wird Krach, aus Zweideutigkeit wird Zank. Aber hätte das allzu Plakative nicht längst hinterfragt werden müssen? Wo doch Einigkeit eine Fiktion mit sehr realen Konsequenzen ist? Wir sollten uns also kurz mit einigen Beispielen beschäftigen, die die negativen Konsequenzen der Konfliktvermeidung veranschaulichen:

Harmoniesucht. Für Beziehungen wie für Unternehmen gilt gleichermaßen: Die altorganisatorische Maschinenlogik betont Sprachbilder wie »gut geölt« und »reibungslos«. Das Ideal der Störungsfreiheit lässt keinen Streit zu, schon gar keinen hitzigen. Der Hang zum Konformismus liegt wie Mehltau über den Menschen. Das hat vor allem für Deutsche nicht zuletzt historische Gründe. Im deutschen Traditionskomplex wurzelt ein tiefes Misstrauen gegenüber den Konkurrenzmechanismen einer liberalen Gesellschaft. »Gemeinschaft-Harmonie-Geschlossenheit« heißen die ebenso illusionären wie beharrlich beschworenen Sozialideale. Tief eingewurzelt in die kollektiven Tiefenströme ist die Erfahrung mit Napoleon, der mühelos durch die zersplitterten deutschen Territorialstaaten schnitt. Seit dieser Zeit war (und ist) »Einheit« in Deutschland wichtiger als »Freiheit«. Mit desaströsen Folgen, wenn man sich an Wilhelm II. in der Julikrise 1914 erinnert: »Ich kenne keine Parteien mehr, ich kenne nur noch Deutsche.«

Wie ein kultischer Berührungsbann der sogenannten »Primitivvölker« gibt es die universale Tendenz, Konflikte grundsätzlich totzuschweigen: »Ach nichts, alles gut.« Das ist meiner Erfahrung nach eines der größten Probleme im Umgang mit Konflikten: Wenn man glaubt, es dürfte keine geben. Häufig ist das der Traumtanz von Firmengründern alten Schlages (»Nach Diktat vergreist«): »Wenn die Leute sich nur mögen würden!« Konfliktblinde Harmonieregimes verkennen die Lage in kollektiver Selbsttäuschung: »Seid nett zueinander!«. Dann wird's stickig.

Sprachstrategien. Wir haben in den Unternehmen keine »Probleme« mehr, wir kennen nur noch »Herausforderungen«. Und: »Wenn Sie nicht Teil der Lösung sind, dann sind Sie Teil des Problems.« Überall ist man »gut aufgestellt«, auf »gutem Weg« – natürlich in die »richtige Richtung«. Den (scheinbar) konfliktvermeidenden Sprachverwendungsstrategien zuzurechnen ist ebenso der gesamte Formenkreis der politischen Korrektheit. Zum Beispiel gendersensible Sprech- und Schreibgebote. Das gilt auch für die Bildsprache: Seit Juni 2019 druckt die *New York Times* keine politischen Cartoons mehr. Das ist nur konsequent: Ein moralisierend aufgeheiztes Sozialklima kennt keine Zweideutigkeit, keine Ironie, keinen Humor.

Werte. Wertebekenntnisse im Unternehmen sollen Konflikte vermeiden. Man glaubt, damit Entscheidungssituationen normativ vorentschieden zu haben. Viel Humanistisches ist im Spiel, gut Klingendes, scheinbar universal Anerkanntes. Zum Beispiel: »Wir gehen vertrauensvoll miteinander um.« Wer mag dagegen opponieren? Wertebekenntnisse haben jedoch zweierlei Konsequenzen: 1. In »Wertegemeinschaften« werden Konflikte besonders gerne totgeschwiegen. 2. Man verschließt die Augen vor der Tatsache, dass mit Werten viele Konflikte erst *erzeugt* werden.

> siehe auch Seite 112: Werte: Auf einem Auge blind

Schonenwollen. Konflikt wird auch deshalb negativ wahrgenommen, weil er unserer Schutzneigung widerspricht. Man will jemanden schonen. Jemanden schonen heißt: jemanden entmündigen. Infantilisieren. Man stellt sich über ihn, wertet ihn ab, erklärt ihn implizit zum Pflegefall. Eine verquere Fürsorglichkeit. Bisweilen sind es hochsensible Opfergruppen, die in der Logik des »Schützens« unangenehme Wahrheiten nicht aufkommen lassen. Es tritt nichts zutage, was erschrecken oder schmerzen könnte. So entsteht ein Pastellgemälde der Realität. Das genau ist die Idealvorstellung jener Menschen, die von einer multikulturellen, konflikt- und abwertungsfreien *one world* träumen. Sie räumen alles irgendwie Anstößige zur Seite, richten *safe spaces* ein, versehen uralte Bücher mit *trigger warnings* und erlassen Sprachregeln. Wer so auf Konflikte schaut, dem fehlt es folgerichtig an Übung im vernünftigen Umgang.

Tabus. Der Elefant steht im Raum. Trotzdem tut man so, als

Werte: Auf einem Auge blind

Das Leben besteht aus Gegensätzen und Widersprüchen. Die Dinge sind unklar, unscharf, mehrdeutig, zufällig, kontextabhängig. Im Jargon der Soziologen heißt das »kontingent«. Genau übersetzt: etwas ist möglich, aber nicht sicher.

Das gilt in besonderem Maße für die allseits hochgelobten *Werte*. Auch Firmen halten sie hoch, so als besuchten sie Elternabende, die Pranger der Neuzeit: ein auf Dauer gestelltes *virtue signalling*, wie es der britische Autor James Bartholomew nannte. Dabei funktionieren sie nicht in der realen Welt. Aus einem einfach Grund: Es gibt sie nur im *Doppelpack*. Jeder Wert ist gegengelagert gegen einen polaren Schwesterwert, der ebenso berechtigt ist. Gleich-»gültig« eben. Beispiele kennt jedermann zur Genüge: Verschwiegenheit ist so wichtig wie Offenheit, Entschiedenheit genauso wie Nachdenklichkeit, Handeln ebenso wie Zurückhaltung.

Der Konflikt beginnt, wenn Sie den Widerspruch zweier Wahrheiten nicht mehr aushalten. Wenn Sie eine Seite ausdrücklich bevorzugen, diese Entscheidung veröffentlichen (indem Sie sie beispielsweise als *core values* publizieren), dann meldet sich plötzlich die andere Seite zu Wort. Denn Wert-Entscheidungen haben die unangenehme Eigenschaft, dass die *Alternative* nicht nur abgelehnt wird. Sie wird auch *sichtbar*. Schlagartig wird das Ausgeschlossene klar konturiert. Unerfreulicher noch: Die Entscheidung »baut den Gegner auf«. Oft genug wird durch die Werte-Proklamation gerade *nicht* die gewählte Alternative gestärkt, sondern die nichtgewählte. Die springt Ihnen gleichsam täglich auf den Tisch. Das Liegengelassene rebelliert, es will zurück in den Verkehr, erhebt sich wie Aufständisches aus unterirdischen Verliesen. Wenn Sie sich beispielsweise lautstark für mehr Selbstorganisation entschieden haben, wird Ihnen die Notwendigkeit hierarchischen Entscheidens um so bewusster. Wenn Sie explizit eine »Vertrauenskultur« bauen wollen, dann werden die Bereiche intensiver Kontrolle hochsensibel wahrgenommen.

Verengen Sie die unhintergehbare Widersprüchlichkeit zur scheinbaren Ein-Deutigkeit, die Vielfalt zur Einfalt, dann gibt es nur noch ein Richtig-oder-falsch. Dann brauchen Sie keine Menschen mehr, die in Situationen *verantwortlich* entscheiden. Dann bevormunden Sie Ihre Mitarbeiter. Damit ist klar: Ein Unternehmen beleidigt seine Mitarbeiter mit Moralvorgaben. Es negiert ihre moralische Verantwortlichkeit zur Entscheidung, wenn es beschließt, sie von Mehrdeutigkeiten fernzuhalten, die sie zu unerwünschtem Verhalten verleiten könnten.

Wenn Sie die Alternative ausschalten, die Doppelwertigkeit negieren, dann werden Sie totalitär. Es ist tragisch, dass die Moralisierung der Wirtschaft genau das zur Folge hat. Unternehmensführung wird dadurch als Geschichte von Gut gegen Böse erzählt. Es gibt sogar Kräfte, die würden am liebsten Menschen *zwingen*, bestimmte Güter und Dienstleistungen zu kaufen. Oder eben nicht zu kaufen. Das stellt die Befriedungsleistung wirtschaftlichen Handelns auf den Kopf! Was heißt das für uns? Einmal mehr: Raus aus dem Schwarz/Weiß! Rein in die Verantwortung! Weisheit ist die *Aussöhnung mit dem Widerspruch*. In vielen alten Kulturen war der Gott der Weisheit zugleich der Gott der Magie. ■

gäbe es ihn nicht. Obwohl ihn jeder kennt und sieht. Und auch jeder weiß, dass er das Hauptproblem ist. Um ein Beispiel zu nennen: Da gibt es den Vorstandvorsitzenden eines Familienunternehmens, der vor allem Sohn ist und für die Unternehmensführung völlig ungeeignet; eigentlich würde er sich lieber um seine Kunstsammlung kümmern. Das Thema aber ist tabu. Wie ein kommunikatives Schwarzes Loch zieht ein Tabu alle Argumente in sich hinein und lässt nichts wieder heraus. Also gruppiert man Ersatzthemen um das Tabu herum, tut so, als ginge es um diese. Wenn der Kessel dann doch explodiert, sind die Akte der Auseinandersetzung nicht immer klar von Akten des Vandalismus zu unterscheiden.

Konfliktscheu. Wir wollen nicht verletzen und wollen nicht verletzt werden. Daraus resultiert Schwellenangst. Im Regelfall müssen wir erst einen langen Anlauf nehmen, bevor wir einen Konflikt ansprechen. Aber:

> Wer Streit vermeidet,
> erntet noch lange nicht Frieden.

Im Gegenteil: Er verlagert den Streit nach innen. Er lässt die Konfliktlinie nicht da, wo sie hingehört: *zwischen* den Kontrahenten. Sondern zieht sie in sich hinein, meistens ohne dass der andere sich dessen bewusst ist. Über kurz oder lang resultiert das in einer Implosion, zuweilen auch in einem eruptiven Akt. Die Frau, die jahrelang nicht nur Demütigungen, sondern auch Betäubungstabletten geschluckt hat, verlässt eines Tages »völlig überraschend« ihren Mann – wegen eines anderen Mannes, der ihr gezeigt hat, was ein liebevoller Umgang mit ihr macht.

Pseudosolidarität. Verbreitet ist heutzutage das Blockdenken, eine Sonderform des Tabus. Die digitalen Medien fördern es, Lagerbildung nach dem Muster »0/1«, »Ja/Nein«, »Like/Dislike«. Dadurch entstehen Unterkollektive, die sich erkennen und abgrenzen, als Eigene und Fremde. Im Unternehmen wird häufig unterschieden zwischen *good guys* und *bad guys* – und *wir* sind die Guten. Deshalb tut man jemandem aus dem eigenen Lager nicht weh, da mag er noch so viel Blödsinn reden. Haut aber umso mehr drauf bei jemandem aus dem anderen Lager, ohne dessen Argumente zu prüfen. Das hat gesellschaftlich weitreichende Folgen, sei es zwischen politischen Parteien, sozialen Gruppen oder Länderbünden. Im Unternehmen mag es Vertrieb gegen Controlling bedeuten, Produktion gegen Marketing, die belgische Niederlassung gegen die französische, Zentrale gegen Dezentrale, neuerdings auch Frauen gegen Männer. Den Schaden hat das Gemeinsame.

Schweigespirale. Die Meinungsforscherin Elisabeth Noelle-Neumann setzte in den 70ern den Begriff der Schweigespirale in die Welt. Damit beschrieb sie die Bereitschaft der Menschen, sich öffentlich zu ihrer Meinung zu bekennen. Diese Bereitschaft hänge von der Einschätzung des umgebenden Meinungsklimas ab. Um nicht isoliert zu werden, bestehe die Tendenz, sich mit dieser allgemeinen Gestimmtheit zu harmonisieren – obwohl man die Dinge vielleicht völlig anders sieht und bewertet. Man schweigt, weil man den »lieben Frieden« nicht stören will, der Meinungstrend in eine andere Richtung geht oder der Chef an seinem Durchsetzungswillen keinen Zweifel lässt. Heute hat der Begriff der politischen Korrektheit Teile dieses Phänomens übernommen. Denken Sie an das Schweigen großer Bevölkerungsteile zu »moralisch« aufgerüsteten Themen wie Öko-, Flüchtlings- oder Gleichstellungspolitik. Und wenn das Schweigen doch gebrochen wird, dann nur mit Vorbehalt: »Darf man das noch sagen?«

Lösungsfixierung. Noch bevor über den Konflikt selbst gesprochen wird, steht die »einzig mögliche Lösung« bereits fest. Sie ist »alternativlos«. Entsprechend selektiv wird das Gespräch geführt. Man lässt überhaupt nur Argumente zu, die die fixierte Lösung stützen. Alle Augen richten sich auf das Mienenspiel des Höchstrangigen (HIPPO, »highest paid person's opinion«), um zu sehen, welche Lösung vorentschieden ist. Eine Konsequenz der Hierarchie: Das offene Ansprechen von Konflikten wird vermieden, wenn ohnehin klar ist, wer die Oberhand gewinnt. »Wieso sich in die Nesseln setzen?!« Das mäßigt zwar den Konflikt, verhindert

Alternativlos! – Ein untauglicher Versuch der Konfliktvermeidung

Das Ausschalten der Alternative ist das Wesen der Organisation. Aus dem So-oder-so wird ein Nur-so! Das Organisieren vernichtet damit die Alternative, erklärt sie für wertlos, und, sollte sie doch jemand wählen, bezeichnet sie als »Fehler«.

Wer also entscheidet, schließt etwas aus. Er macht irgendetwas oder irgendjemanden zum Verlierer. Das Ausgeschlossene wird jedoch meist verschwiegen. Als Führungskraft treibt man viel Aufwand, um es vergessen zu machen. »Alternativlos!«, sagen dann jene, die den anderen zum Schweigen bringen wollen. Sie wollen das Ende der Geschichte, das Ende der Diskussion, das Basta! Sie vereinfachen komplexe Sachlagen, stellen sie verkürzt dar. Das soll ein Gefühl der Kontrolle vermitteln, nährt die Illusion, in einer verwirrenden Welt würden noch alte Keulenlösungen gelten. Damit hat man dann den Konflikt weggemanagt. Keine Debatten mehr! So scheint es in vielen Unternehmen nur die eine – vorgegebene – Art zu geben, für das Gemeinsame einzustehen. Dort wird »alternativ« mit »illoyal« verwechselt. Dabei ist sie das genaue Gegenteil. Wir können, ja müssen dem Aktuellen den Entwurf des Möglichen gegenüberstellen. Genau aus diesem Entwurf ist das Unternehmen einst entstanden. Der Fortschritt braucht die Alternative.

Demzufolge ist der Ruf »Alternativlos!« eine Attacke auf die menschliche Vernunft. Wenn es keine klaren Antipoden mehr gibt, verfällt das lebendige Gespräch zu einer ungelüfteten Konsenskultur – so wie sich eine A-priori-Moralisierung wie ein Nebelschleier über die Gesellschaft legt. Wenn es keine zwei Meinungen mehr geben darf, versperrt man sich die freie Sicht auf das, was möglich ist.

Aber gibt es wirklich ein alternativlos überlegenes Argument? Obsiegen im Pro und Contra letztlich nicht doch Werte, Vorziehungen, Prinzipien, die durchaus diskutabel sind? Es kann zum Beispiel betriebswirtschaftlich absolut begründbar sein, eine Produktion zu schließen, weil die Nachfrage zusammengebrochen ist; für die betroffenen Mitarbeiter ist das alles andere als alternativlos. Grundsätzlich hat der Mensch immer eine Alternative – und wenn es nur die ist, seine Einstellung oder seine Reaktion auf das Zufällige zu wählen. Das gilt auch für die Wohltaten des Marktes und der Wissenschaft: Sie sollten nicht dadurch gemindert werden, dass man ihre Ambivalenzen ausblendet. Man sie also für ausschließlich »wahr« hält oder unbeabsichtigte Nebenfolgen bestreitet. Es gibt eben auch die Wärme des Herzens, die Schönheit der Welt, ihre Zerbrechlichkeit, es gibt Maß und Mitte, Ehre, Glauben, Menschlichkeit.

Führung ist also immer Führung im Dilemma. Dauernd gibt es Konflikte zwischen verschiedenen Zielen, Werten, Erfahrungen, die alle berechtigt scheinen. Und falls Sie in genau dieser Situation sind: Was immer Sie entscheiden, es ist falsch – aus Sicht derjenigen, die andere Werte vorgezogen hätten. Weshalb Sie als Führungskraft im strengen Sinne immer Widerstand erzeugen. Oder Sie entscheiden nicht.

Also: Alle Bejahung ist Verneinung; keine Buchung ohne Gegenbuchung. Auch das von Milton Friedman popularisierte »There ain't no such thing as a free lunch« gehört hierher – nichts im Leben ist kostenlos, irgendjemand zahlt dafür. Als verantwortungsvolle Führungskraft nennen Sie immer den ausgeschlossenen Pol. Sie unterschlage nicht die Kosten – auch nicht die mentalen, auch nicht die moralischen. Sie nennen die Verlierer. Vor allem aber bezeichnen Sie niemals etwas als »alternativlos«. TINA (»there is no alternative«) kann zu Hause bleiben. ■

jedoch auch wichtige Auseinandersetzungen mit Blick auf die Zukunft des Unternehmens.

> **siehe auch Seite 116: Alternativlos!**

Fassen wir die negativen Konsequenzen der *Konfliktdämonisierung* zusammen: Wenn der Konflikt ein krankhaftes Symptom ist, unterbleiben zukunftsorientierte Entscheidungen, erstarren Strukturen. Dadurch werden Fehlentwicklungen verursacht. Man erinnere die Umstrukturierung der Kohle- und Stahlwirtschaft im Ruhrgebiet, die, mit Milliardensubventionen hinausgezögert, den Vätern komfortable Sozialpläne sicherte, den Söhnen und Enkeln aber zukunftsfähige Arbeitsplätze entzog.

Worum geht es also? Nicht darum, den Konflikten auszuweichen oder sie gar zu unterdrücken. Sondern ihnen eine *legitime Ausdruckform* zu geben! Wenn man sich an Konsensrhetorik festklammert, wächst die Gefahr, dass extremistische Kräfte an den Rändern des sozialen Spektrums Terrain gewinnen und der Dissens später aggressiv ausbricht.

Vielleicht ist es zu viel verlangt, sich über Konflikte zu freuen. Wenn jedoch verschiedene Menschen mit verschiedenen Interessen zusammen leben und arbeiten, sind Konflikte unvermeidbar. Wir sollten uns vielmehr vor Augen führen, was wir uns antun, wenn wir so tun, als könnten wir Konflikten ausweichen: schlechte Laune, sinkende Lebens- und Arbeitsfreude, Fluchtneigung sind die Folgen. Unterdrückte Konflikte binden Energie – Energie, die uns für das Wesentliche fehlt: einen Unterschied zu machen. Und zwar draußen beim Kunden. Einen Unterschied in der Lebensqualität von Menschen *außerhalb* des Unternehmens. Aber in hohem Maß auch bei denen, die wir lieben. Es mag widersinnig klingen: Der sinnvoll ausgetragene Konflikt wird unsere eigene Lebensqualität und die unserer Familien und Freunde erhöhen. Deshalb, mit einer umgedeuteten Sheryl Sandberg: »Lean in!« Unterdrückte Konflikte machen unsere Welt kleiner, als sie eigentlich sein müsste. Dies wiederum reduziert unsere Handlungsoptionen. Wer Konflikte vermeidet, vermeidet die Welt.

Das bringt uns zum zweiten Element unserer Konfliktdefinition: *Unterschiedliche Erwartungen*. Wir werden sehen, wie sich hier Freuds These von der Wiederkehr des Verdrängten bestätigt: das Wiederauftauchen dessen, was wir loswerden wollten. Und genau wegen dieser negativen Festlegung nicht loswerden.

Erwartungen und Unterscheidungen

Das Glück der Menschen hängt von Erwartungen ab, nicht von objektiven Umständen. Wenn sie bekommen, was sie wollen, sind sie glücklich; wenn sie nicht bekommen, was sie wollen, sind sie unglücklich. Die Krux: Je besser die Lebensbedingungen werden, desto größer werden die Erwartungen. Wir genießen Dinge, von denen frühere Menschen nur träumen konnten. Das reicht uns nicht – wir wollen mehr. Egal was wir erreichen. Das ist automatisch ein Dauerkonflikt. Das hat Odo Marquard »Übererwartung« genannt, die bisweilen völlig überzogenen Ansprüche an die Vollkommenheit der Welt. Perfektionsforderung als Realitätsvermiesung.

Nun, was genau sind *Erwartungen*? Erwartungen sind Annahmen, die in die Zukunft gerichtet sind, aber von vergangenen Erfahrungen geprägt wurden. Sie sind praktisch Üblichkeiten und theoretisch Vorurteile. Wenn ich also erwarte, dass man sich auf landläufige Weise begrüßt, auf gebräuchliche Weise gekleidet ist oder meine Argumente auf respektvolle Weise diskutiert. Damit sind gegenwärtige Erwartungen lebendige Vorzeit. Bisweilen wünschen Erwartungen gar, dass Gegenwärtiges vorübergeht. Sie wenden sich dann der Zukunft zu. Dies ist das Gegenteil von dem, was heute unter »Achtsamkeit« definiert wird. Der Vollständigkeit halber: Man kann sich auch in der Gegenwart Zukunft schenken. In der Liebe. Und nicht nur dort.

Wenn ich in meiner obigen Konfliktdefinition von »unterschiedlichen Erwartungen« spreche, gehe ich davon aus, dass unterschiedliche Individuen *unterschiedliche* Erfahrungen gemacht haben. Das heißt, jemand hat *Unterscheidungen* vorgenommen, die andere so nicht vollzogen haben. Wie können wir uns diesen Prozess vorstellen? Lassen Sie uns dem auf verschiedene Weise nähern. Zunächst über Platon – klüger als er ist später kaum ein Mensch gewesen.

Platons Kugelwesen

Die Menschen waren einst Kugelwesen, so lässt Platon in seinem berühmten Gastmahl-Dialog den Aristophanes erzählen. Sie hatten kugelförmige Rümpfe, vier Arme, vier Beine, vier Ohren und zwei Gesichter, die in entgegengesetzte Richtung blickten. Dadurch verfügten die Menschen nicht nur über gewaltige Beweglichkeit und Kräfte, sondern waren auch kenntnisreich und klug. Schon bald erlebten die Götter sie als Bedrohung. Ein Konflikt bahnte sich an. Einerseits wollten die Götter die Kugelmenschen nicht vernichten, weil sie Wert auf deren Opfer legten. Andererseits war ihr göttliches Machtmonopol gefährdet. Himmelsherrscher Zeus entschied sich daher, die Kugelmenschen lediglich zu schwächen. Wie? Er schnitt sie in der Mitte durch!

Die nunmehr zweibeinigen, zweiarmigen und eingesichtigen Menschen, diese Hälften eines vormals Ganzen, litten schwer unter dieser Halbierung. Sie haderten mit ihrer Unvollständigkeit. Sie suchten nach Ergänzung, die manche als ihre »bessere Hälfte« bezeichnen. Seitdem zerfallen die Menschen in Pünktliche und Zuspätkommer, in Aufräumer und Rumliegenlasser, in Fenster-

oder Gangbevorzuger, in Eulen und Lerchen, in Vielredner und Schweiger, in Freunde und Feinde Donald Trumps oder Ronaldos oder Suchen-Sie-sich-jemanden-aus, in Langschläfer und Blitzstarter, bei denen Aufwachen und Aufstehen eins ist.

Nun, warum präsentiere ich Ihnen diese alte Geschichte? Was hat das mit Erwartungen zu tun? Das erotische Begehren sei so entstanden, vielleicht sogar die Liebe, will der Hauptstrom der Interpreten wissen: Die Liebenden sind getrennte Hälften eines Ganzen und streben immer wieder nach Vereinigung. Diese Sichtweise eignet sich für manch romantische Indienstnahme. Nur: Die Geschichte ist an dieser Stelle noch nicht zu Ende, wird aber selten weitererzählt. Zum Schluss kommt nämlich noch Sokrates zu Wort (der, und auch das wird immer unterschlagen, nach der letzten Rede alle Gäste unter den Tisch soff). Sokrates lenkt den Blick weg vom romantischen Vereinigungsstreben hin zum Erkennen einer höheren Einheit, zu etwas Überindividuellem. Darauf möchte ich Sie aufmerksam machen. Ich will auf den Machtaspekt hinweisen.

Denn warum wurden die kugelförmigen Menschen den Göttern zu mächtig, bedrohten ihre Allmacht? Weil sie alles Wesentliche in sich selber trugen und so keinerlei Ergänzung brauchten. Sie waren, wie schon die Philosophin Simone Weil in den 1950er Jahren bemerkte, auf dem Weg, »göttergleich« zu werden. Sobald ein Mensch so »umsichtig« ist, dass er viele Standpunkte, Perspektiven, ja sogar Gegensätze in sich *integriert*. Dann wird er größer, wächst, wird er-»wachsen«, umgreift verschiedene Standpunkte, spürt sie alle in sich – bis dass er gleichsam nicht mehr *gegen* etwas ist, sondern alles in sich wiederfindet, wiedersieht, erinnert. Dann braucht er niemand mehr, dann vermisst er nichts, dann ist er »alleine«. Dieses *»All-Eine«*, englisch alone (»all-one«), ist die Gottes-Idee, das ist der Zusammenfall aller Gegensätze. Die Aufhebung aller Widersprüche – Gedankenstrich: das entfaltet in allen Kulturen das Göttliche. Die Gottesidee als *das Ich in seiner Vielfalt*. Es ist die Vorstellung von jemandem, der nie frustriert werden kann, weil er alles in sich trägt. Und es ist die Geisteseinstellung, die den zentralen Blickpunkt des Lebens verteidigt – mag er nun Gott, Vernunft oder Logos heißen – und sich nicht an die zusammenhanglose Unendlichkeit der Blickpunkte ausliefert.

Also: Um die Gottwerdung zu verhindern, hat Zeus den Konflikt durch die Entzweiung gleichsam in die Menschen hineinverlagert! Der Konflikt hat die Form des »Suchens«, der *Suche nach Einheit*. Und – wie bei aller Magie – kommt es darauf an, dass der Kreis geschlossen ist. So wie das Vieleck mit unendlich vielen Ecken sich dem Kreis annähert. So wie Ihre *zwei* Augen *eine* Sicht erzeugen. Einsicht. Das Glück der Menschen bestehe mithin, so Aristophanes, im Wiederherstellen eines früheren Zustandes – im Aufheben der Trennung.

Diesen Gedanken hat der französische Psychoanalytiker Jacques Lacan prominent aufgegriffen:

Alles entsteht aus einem Mangel.

Er meinte damit: Entbehrung zwingt uns zur Reaktion. Das Fehlende ist jedoch nicht im Außerhalb, nicht im Universum. Sondern mitten in uns. So konturieren wir unser Selbst durch unerfüllte Wünsche, durch Frustrationen. Wie eine Leerstelle, durch die Kraft entsteht, die selbst jedoch windstill ist. Das Fehlende ist der tiefere Grund unseres Handelns, der Motor, der uns vorantreibt. Das, was uns weitermachen lässt. Stets gibt es ein Begehren – und wenn es nur ein Rest ist, der unerfüllt bleibt.

Wie der Verstand funktioniert und die Natur sich durchsetzt

Nun können Sie als »Kugelwesen« wiederum unterschiedlich auf Ihr Geteiltsein reagieren. Sie können sich zum Beispiel auf die Suche nach Ergänzung begeben. Alternativ können Sie auch an einer verengten Weltsicht, an einer Weltanschauungs-Stenose festhalten. Diese Verengung möchte ich veranschaulichen, indem ich skizziere, wie unser *Verstand* funktioniert. Sehen Sie mir Vergröberungen nach.

Vor der Geburt ist Ihr Verstand mit einem Rechner vergleichbar, auf dem zwar viele Logiken gespeichert sind, freilich noch keine Inhalte. Die Philosophen würden sagen, viel Abstraktes ist vorhanden, nur wenig Konkretes, viele allgemeine Begriffe, noch keine sinnlichen Vorstellungen. Eine andere Sprachgabelung ist die zwischen »potenzialiter« und »aktualiter«, zwischen Blaupause und definierter Landkarte. Bei der Geburt dann drücken Sie die Record-Taste, Sie schalten auf *»Aufzeichnen!«* Dies wohl auch schon pränatal, wie uns Alfred Tomatis in *Der Klang des Lebens* veranschaulicht hat. Sie machen Erfahrungen, bespielen gleichsam die Festplatte. Wichtig ist: Diese Erfahrungen sind *Ihre* Erfahrungen, Ihre eigenen, einzigartigen, mit keinem anderen Wesen auf diesem Planeten identischen. Von Grund auf anders. Anders als alle anderen auf der Welt. Wer zum Beispiel schon früh um die Liebe seiner Eltern kämpfen musste, hat eine andere Weltsicht als jener, der von einem liebenden Willkommen umfangen wurde. Selbst bei eineiigen Zwillingen müssen wir davon ausgehen, dass sie – als Umwelt des jeweils anderen – Unterschiedliches speichern. Der Verstand ist also zunächst nichts anderes als ein Speichermedium. Er zeichnet auf: Jetzt! Jetzt! Jetzt!

Woran orientiert sich dieses Speichern? Worum geht es dabei? Viele Forscher aus den unterschiedlichsten Disziplinen sagen unisono: »*Überleben!*«. Alles Leben will weitermachen. Alle Systeme, eben auch biologische Systeme, streben nach Selbsterhalt (was man bei manchen Institutionen bedauern mag, etwa bei Finanzämtern). Das ist ihr höchster Daseinszweck, der Rest ist Beiwerk. Wir prägen uns alles ein, was zum Weiter-mitspielen-können notwendig ist. Konkret: Wir speichern Überlebenstricks. Auch wenn man vieles mit »Sinn« kostümiert oder »Höherwertiges« behauptet. Das heißt umgekehrt: Das mögliche Ende des gemeinsamen Spiels ist die *Bedingung* für den guten Umgang mit Konflikten. Sie müssen das Ende des Spiels als Drohung erleben. Und auch selbst damit drohen können. Sonst verstetigt sich der Konflikt; es gibt keine Notwendigkeit, etwas zu ändern.

Rechthaben

Wenn Sie dieses lesen, ist zumindest klar: *Sie haben überlebt!* Das Experiment, das unter Ihrem Namen auf diesem Planeten stattfindet, ist erfolgreich. Bis heute wenigstens. Sie haben eine Menge Erfolgsgeschichten gesammelt. Es funktioniert. Sie mögen einwenden, dass Ihr Überleben vielleicht etwas schöner, luxuriöser oder noch ein wenig erfolgreicher hätte sein können. Aber das geht am Kern der Sache vorbei: Bis heute glücken Ihre Erfahrungen. Sie leisten genau das, was sie leisten sollen. Und weil diese Tricks in der Vergangenheit gewirkt haben, sind Sie mit ihnen tief verbunden.

Aber Vorsicht! Diese Verbundenheit hat ihren Preis. Denn als Folge davon tun Sie vor allem eines: *Rechthaben.* Sie laufen durch die Welt und erzählen sich und anderen, dass Sie recht haben. Dass die Welt genau so funktioniert, wie Sie es erlebt haben. Die Pointe: Was immer Sie auch denken, fühlen und sagen:

Sie haben recht!

Es geht gar nicht anders. Es ist Ihre Erfahrung. Es ist Ihre Erfolgsgeschichte. Das ist doch zunächst einmal nicht übel – oder wie beurteilen Sie Selbstsicherheit?

Vielleicht werden Sie ein wenig nachdenklich, wenn Sie sich die Nebenwirkungen jener Rechthaben-Maschine bewusst machen, die wir »Verstand« nennen. Auch wenn es manchmal schwer verdaulich scheint: Alle Erlebnisse, verschiedenste Ereignisse, andere Menschen, alles das gibt Ihnen immer wieder Gelegenheit, Ihre Erfahrungen zu rechtfertigen und immer wieder Ihre Meinungen zu bestätigen. Als Beispiel mag dienen, dass die meisten Menschen nur solche Zeitungen lesen, deren richtungspolitische Tendenz sie teilen. Wir alle sitzen auf unseren Rechthaben-Provinzen und verteidigen unsere *Standpunkte*. Das sind Punkte mit dem *Gesichtskreis null*. Wir wissen, wie das Leben funktioniert, wie man eine gute Führungskraft ist, wie viele Kinder man haben sollte, wie man sie erzieht, welche akademischen Abschlüsse hilfreich sind, welche politische Partei man wählen sollte. Das formt auch unser soziales Leben: *Wir bestärken, was wir bereits glauben, durch Menschen, die wir bereits kennen.* Unser Verstand steht also unter einem Gedächtniskult. Mit Beweisketten, die tief in die Abgründe unserer Vergangenheit hinabführen.

Dabei ist gewiss, dass Sie Überzeugungen pflegen, die Sie zumeist gar nicht selbst durchlebt haben. Die meisten sind *übernommen*. Alleine durch die Tatsache, dass Sie hier in diesem Land geboren wurden und nicht in jenem. Dass Sie zufällig in dieser Zeit, mit diesen Eltern und in diesem sozialen Umfeld aufgewachsen sind. Man achtet gar nicht darauf, macht es sich nicht bewusst.

Das alles ist bis hierhin unproblematisch. Die Schwierigkeit beginnt damit, dass jemand anderes auf *andere* Weise überlebt hat. Dann ist es schwer anzuerkennen:

Der andere hat auch recht!

Der andere hat andere Erfahrungen gemacht. Seine Überlebensgeschichte ist abweichend verlaufen. Sein inneres Museum hat unterschiedliche Archivalien gespeichert. Wenn Sie an Firmen denken: Unternehmen haben in der Regel unvergleichliche Erfolgsgeschichten (nur im Scheitern sind sie, frei nach Tolstoi, einander ähnlich). In einem bekannten Cartoon stehen sich zwei Menschen gegenüber, zwischen ihnen eine Zahl. »Sechs«, sagt der eine. »Neun«, kontert der andere.

Sogar bis hierhin muss man noch nicht zanken. Auf das Rechthaben des anderen könnten Sie ja liebenswürdig-überrascht reagieren mit »Wow, das ist eine ganz neue Perspektive!« Oder: »Interessant, von der Seite habe ich es noch nicht betrachtet.« Das Drama beginnt erst, wenn Sie glauben, dass Ihre Art und Weise des Überlebens *unter allen Umständen* und grundsätzlich auch *für andere Menschen* funktioniert. Wenn Sie Ihr Rechthaben – das, was Sie wahrnehmen, was Sie »für wahr nehmen« – zur »Wahrheit« verallgemeinern. Und damit Ihre Erfahrung universalisieren.

Zunächst mit Nachteilen für Sie selbst: Es schwächt Ihre Aufmerksamkeit für Unterschiede. Das Unbekannte wird zum Bekannten, aus Indikativ wird Konjunktiv, aus Beschreiben wird Vorschreiben. Dann heißt es nicht mehr »So geht es!«, sondern »*Nur* so geht es!«. Nicht mehr »Ich sehe das so!«, sondern »*Man* muss das so sehen!«. Rechthaben ist also eine Sehschwäche, die die Mehrdeutigkeit der Welt verneint. Wenn Sie also sagen: »Ich habe recht – und Sie haben unrecht!«, dann öffnet sich der Höllenrachen. Dazu gleich mehr.

Das, was wir gemeinhin »Denken« nennen, ist im Kern oft nichts anderes als das *Verteidigen der eigenen Vergangenheit*. Unser Gehirn sucht nach Bestätigung. Es rennt im Grunde immer dahin, wo es die nächste Dopamin-Ausschüttung erhofft. Beispiel: Der junge Bewerber, der vom Unternehmen ein flexibles Berücksichtigen seiner privaten Lebenssituation erwartet, trifft auf einen altgedienten *corporate soldier*, dem solches früher nicht im Traum eingefallen wäre und der entsprechend empört reagiert. Unser Verstand neigt nämlich reflexhaft dazu, allem, was unserer bisherigen Erfahrung *nicht* entspricht, unrecht zu geben. Und nur solchen Argumenten zuzustimmen, die von unserer bisherigen Erfahrung gestützt werden. Viele Menschen haben sich daher mit Gestern eingehüllt wie mit einem zeitundurchlässigen Mantel. Überzeugungen sind Gefängnisse, sagt Nietzsche.

Dieses sogenannte »Denken« ist extrem schnell. So schnell, dass man oft nur noch von Reflexen sprechen kann. Reiz-Reaktion! Und umso schneller geht das, je häufiger wir einen Gedanken gedacht haben, je autobahnbreiter der Denkweg, je kürzer der Synapsensprung in unserem Hirn verschaltet ist. Wir wissen also, was wir zu wissen glauben, durch unsere Ignoranz. Kurzum: *Schnelle Menschen denken nicht*. Sie urteilen bloß. Mitunter kahlschlaghaft – ein Urteil wird ja auch »gefällt«. Dieses schnelle Urteilen kann jedoch durchaus vorteilhaft sein, beispielsweise in gefährlichen Situationen. In anderen wiederum von Nachteil: Kreativität ist so nicht zu haben. Es ist, als ob man einige Spektralfarben nicht sehen kann.

> siehe auch Seite 128: Stammesdenken

Stammesdenken als kollektives Rechthaben

Nicht nur Individuen machen Erfahrungen und überdehnen sie als Erwartungen an andere. In den letzten Jahren machen das vermehrt *Gruppen*: In der Horde ist es am schönsten. Der kolumbianische Denker Nicolás Gómez Dávila: »Das Individuum erklärt sich zum Teil irgendeines Kollektivs, mit dem Ziel, in dessen Namen einzufordern, was es im eigenen Namen aus Scham nicht verlangen würde.« Die Soziologie nennt das »Tribalisierung der Öffentlichkeit« – ein Phänomen, das sich vor allem nach 1989 entwickelte, als sich die epochale Ost-West-Spannung des Kalten Kriegs auflöste. Durch den Mauerfall war plötzlich die Position des »anderen« unbesetzt. Die eigene Identität, die sich durch Demarkationslinien gegenüber dem anderen profiliert, war bedroht. Niemand war mehr da, dem man alles Böse in die Schuhe schieben konnte. Man erinnere sich an die verzweifelte Suche Hollywoods nach neuen Stoffen. Damit verhallte nicht nur der Kommunismus, sondern partiell auch der Kapitalismus, der durch den Wohlfahrtsstaat sowohl gezähmt als auch ideologisch enteignet wurde.

Auf der Suche nach dem »anderen« wurde der Mensch als Hordenwesen bald fündig. Das gelang ganzen Nationen und es gelingt Ich-zentrierten Mikroideologen rund um Gesundheit, Reisen und Fahrradförderung. Auch das Essen sät Zwietracht, früher einmal gemeinschaftsbildend, heute Glaubensbekenntnis und mehr Therapie als Genuss. Man träumt von einer Welt von Zuhausebleibern, Kinderlosen und Vegetariern, deren Energie offenbar endlos erneuerbar ist. Wer da nicht mitmacht, sollte sich im Kanal der Geächteten ertränken.

Stammesdenken hat bei aller inhaltlichen Unterschiedlichkeit eines gemeinsam: Das Trennende wird betont, nicht das Verbindende. Es geht nicht mehr um Gleichheit (der Chancen, vor dem Gesetz etc.), sondern um bewusst herbeigeführte Ungleichheit. Natürlich, Gemeinschaft entsteht durch Abgrenzung, auch Sportclubs sorgen so für Identität. Aber auch da kommen wir aus der Mehrdeutigkeit nicht heraus: Bei den Mannschaftssportarten muss *zwischen* den Mannschaften der Wettbewerb herrschen, sonst wird das Spiel langweilig. Aber *innerhalb* einer Mannschaft muss die Kooperation überwiegen. Im Unternehmen wird es gefährlich, wenn zwischen den Mitarbeitern der Wettbewerb überwiegt. Das spaltet das Unternehmen als *Kooperationsarena*: Mitarbeiter kooperieren nicht mehr mit Blick auf die Lebensqualität von Kunden. Sondern man betrachtet sich zunehmend als Repräsentant eines Unterkollektivs. Und alle Merkmalsklaven rufen bestätigungssüchtig in ihre Echokammern hinein und erhalten zur Antwort, dass man anderen Gruppen überlegen sei. Das können Männer sein, die Frauen für ungeeignet halten, im harten Wettbewerb zu bestehen. Das können Frauen sein, die Männer für ungeeignet halten, die Kraft der Teamarbeit auf die Straße zu bringen. Vertrieb blickt auf das Marketing hinab, die Produktion auf die Personalarbeit, die Naturwissenschaftler auf die Sozialwissenschaftler, die Krankenhausärzte auf die Verwaltung, die klassischen Ökonomen auf die Verhaltensökonomen. Damit sind alle beschäftigt, die Gräben tiefer auszuheben und die Stammesinstinkte zu schärfen.

Gesellschaftlich explodiert Stammesdenken besonders in turbulenten Zeiten, in denen sich geopolitischer Wandel, Einwanderung und Digitalisierung die Hand geben. Man will Schutz, Heimat, eine kohärente, einfache Sicht der Dinge. Man ist müde des Unbehagens in der Moderne, der Ambivalenzen des bürgerlichen Lebens. Genau das haben linke Moralisten mit rechten Populisten gemein: einfache Antworten, die trösten, weil sie das Ende der Ambivalenz versprechen. Sie bedienen damit das tief in unsere Kultur eingesenkte Bedürfnis nach Eindeutigkeit.

Deshalb bildet man Rechthaben-Gemeinschaften, meinungsbegeistert, zungenschnell, urteilsgetrieben. Diese Gruppen nehmen Tatsachen bisweilen so unterschiedlich wahr, dass man meinen könnte, sie lebten nicht auf demselben Planeten, im selben Unternehmen oder blickten auf denselben

Markt. Dass sich damit das Potenzial für Konflikte erhöht, muss nicht besonders betont werden. Bisweilen kommt es zu völlig überzogenen Attacken aus Anlass minimaler Grenzüberschreitungen. Dann verdrängt die Inständigkeit des Rechthabens die Anständigkeit des Handelns.

Wie können Sie verhindern, dass Sie im Unternehmen vom Miteinander ins Gegeneinander kippen? Was können Sie tun, um vielleicht sogar ein *Füreinander* zu unterstützen, ohne in die paternalistische Trickkiste der Herkunftsbeschwörer, der Werteidylliker und der Identitätsphantasten zu greifen? Was ist Ihr Beitrag zur Abkühlung, zur Mäßigung, gar zur Versöhnung?

1. Schaffen Sie alle Institutionen, Strukturen und Instrumente ab, die vom gemeinsamen Unternehmensinteresse ablenken. Alles, was Egoismus und Rücksichtslosigkeit stimuliert, gehört auf die Müllhalde.

2. Stellen Sie nicht nur Spezialisten ein, sondern möglichst Menschen mit breitem Bildungshintergrund. Überprüfen Sie diesbezüglich Ihre Anforderungsprofile. Bieten Sie Weiterbildung zur konstruktiven Lösung *gemeinsamer* Probleme an. Der Umgang mit verschiedenen Realitäten muss zum prominenten Bildungsinhalt werden.

3. Schaffen Sie Raum und Zeit für Austausch. Schaffen Sie Gelegenheiten, die Lebenswirklichkeiten anderer Unternehmensbereiche und anderer Kollegen kennenzulernen. Bleiben Sie nicht in Ihren Silos; lassen Sie Filterblasen platzen! Versuchen Sie zu verstehen, warum Nicht-Gleichgesinnte so denken, wie sie denken.

4. Konfrontieren Sie das Unternehmen mit Exoten. Laden Sie Branchenfremde ein. Insbesondere Menschen, die Ihnen und Ihrem Unternehmen eher kritisch gegenüberstehen.

5. Bauen Sie Ihre Organisation um Probleme herum. Um gemeinsame, wichtige und kundendefinierte Probleme, die zu lösen man einander braucht. Verteidigen Sie keine funktionsinterne, »autistische« Logik. Denken Sie die Organisation von außen nach innen. ■

Luxus-Rechthaben: Wenn Sie kein Problem haben

Es mag auf den ersten Blick eine Marginalie sein, sie ist aber lebensweltlich äußerst relevant: Ins Rechthaben kommen Sie erst, wenn der Kampf um das physische Überleben gewonnen ist. Wenn der Fortgang des Spiels gesichert ist, wenn keine Gefahr mehr droht. Wenn Sie zum Beispiel nicht fürchten oder nicht fürchten müssen, dass Ihr Ehepartner Sie verlässt und seine gepackten Koffer bereits in der Garage stehen. Dann haben Sie Weile, um sich selbst herum zu kreisen: Was gefällt mir nicht? Was habe ich an dem anderen auszusetzen? Wer oder was trübt mein Lebensglück? Werde ich genug beachtet?

Die daraus resultierenden Konflikte sind *Luxusphänomene*. Sie gehören zu den eingangs besprochenen »unnötigen« Konflikten. Dabei spielt »zu viel Zeit haben« eine bedeutende Rolle. Diese Konflikte haben, wie Käse, Zeit zu reifen. Es steht momentan nichts Wichtiges an, da kann man schon mal Animositäten pflegen. Je mehr Leerlauf in Ihrem Leben ist durch Unterforderung, Arbeitslosigkeit, Bore-out, Frührente, desto anfälliger sind Sie. Denn was tun Sie? Sie beginnen ein Konfliktspiel. Manchmal, um sich die Langeweile zu vertreiben, manchmal, weil Ihnen einfach mehr Löcher im obengenannten Käse auffallen. Sie fangen an, Gräben auszuheben und hingebungsvoll zu markieren. Als Führungskraft schauen Sie nicht auf das, was der Mitarbeiter kann, sondern was er nicht kann. Sie haben ja Zeit.

Was dann fehlt, ich habe es mehrfach beschrieben (vor allem in *Radikal führen*), ist ein *gemeinsames Problem*. Ein Problem, das dringend zur Lösung ansteht und für das Sie einander brauchen. Positiv gewendet: Nichts lässt die Menschen mehr zusammenrücken als ein gemeinsames Problem! Ein Problem, das Sie als gemeinsames anerkennen und das 1) wirklich wichtig, vielleicht sogar existenziell ist, 2) für jeden unmittelbar einsichtig, also nicht zu kompliziert ist, und das – bezogen auf Unternehmen – 3) ein kunden- oder außendefiniertes Problem ist, also nicht dem bekannten Organisations-Autismus entspringt. Dasselbe gilt auch für Ehen und Familien, für Nachbarn und Freunde: Was Sie von außen bedroht, sei es Ihr kleiner Sportunfall mit anschließendem Streckverband oder der aufs Garagendach gestürzte Baum, die Sorge um ein Kind oder die demente Schwiegermutter – das Problem lässt sie zusammenrücken. Richten Sie Ihre Aufmerksamkeit auf das gemeinsam zu lösende Problem und alles Trennende rückt in den Hintergrund. Nur wenn Menschen sich nicht brauchen, vergreifen sie sich aneinander.

Was Menschen in Unternehmen zusammenhält, ist der Streit über Themen – zum Beispiel der Streit über den Weg zum Kunden. Das ist ein Problem, das es zu lösen gilt. Das ist drängend, das ist überlebenswichtig, das ist täglich neu zu justieren. Das ist ein nötiger Konflikt, der für Unternehmen vital ist: Firmen werden durch geteilte Kundenprobleme zusammengefügt.

Das Gewinner-Verlierer-Modell

Schauen wir, wie es im Konfliktprozess weitergeht: Wie wird der andere auf Ihr »... und Sie haben unrecht!« reagieren? Sie sagen ja gewissermaßen: »Ihre Art zu Überleben ist nicht die richtige – *meine* ist die richtige!« Man muss nicht Psychologie studiert haben, um die Reaktion zu prognostizieren: Der andere wird Sie seinerseits ins Unrecht drücken! Mit mechanischer Sicherheit. Er wird sich seine Überlebensgeschichte nicht nehmen lassen. Niemand tut das. Er wird sich wehren: »Wie können Sie nur so einen Unfug reden!« Manche tragen ja ihr Rechthaben so penetrant vor sich her, dass man schon aus Trotz dagegenhält. Außerdem: Dieser herablassende, manchmal fast feindliche Ton, mit dem die höhere Moral auf einen niederregnet! Es sind nicht nur minderkultivierte Menschen, die augenblicklich ins Rechthaben explodieren können – wie Springkraut, das bei der flüchtigsten Berührung Blütenstaub versprüht. Wehe man ist Opfer dieser Abfuhr!

Der Verfall des Gemeinsamen ist also dem Moment vorbehalten, in dem wir uns plötzlich frontal gegenüberstehen und anfangen, miteinander zu kämpfen. Dann haben wir die Doppelspur des Skilangläufers verlassen, dann haben wir die Parallele aufgegeben. Dann haben wir vergessen:

Ein Konflikt ist kein Wettbewerb.

Wenn Sie Konflikte als Gewinner-Verlierer-Modell spielen, wollen Sie gewinnen. Und haben damit verloren: nämlich den Verlierer. Als Freund, als Kollegen, als Ehemann, als Kraft der Solidargemeinschaft. Sie können sicher sein: Für Ihren Sieg werden Sie einen Preis bezahlen. An einem Ort, wo Sie es nicht für möglich halten. Zu einem Zeitpunkt, auf den Sie nicht vorbereitet sind. Aber Sie werden ihn zahlen. Niemand lässt eine Niederlage auf sich sitzen. Das »schlagende« Argument ist nämlich bei Weitem nicht immer das Beste, was sich Menschen gegenseitig antun. Es schlägt eben auch. Deshalb ist es wichtig (wenngleich ungemein schwer), Wettbewerbs-Mentalität aus einem Konflikt herauszuhalten – und ihn mehr als einen Tanz der Energien zu verstehen.

Geradezu unmöglich wird ein vernünftiger Umgang mit Konflikten, wenn Sie das Gewinner-Verlierer-Modell für die *Tribüne* spielen. Wie viele Konflikte sind zum Selbstzweck geworden, nur weil jemand zuschaut? Beispiele gibt es zuhauf: die Konflikt-Simulation im Wahlkampf, nahezu jede Art von Meeting im Unternehmen, Pausenhofgerangel, Online-Foren, WhatsApp-Gruppen. Oder auch Talkshows – Dramen der Medien-Demokratie. Ich werde immer mal wieder von Talkshow-Redaktionen angefragt, ob ich zu diesem oder jenem Thema meine Sichtweise äußern wolle. Die Journalisten erkundigen sich sehr genau, welche Position ich mit welchen Worten vertreten würde. In dem Augenblick, wo ich die kleinste Relativierung meiner Position, leises Verständnis für die Gegenseite äußere, erlischt ihr Interesse. Sie scheinen nicht am Erkenntnisgewinn interessiert, nicht am Dialog, sondern am Polarisieren, an der Unversöhnlichkeit. Was offenbar das Interesse des Publikums spiegelt.

Ich weise in diesem Zusammenhang auf eine Paradoxie hin: Rechthaben hat mitunter eine größere Kraft als der Wille zu Überleben! Dann fragt ein Mensch nicht mehr »Wie kann ich überleben?«, sondern »Wie kann ich *gut* überleben?« oder »Welche Annehmlichkeiten sind erstrebenswert?« Mit der Befriedigung der Grundbedürfnisse finden sie sich dann nicht mehr ab. Dann will man in Unternehmen »ambitionierte« Ziele erreichen. Dann greift man zu moralisch grundierter Rechtsbeugung, wie es die Ökopopulisten handhaben. Manche Menschen sind gar »ums Verrecken« verbohrt in ihr Rechthaben. Auf der höchsten Eskalationsstufe wird dafür der eigene Untergang in Kauf genommen, und zwar nicht nur im Rahmen einer Diskussion, sondern auch im größeren Maßstab. Krieg ist dafür ein tödliches Beispiel, Gesinnungsethik auch. Gesinnungsethiker sind jene Figuren, die uns die Helden in Hollywood-Filmen vorführen. Die fahnden ruhelos nach Missständen, die zurechtzurücken sind, oftmals mit Waffengewalt. Umstandslos wird Rechthaben und Gutsein gleichgesetzt. Da mögen rechts und links hundert Tote liegen – der Held ist moralisch auf der richtigen Seite.

Das Rechthaben hat schon viele Ehen, Freundschaften und Beziehungen zerstört. Flächendeckend ist das gegenwärtig in den USA zu beobachten, wo Republikaner und Demokraten sich wechselseitig lähmen. Philosophiegeschichtlich prominent ist das Beispiel des französischen Philosophen Louis Althusser, der seine

Frau ermordete, weil sie, wie man sagt, mit ihm in einer Detailfrage des Marxismus nicht übereinstimmte …

Moralinsaures Rechthaben beobachten wir auch in der Wirtschaft: Die Meinungsbegeisterten grätschen in die komplexesten wirtschaftlichen Dinge hinein (zum Beispiel, globale Lieferketten einer europadefinierten Nachhaltigkeitsprüfung zu unterwerfen). Sie können keine andere Idee von sich entwickeln als die, im Recht zu sein. Und wer sich auf die Verlockung der meinungsseligen Vereinfachung nicht einlassen will, dem wird Verantwortungslosigkeit vorgeworfen. Diese Moral ist nur an sich selbst interessiert. Sie interessiert sich nicht für die Bedingungen der Möglichkeit, die Dinge in der realen Welt auf akzeptable Weise zu moderieren. Sie will nur recht haben – egal, was tatsächlich möglich ist.

Dasselbe sehen wir bei chronifizierten Konflikten innerhalb von Unternehmen, bei versteinerten Meinungen auf Kosten des Ganzen. Ebenso bei jenen oft alten Unternehmensgründern, die sich geckohaft an vergangene Erfolge klammern. Im Abendlicht ihres Lebens versenken sie lieber das Unternehmen, als ihre Rechthaben-Story infrage zu stellen: »Die Welt hat mich nicht verdient …« Nach Sonnenuntergang wird man ihr Richtergewand nur noch lächerlich finden. Nichts ist gefährlicher als eine Idee, wenn man nur eine hat.

Auch auf die Gefahr hin, Ihnen auf die Nerven zu gehen, will ich noch einmal betonen: Das ist kein Plädoyer für das große EGAL. Das ist nicht alles relativ. Es gibt Vorziehungen (die man gemeinhin »Werte« nennt) und Hintanstellungen. Es gibt zeitliche Unterscheidungen: Heute so, morgen vielleicht anders. Denn: Auch wenn Ihr inneres Museum bis heute Ihr Überleben gesichert hat, so heißt das noch lange nicht, dass es das auch morgen tun wird. Ihr Antiquariat sollten Sie ständig überprüfen. Denn das Rechthaben will nur Ordnung halten; das Nichtrechthabenwollen lädt unterschiedliche Gäste in den geistigen Haushalt ein.

Wahrheit behaupten heißt, einen Konflikt haben

Wahrheit – was ist das? Wonach suche ich, wenn ich Wahrheit suche?

Wenn wir von »Wahrheit« im Sinne einer *wissenschaftlichen* Erkenntnis sprechen, dann ist eine Tatsache oder Überzeugung wahr, wenn sie mit der Wirklichkeit übereinstimmt. Etwas funktioniert, ist zweckmäßig. Wenn wir von Wahrheit in einem *existenziellen* Sinne sprechen (»die« Wahrheit), dann sollten wir uns der berühmtesten Ode des Horaz (Nr. 11 im ersten Buch) erinnern. Die beginnt mit der Aufforderung, keine Fragen zu stellen, die man nicht beantworten kann. Eine ewige Mahnung. Denn in wahrheitsbezogenen Gedankenketten können wir nur *subjektgebundene* Aussagen machen. Das sind Aussagen, die auf den Sprecher zurückweisen und an seine Perspektive geknüpft sind, die aber keine allgemeingültige Wahrheit beanspruchen können. Und schon beginnt der Konflikt der Meinungen, der Widerstreit. Urteile sind eben Ur-Teile, Teile des Ur-Zusammenhangs (was wir nicht mit *Fakten* verwechseln sollten). Wir sollten uns also hier vom Prinzipiellen verabschieden und einer Paradoxie zuwenden: Wer »Wahrheit« beansprucht, will Konflikt abschaffen, indem er Ambivalenz leugnet – und erzeugt eben dadurch Konflikt. Das sei erläutert.

Am 15. Januar 1998 erschien in der ZEIT ein Gespräch zwischen dem Physiker Heinz von Foerster und dem Publizisten Bernhard Pörksen. Es ging um eine Aussage Foersters: »Wahrheit ist die Erfindung eines Lügners«. Von Foerster wird um eine vertiefende Erklärung des Satzes gebeten. Er antwortet: »Damit ist gemeint, dass sich Wahrheit und Lüge gegenseitig bedingen: Wer von Wahrheit spricht, macht den anderen direkt oder indirekt zu einem Lügner. Diese beiden Begriffe gehören zu einer Kategorie des Denkens, aus der ich gerne heraustreten würde, um eine ganz neue Sicht und Einsicht zu ermöglichen. Meine Auffassung ist, dass die Rede von der Wahrheit katastrophale Folgen hat und die Einheit der Menschheit zerstört. Der Begriff bedeutet (…) Krieg.« Dann führt er weiter aus: Wenn etwas für einen selbst funktioniere, dann nicht notwendigerweise für andere. Die Behauptung von Wahrheit sei mithin ein Versuch, andere Menschen zu beherrschen, bekehren oder zu zwingen. Verzichteten wir auf ihn, wäre die Welt friedlicher. Selbst im technisch-physikalischen Bereich solle man nicht in einem absoluten Sinn von »Wahrheit« sprechen, sondern allenfalls von »Brauchbarkeit«.

Der Interviewer wirft ein, der Begriff der Wahrheit könne auch den Erkenntnisgewinn stimulieren, einen Suchprozess anstoßen. Diesen Einwurf fand ich 1998, bei der Erstlektüre des Textes, zunächst triftig: Die Wahrheit ist ein Irrtum, ohne den wir nicht leben können. Es ist einfach praktisch, an diesem Irrtum festzuhalten. Sonst könnten wir beispielsweise alle wissenschaftlichen Bemühungen einstellen; Wissenschaft ist auf die *Möglichkeit* von Wahrheit angewiesen. Und im Grunde weiß jeder, dass wir die Wahrheit immer *suchen* werden – und niemals finden. Es ist Sache des faustischen Menschen. Denn die Stimme der Wahrheit schweigt; es sprechen nur ihre Interpreten. Und wenn uns jemand sagt, er habe die Wahrheit *gefunden*, sollten wir uns höflich verabschieden. Der Feind der Wahrheit ist mithin nicht die Lüge. Der Feind der Wahrheit ist eine Überzeugung, die blind ist für die andere Seite: Rechthaben, Ideologie, Weltanschauung.

> Wer eine Weltanschauung hat, muss die Welt nicht anschauen.

Das war bis zur Lektüre dieses Textes meine – eben, Überzeugung. Diese geht allerdings von Foerster nicht weit genug. Sein Argument: Ein solcher Suchprozess setze die Vorstellung einer irgendwie *existierenden* Wahrheit voraus, die angestrebt werden kann und soll. Und wer danach strebe, sei gleichsam »näher dran«. Wer das nicht tue, sei ein Feind. Jeder Konflikt entstehe also aus dem Bedürfnis nach etwas Absolutem, Endgültigem und Fraglosem, das vorausgesetzt werde.

Eine solche Sichtweise hat mindestens zwei Konsequenzen (die ich in *Die Entscheidung liegt bei dir* ausführlicher beschrieben habe):

1. Menschen, die die Wahrheit gefunden zu haben glauben, sind Solotänzer. Sie sind ungeeignet für den Paartanz. Es gibt mit ihnen selten ein ergebnisoffenes Gespräch, einen Dialog. Sie sind Gläubige, sie kennen das Ergebnis bereits. Sie haben im Gesicht dieses stets milde Lächeln dessen, der ohnehin schon weiß, wie die Sache ausgehen wird.

   > **siehe auch Seite 140: Dialog**

2. Die Vorstellung von etwas Absolutem zerstört die Selbstverantwortung. Dieses Etwas, das einem Halt geben soll, nimmt dem Menschen die Verantwortung für eine persönliche Sicht der Dinge. Sie verlernen darüber, auf eigenen Füßen zu stehen und sich selbst zu vertrauen. Die eigenen Gedanken versumpfen, die individuelle Beobachtungsgabe wird unscharf. Eine »Persönlichkeit« im Wortsinne entsteht auf diese Weise niemals. Nicht um Wahrheit sollten wir deshalb im Konflikt streiten, sondern um *Wahrhaftigkeit*. Nicht um richtig und falsch darf es uns gehen, sondern um aufrichtiges Erleben. Nicht um Rechthaben, sondern um Wahrnehmung und Perspektive.

Ich kann mich von Foersters Denkfiguren in weiten Teilen anschließen. Heute, zwanzig Jahre nach der Erstlektüre, möchte ich ergänzen: Im Großkonflikt, im Krieg, so heißt es, »ist die Wahrheit das erste Opfer«. Bei jedem Krieg wird dieser verlockend eingängige Satz endlos wiederholt. Ich halte ihn für irreführend. Der *Wahrheitsbegriff selbst* ist es, der in die Irre führt. Viele Konflikte beginnen erst dadurch, dass die Konfliktparteien die Wahrheit auf ihrer Seite glauben. Den Soldaten ruft man zu: »Gott ist mit euch!« Aber hüben wie drüben werden die Waffen gesegnet. Offenbar gibt es mehrere Götter, die für ausgleichende Gerechtigkeit sorgen. Ein geringeres Überzeugtsein von der eigenen Wahrheit ließe wohl etliche Kriege gar nicht erst entstehen. Und auch etliche Kleinkriege nicht, die sich aufschaukeln, ohne militärisch zu werden: Ehekriege, Rosenkriege, Generationenkriege, Bruderkriege, Zickenkriege, Screentimekriege (Eltern wissen, was das ist).

Was heißt das für Ihr eigenes Konfliktverhalten? Alle Unterscheidungen, die Sie treffen, werden von *Ihnen* getroffen. Sie sind nicht universal und absolut gültig, sondern allein an Ihre Person gebunden. Deshalb sind auch *nur Sie* dafür verantwortlich – es gibt keine außerhalb Ihrer Person liegende Referenz. Dafür gibt es eine simple Tatsache: Ein anderer Mensch hat andere Unterscheidungen getroffen. Würde man sich dies mehr vergegenwärtigen – Konflikte würden anders ausgetragen.

Störend erlebt wird ein Konflikt also in einem fundamentalen Sinne nur deshalb, weil es den Glauben an eine irgendwie und irgendwo existierende Wahrheit gibt! Und damit den Glauben an den »rechten Weg« dorthin. Löst man sich von diesem Irr-Glauben, dann sind wir unbefangener in jener wunderbar sinnfreien Ewigkeitssekunde, die wir unser Leben nennen.

Mancher mag diese Gedanken – auch das wird in dem Interview angesprochen – für eine »große Verwirrung« halten. Die Rolle des großen Verwirrers spielt in der Bibel der Teufel. Aber genau hier ist der Moment, an dem von Foerster am meisten überzeugt. Zitat: »Der Teufel ist für mich nicht der große Verwirrer, sondern der große Vereinheitlicher. Er versucht, die verschiedenen Ansichten

Dialog

Der Dialog hat magische Wirkung. Er hat die Macht, das Leben zum Guten zu verändern, es zu vervollständigen und ins Gleichgewicht zu rücken. Im Unterschied zur Diskussion, die ein Wettbewerb der Argumente ist, sind Sie beim Dialog wirklich neugierig. Sie wollen den anderen besuchen, seine Erfahrungen kennenlernen. Aus dem Widerstand der unterschiedlichen Beobachtungen Realität entstehen lassen. Das hatte schon Nietzsche erkannt: »Einer hat immer Unrecht: aber mit zweien beginnt die Wahrheit.« Erst wenn wir Gespräche flechten, erst dann betreten wir das Reich der Erkenntnis. Das macht uns zu geistigen Kosmopoliten – zu Bürgern vieler Welten.

In dieser Hinsicht hatte ich Glück mit meinem ersten Chef bei der 3M. Es war etwas Befreiendes um ihn herum, etwas Raumöffnendes. Er sprach nichtformatiert, suchte nach dem passenden Wort, formulierte ohne Standardphrasen. Ein »Wir sind auf gutem Weg!« oder »Das macht Sinn!« wäre ihm nie über die Lippen gekommen. Vor allem aber schien er geradezu brennend interessiert zu sein an *Korrekturen*. Er wiederholte oft mein Gegenargument mit eigenen Worten, wahrscheinlich, um es besser zu verstehen. Er schien zu mögen, wenn man ihm eine andere Seite des Problems auffächerte. Dabei war er extrem freigiebig in der Bestätigung, oft mit »Hmh« und Kopfnicken begleitet, über sich selbst lachend, wenn er etwas übersehen hatte oder übergeneralisierte. Ihn habe ich im Kopf, wenn ich Ihnen das Folgende empfehle:

- Zum Gespräch einladen. Den anderen besuchen; bei ihm zu Gast sein. Sich bereichern lassen. Wirklich »neu-gierig« sein.
- Umkehrbar kommunizieren: »Ich kann Ihnen sagen, was Sie mir auch sagen könnten.«
- Vorurteile und Glaubenssätze offen machen (ich *habe* sie, aber ich *bin* sie nicht!) und andere Glaubenssätze als gleichberechtigt anerkennen.

- Nicht widersprechen, sondern ergänzen.
- Den Beitrag des anderen nicht abwerten. (Kein »Haben Sie da nicht etwas Wichtiges übersehen, Herr Kollege?«)
- Nicht versuchen, den anderen davon zu überzeugen, dass nur Sie richtigliegen. Nicht sich durchsetzen und gewinnen wollen. Nicht ein vorher festliegendes Gesprächsziel erreichen wollen.
- Keine ausschließlich machtgestützten Entscheidungen treffen.

Es ist *unmöglich*, sich zu verständigen, wenn mit Verständigung »Einvernehmen« gemeint ist. Oder als Ziel des Dialogs »Wahrheit« gilt. Was wir brauchen, ist Konsens im Dissens. »Let's agree to differ!« Verständigung über das Nicht-Verständigbare. Niemand braucht die Position des anderen zu übernehmen. Aber wir sollten erkennen, dass wir alle von bestimmten Standpunkten her kommen und dass irgendwo jenseits unserer Standpunkte es einen Ort gibt, den wir gemeinsam erreichen können, solange wir dialogfähig bleiben.

Wann aber können Sie sicher sein, ob Sie einen echten Dialog geführt haben? Dann, wenn Sie aus dem Gespräch anders herauskommen, als Sie hineingingen. ■

zu homogenisieren, bis alle dasselbe denken, glauben und tun. Das ist das eigentlich Gefährliche. Der Verwirrer erweitert dagegen das Blickfeld, er eröffnet neue Möglichkeiten und macht die Fülle sichtbar. (…) Es entsteht Freiheit.«

Ist es nicht genau das, was ein Unternehmen zukunftsfähig macht? Was Ehen und Beziehungen lebendig hält? Was Freundschaften beatmet? Mehr noch, und für unser Thema fundamental: Die Vorstellung der »Lösbarkeit« von Konflikten hat die *gleiche Funktion* wie die Möglichkeit von »Wahrheit«. Sie sucht das

Unmögliche und verfehlt dadurch das *Machbare*. Nämlich das *Aushalten des Imperfekten*. Insofern steht der Konflikt stellvertretend für eine Welt, in der nicht alles reparierbar, erfüllbar ist, in der wir die Vizelösung anerkennen müssen.

Insofern bin ich mir nicht sicher, ob die Wahrheit, falls es sie gibt, überhaupt gefunden werden *sollte*.

Gefühl als Kalkül

»Wo bleiben die Gefühle?«, mögen Sie fragen. »Klingt das nicht sehr rational? Wir sind doch keine Kognitionsautomaten!« Im Gegenteil: Wenn es knistert und kracht, sind die Betroffenen ja in der Regel erregt, zumindest emotional stark engagiert: Wut, Entrüstung, Trauer, Empörung, Niedergeschlagenheit, Verzweiflung, Scham. Werden diese Gefühle aufgerufen, ist man »mitten drin«. Und da die spätmoderne Gesellschaft dem Ideal des intensiven Lebens nachjagt, gelten Gefühle als gut und »authentisch«. Dann ist es nicht weit bis zu der Bemerkung, Gefühle hätten einen »überwältigt«. Wenn man zum Beispiel im Streit laut wird oder weint. Wir verweisen auf die Eigenständigkeit unserer Gefühle und hoffen auf Rabatt. Gerade in Konflikten ist es Brauch, die Verantwortung für ein bestimmtes Verhalten an die Gefühle abzutreten. Nachrichten aus dem Jammertal: »Ich konnte meine Emotionen nicht kontrollieren!« – »Mein Temperament ist mit mir durchgegangen!« – »Ich habe mich wahnsinnig geärgert, dann konnte ich mich nicht mehr beherrschen.« – »Als Sie gesagt haben, wir hätten das Projekt nicht im Griff, bin ich innerlich die Wände hochgegangen.« – »Wenn jemand sich so bescheuert verhält, da muss man ja wütend werden!« So, muss man? Merken Sie, was hier passiert? Das sind Opfergeschichten. Die Menschen, die hier sprechen, sind alle die Opfer ihrer Gefühle, die offenbar über sie bestimmen.

Schon in den Kuschelkulturen der 68er-Generation immunisierte der Rückgriff auf Gefühle gegen jedwede vernünftige Auseinandersetzung. »Das ist halt so mein Gefühl …« – »Ich empfinde das aber so …« – und das Gespräch war beendet. Gefühl wurde Kalkül. Wobei früher in der Regel vor allem positive Gefühle willkommen waren, negative nicht. Das hat sich geändert: Die überschießenden Erwartungen an ein idealisiertes Leben produzieren vorrangig negative Emotionen, die Konflikte aggressiver machen. »Einfach mal was rauslassen!« – vor allem im Schutz der Internet-Anonymität. Worauf aber will man sich noch verständigen, wenn das »Ich fühle das halt anders als du« das Gespräch beendet? Fakten spielen keine Rolle mehr, wenn jeder sich seine eigene Realität aus Gefühlen zusammenbaut. Das wäre das Ende der Aufklärung.

»I know what I was feeling, but what was I thinking?«, fragt Dierks Bentley in seinem Country-Hit von 2003. Die Trennung zwischen »Kopf« und »Bauch« ist beliebt, weil wir dann für unser Verhalten nicht verantwortlich scheinen. Sie steht jedoch auf dünnem Eis. Gefühle sind physiologische Reaktionen auf Gehirnreize. Wir können nicht fühlen, ohne zu denken. Und nicht denken, ohne zu fühlen. Wir machen Erfahrungen, von denen manche uns mehr beeindrucken, andere weniger. Entsprechend dieser Erfahrungen erzeugen wir richtungsgleich emotionale Energien, die wir dann als Gefühle wahrnehmen und die unsere Gedanken energetisch unterfüttern. Bisweilen tun sie dies überaus machtvoll, man erlebt sie gleichsam körperlich: Konflikte gehen »unter die Haut« oder »an die Nieren«, bereiten »Kopfschmerzen« oder »Magengrummeln«. Wann haben Sie das letzte Mal nach einer massiven Auseinandersetzung mit Ihrem ältesten Kind schlaflos im Bett gelegen? Oder mit Bauchschmerzen darauf gewartet, dass Ihre Frau wieder mit Ihnen spricht, nachdem sie nach einem Streit zwei Tage lang beleidigt geschwiegen hat?

Unsere Einstellungen haben also sowohl eine *kognitive* als auch eine *affektive* Komponente. Es gibt keine scharfe Unterscheidung. Aber für Ihre Gefühle sind Sie – nüchtern betrachtet – genauso verantwortlich wie für Ihre Gedanken. Beide stehen im limbischen System in enger Verbindung. Die Neurowissenschaften weisen immer wieder den *Zusammenhang* zwischen Verstand und Gefühl nach. Neuropsychologisch sind Gefühle Bewusstseinsphänomene, die mit körperlichen Empfindungen garniert sind. Es gibt demnach keinen Unterschied zwischen rationalem »Erkennen« und emotionalem »Erfühlen«. Es sind zwei Seiten einer Medaille. Deshalb können Sie Ihre Gefühle in Konflikten durchaus beeinflussen. Indem Sie Ihre Gedanken ändern. Wenn Sie so wollen, tun Sie das auch gerade jetzt.

Sind Sie in diesem Punkt bei mir? Wenn nicht: Prüfen Sie bitte diesen Gedanken zunächst gründlich, bevor Sie ihn ablehnen. Nur das Zusammenspiel von Gedanken und Gefühlen gibt Ihnen die Möglichkeit, sich in einer wandelnden Umwelt selbst als Einheit zu erleben. Vielleicht ist es hilfreich, sich vorzustellen, dass Sie in Konflikten zunächst oft spontan gefühlsmäßig reagieren (ich muss zugeben: es passiert mir auch immer wieder, leider). Aber schon bald können Sie – wenn Sie wollen! – innerlich zur Seite treten, sich beobachten und dann entscheiden, ob Sie weiter diese Reaktion wählen wollen. Fragen Sie sich zum Beispiel: Welches Bedürfnis steckt hinter meinem Zorn? Beachtenswert ist auch folgender Aspekt: Studien haben vielfach nachgewiesen, dass die Dominanz unserer Gefühle im Konfliktfall zu einer gefährlichen Über-Vereinfachung des Konfliktgegenstandes führt. Man »erspart« sich gleichsam die komplexen Zusammenhänge, kocht die Sache auf einen simplen Punkt herunter, um ihn um so effektvoller präsentieren zu können. Das sollten Sie sich und Ihrem »Konfliktpartner«, egal, ob Ehemann, Vorgesetzter, Kollege, Mitarbeiter oder Familienmitglied, mit Blick auf einen weiteren gemeinsamen Weg nicht antun.

Der Beginn des Konflikts: Unterscheiden und Abwerten

Schauen wir nun etwas genauer dem Verstand beim Rechthaben zu. Er arbeitet in zwei Schritten. Erstens: Er öffnet die Augen und *beobachtet* die Welt. Genau genommen fasst er nur *Teile* der Welt ins Auge, was man gemeinhin »selektive Wahrnehmung« nennt. Er wählt aus der Gesamtheit aller beobachtbaren Dinge jene aus, die ihm wichtig erscheinen. Deshalb nehmen wir zunächst wahr, was uns emotional entgegenkommt. Das ist ein Akt der *Unterscheidung*. Er unterscheidet »wichtig/unwichtig« oder »fällt mir auf/fällt mir nicht auf«. Gewisse Dinge treten in den Vordergrund, andere bleiben in der Kulisse. Etwa, wenn Sie aus der Geschichte Ihres Unternehmens selektiv genau jene Aspekte auswählen, die Sie für den Erfolg ursächlich halten. Glück und Zufall bleiben ausgeblendet. Oder wenn Sie im Rückblick auf Ihr Familienleben des letzten Jahres vordergründig nur den Schwedenurlaub erinnern, den Sie nach einer Woche wegen der unerträglichen Mückenplage abbrechen mussten, während die vielen schönen Augenblicke übergangen werden.

Danach spaltet der Verstand das Ausgewählte in zwei Seiten – in *Gegensätze*. Wir haben oben schon gesehen, dass Denken ohne Gegensätze nicht möglich ist: Oben/Unten, Sein/Schein, Inhalt/Form, Freiheit/Zwang, Natur/Kultur etc. Der Verstand ordnet die Welt in Oppositionen, spitzt Unterscheidungen zu Gegensätzen zu, Gegensätze zu Widersprüchen. Auf welche Seite des Gegensatzpaares wird er sich stellen?

Natürlich auf die »richtige«, die »gute« – und hat so ein »Innen« geschaffen. Das ist der zweite Akt dieses Prozesses: die *Bewertung*. Damit hat der Verstand aber auch ein »Außen« bestimmt, etwas, das weniger Geltung beanspruchen kann. Anders formuliert: Jeder Standpunkt, den unser Verstand einnimmt, erschafft mit mechanischer Zuverlässigkeit sein eigenes Gegenteil. Weil er etwas braucht, wovon er sich absetzen kann. Am Beginn allen Denkens steht also die »Entzweiung« – denken Sie an Platons Kugelwesen zu Anfang dieses Kapitels.

> siehe auch Seite 148: Beobachtung und Bewertung

Hier liegt der *Beginn des Konflikts.* Wenn diese andere Seite *in Ihnen selbst* liegt, erleben Sie das als innere Zerrissenheit. Wenn diese andere Seite von einer *anderen* Person vertreten wird, geben Sie dieser Person unrecht. Und Sie können sicher sein, dass es immer jemanden gibt, der genau diese andere, die von Ihnen abgewertete Seite bevorzugt. Jeder Mensch unterscheidet nun einmal anders. Manchmal will man sich ja auch nur unterscheiden von jenen, die unterscheiden: zwischen Weißen und Schwarzen, Frauen und Männern, Hiesigen und Fremden.

Jeder Konflikt wurzelt also in einer *Zweischrittigkeit*:

1. *Unterscheidung* zwischen Innen und Außen
2. *Abwertung* des Außen

Noch einmal, weil es wichtig ist: Die Unterscheidung und Abwertung/Aufwertung eines Dings oder eines Wertes macht eine Differenz deutlich. Damit eröffnet sie die Möglichkeit des Widerspruchs. Die Differenz ist also die Einladung zum Nicht-Einverstandensein. Aber das ist noch kein Konflikt. Der entsteht erst, wenn Sie die Erfahrung anderer *negieren*, Ihre eigene Rechthaben-Story über die anderer stellen und für allein seligmachend halten. Die »Auseinandersetzung«, ein Synonym für Konflikt, macht das sehr schön deutlich: Da wird etwas »auseinander gesetzt«. Das erklärt das lateinische »con-fligere«, was (wie oben schon gesagt), »aufeinandertreffen«, »zusammenprallen« heißt. Man muss vorher etwas getrennt haben, »auseinander-gesetzt« haben, damit es zum Konflikt kommt, damit es »aufeinandertrifft«, »zusammenprallt«. Weil es ja eigentlich zusammengehört. Auch das ist die Magie des Konflikts.

Das ist für alle Konflikte essentiell: die Existenz des Anderen bzw. die Existenz der anderen Möglichkeit. Und wenn wir den Anderen nicht finden, schaffen wir uns einen. Einen, den wir verantwortlich machen können für alles, was schiefläuft. Deshalb sehnen sich immer mehr Menschen nach Führung, sogar autoritärer Führung. Deshalb arbeitet auch so mancher Mitarbeiter lieber in einer durchgestuften Hierarchie mit klaren Zuständigkeiten und Weisungswegen statt in einer flachen Hierarchie, die ihm viele Wahlmöglichkeiten lässt, aber eben auch Verantwortung zuweist. Überall zu spüren ist die *Sehnsucht nach dem Ende der Ambivalenz.* Diese Nachfrage greifen Unternehmensführer auf, die mit scheinbar »eindeutigen« Botschaften aus der Kontingenz fliehen. Diese Nachfrage greifen auch Populisten auf, die ihren Wählern wenigstens Alternativen bieten, wenngleich simplifizierte. Davon ist eine eindeutig »gut«, die andere eindeutig »schlecht«. Das erleichtert, denn so fühlen wir uns nicht im Stich gelassen und mit uns selbst allein. Und es erspart uns die Zumutung, die andere Seite durchdenken und womöglich anerkennen zu müssen. Dann ist der äußere Konflikt das Mittel, um den inneren Konflikt totzuschweigen. Die Weltgeschichte ist randvoll mit Beispielen dazu, die als »tragisch« zu bezeichnen verharmlosend wäre. Aber auch wir in unserem individuellen Schicksal bleiben von dieser Tragik oftmals nicht verschont.

Was kann das für Sie ganz lebenspraktisch heißen? Perspektivwechsel! Halten Sie die Gitterstäbe Ihrer Weltsicht nicht für Haltestangen! Um für die Sichtweise des anderen empfänglich zu sein, muss man seine Schutzschilde senken. Immer wieder. Die Konzepte fallen lassen, die uns irritierende Erfahrungen vom Leib halten. Wir müssen durchlässig werden, um uns von anderen wirklich berühren zu lassen. Probieren Sie, auf die andere Seite zu gehen und die Dinge von dort aus zu betrachten. Üben Sie »integrales Denken«: Möglichst viele Realitätskanäle zusammenfüh-

Beobachtung und Bewertung

Obwohl die Psycho-Industrie gerne das Gegenteil unterstellt: Beobachtung und Bewertung sind nicht zu trennen. Es gibt kein Beobachten ohne Bewerten. Ein »es fällt mir auf« ist normativ gesättigt, ist also an Werturteile gebunden. Etwas Wertloses fällt nicht auf. Und diese Bewertung ist die Bewertung eines Individuums, eines Einzelnen. Protagoras' berühmter Satz: »Der Mensch ist das Maß aller Dinge« – dieser Satz ist oft missverstanden worden. Er fordert keine allgemeine Menschlichkeit, kein moralisches Handeln, sondern versteht sich erkenntnistheoretisch. Er anerkennt die Subjektabhängigkeit aller Wahrnehmung, setzt das Individuum als Interpret vor die Dinge. Wo der eine aus dem Nicht-so-schlimm-finden eine Weltanschauung macht, sieht der andere schon Feuer über Sodom und Gomorrha regnen. Man denke nur an die Diskussion um den Literatur-Nobelpreis für Peter Handke.

Ich selbst bin noch in den 70er Jahren übungsweise durch die Stadt gelaufen auf dem Weg zur Erleuchtung, der von meinem Zen-begeisterten Religionslehrer vorgebahnt war. Der erste Schritt auf diesem Weg bestand in der Aufgabe, das in der Stadt Gesehene nicht zu bewerten. Schon diese erste Prüfung habe ich nicht bestanden, weshalb meine Erleuchtung seitdem auf sich warten lässt. Später saß der Vorwurf »Nun bewerte doch mal nicht sofort!« uns Studenten im Nacken. Vielleicht erinnert sich der ein oder andere Leser noch an die Kontroversen um die *Werturteilsfreiheit* (Gustav von Schmoller, Werner Sombart, Max Weber bis zu Karl-Otto Apel und Jürgen Habermas): Man dürfe Aussagen nicht nur deshalb für richtig halten, weil sie den eigenen Idealen entsprächen. Diese Verrenkungen waren aus heutiger Sicht allenfalls gute Absicht. Weil es eben nicht möglich ist, etwas zu beobachten/unterscheiden, ohne es gleichzeitig zu bewerten.

ren, verknüpfen; Dogmen konstant herausfordern. Ein Besuch der anderen Seite lohnt sich fast immer. Seien Sie und bleiben Sie neugierig. Was ist das »Zusammen-gesetzte« hinter dem Thema Ihres Konflikts? Nicht »Schatz, du willst Freiheit, ich brauche Nähe, so wird das nichts mit uns«, sondern »Wie können wir in unserer Partnerschaft Freiheit und Nähe beleben und damit uns als Paar eine Zukunft geben?«. Versuchen Sie, bei Ihrem Besuch der anderen Seite die Rolle des Lernenden einzunehmen. Statt »Was redet der für ein dummes Zeug!« besser »Welches Puzzleteil kann meine Weltsicht vervollständigen?«. Unterstellen Sie dem anderen Sinnhaftigkeit und Rationalität! Respektieren Sie seine Erfahrungen! Die haben für ihn bislang auch funktioniert und können die Ihren möglicherweise ergänzen.

Dreierlei Erwartungen

Was hat die Wirkungsweise des Verstandes mit unseren Erwartungen zu tun? Wir können es so zusammenfassen: Erwartungen sind Konstruktionen des Verstandes zum Zwecke des Rechthabens. Genauer: des *Voraus-Rechthabens*. Der Verstand wendet die Erfahrungen der Vergangenheit auf die Zukunft an. Er glaubt reflexhaft, dass das, was früher funktionierte, auch zukünftig das Überleben sichert. Alle Erfahrung sagt: Die Macht vergangener Erfolge ist der härteste Klebstoff der Welt.

Oben haben wir den Konflikt als *Erwartungsdifferenz* modelliert. Diese Differenz wird von zwei Seiten genährt: von den eigenen Erwartungen und den Erwartungen anderer. Betrachten wir zunächst die *eigenen* Erwartungen. Für die Entstehung von Konflikten können wir drei Typen unterscheiden.

Unausgesprochene Erwartungen. Das sind Erwartungen, die wir selten mitteilen, weil wir sie kaum als Erwartungen wahrnehmen.

Wir etikettieren sie als »Selbstverständlichkeiten«. Als wären sie vom Himmel gefallen. Und laufen damit geradewegs in eine Falle. Denn nur sehr wenig ist zwischen Menschen selbstverständlich. Zwischen Menschen aus unterschiedlichen Kulturen noch weniger. Zudem schrumpft die Summe des Selbstverständlichen von Tag zu Tag. Vieles versteht sich nicht mehr »von selbst«, muss vielmehr neu ausgehandelt werden. Nicht nur unter diesen Umständen sollten Sie sich die Mühe machen, Erwartungen *auszusprechen*. Das gibt dem anderen die Möglichkeit zu entscheiden, ob er Ihren Erwartungen entsprechen will.

Uneingestandene Erwartungen. Das sind Erwartungen, die wir nicht mitteilen, deren Erfüllung wir uns aber wünschen. Die Wunscherfüllung ist dabei oft an Vorstellungen des »guten Lebens« geknüpft. Nicht selten jedoch verschweigen oder verdrängen wir auch Erwartungen, weil wir uns ihrer schämen. Man kann sie dann »Peinlichkeiten« nennen. Wir haben aber nun einmal diese tageslichtuntauglichen Erwartungen, halten auch an ihnen fest – und hoffen inständig, dass der andere sie erraten möge. Wenn er das nicht tut, bestrafen wir ihn dafür. Ohne dass er wissen könnte, warum wir ihn so unfreundlich behandeln. Beispiel: Der ältere Mitarbeiter, der von einem jungen Schnösel aus einem Start-up umstandslos geduzt wird, und sich nicht traut, das »Sie« einzufordern. Oder die Oberschwester, die am Bett des Patienten aus der Haut fährt, weil der junge Lernpfleger nicht nachfragt, alles alleine zu können glaubt – und sie nicht in ihrer Erfahrung und Positionsautorität ehrt.

Unbewusste Erwartungen. Das sind Erlebnisse, Erinnerungen, sogar Traumata, die oft jahrzehntelang unerkannt ruhen, abgelagert in unterirdischen Deponien. Wir teilen sie nicht mit, weil wir uns über sie nie Rechenschaft ablegen. Im Grunde wissen wir gar nicht, dass wir diese Erwartungen haben. Sie verharren unterhalb der Bewusstseinsschwelle. Der Machttrieb, der Todestrieb, der Kriegstrieb – sie sind nicht bewusstseinsfähig. Wir können hier nicht sagen, was wir wollen. Bedauerlicherweise sind unbewusste Erwartungen für Konflikte eminent wichtig: Wenn wir nicht wissen, was uns heimlich steuert, können wir es auch nicht beeinflussen.

Alle drei Erwartungstypen sind *Bedürfnisse*, die zumindest teilweise unreflektiert in den tieferen Schichten unseres Bewusstseins schlummern. Erst der äußere Anstoß des Nicht-Erfüllens macht sie uns bewusst. Diese Chance wird jedoch selten genutzt. Wir haben in der Regel nicht gelernt, uns selbst über unsere Bedürfnisse, Wünsche und Erwartungen aufzuklären, noch haben wir gelernt, über sie zu sprechen. Deshalb lenken wir sie aggressiv nach außen. Wenn wir sprechen, dann im Modus der Anklage: Wir externalisieren. Das haben wir gelernt. Daher kommen unsere Bedürfnisse zumeist in grimmiger Form ans Tageslicht: Bedürfnisse werden in *Vorwürfe* verwandelt.

Die erstgenannten, *unausgesprochenen* Erwartungen sind ebenso zugänglich wie üblich: Erwartungen und Maßstäbe sind nicht abgeglichen worden. Der naheliegende Grund dafür: Solange der Konflikt »negativ« erlebt wird, fällt es vielen Menschen schwer, sich offen zu ihren Bedürfnissen zu bekennen. Es könnte ja deutlich werden, dass der andere Ihren Erwartungen nicht entsprechen will! Oder Ihr eigener Zweifel an der Angemessenheit Ihrer Erwartungen bestätigt wird. Deshalb ist die Neigung verbreitet, vorbeugend nicht zu viel zu erwarten. Das ist ein Leben aus dem Halben, nicht aus dem Vollen. Wer diesen Konflikt vermeidet, vermeidet die Welt. Aber anstatt frühzeitig Klärung herbeizuführen, schweigt man. Und hofft. Häufig vergeblich. Dann wird es teuer. Sie zahlen entweder den Preis Ihrer Selbstachtung oder hohe Abfindungen. Forschungen zeigen, dass homosexuelle Partner es besser machen: Sie sprechen offener über ihre Erwartungen. Eine Partnerschaft zwischen Mann und Frau halten viele für selbsterklärend. Leider.

Also: Wissen Sie, was anderen wichtig ist? Ihrem Partner, Ihrem Kind, Ihrem Geliebten, Ihrem Mitarbeiter? Bleiben wir beim Mitarbeiter: Vielleicht glauben Sie zu wissen, worauf es ihm im täglichen Kontakt ankommt. Was Sie »verstehen« oder erkannt zu haben glauben, sind jedoch lediglich Ihre eigenen Erklärungsmodelle, sind Ihre Spekulationen über die Beweggründe des anderen. Klärung ist hilfreicher: Bitten Sie neue Mitarbeiter, auf einem Zettel drei Dinge aufzuschreiben, die möglichst nicht zwischen Ihnen beiden passieren sollten. Zum Beispiel: Struktur und Gegenstand vergangener Konflikte (mit anderen), die er mit Ihnen nicht wiederholen möchte. Worauf kommt es ihm in der Zusammenarbeit besonders an? Bei welchen Verhaltensweisen ist er besonders sensibel? Machen Sie es in gleicher Weise. Das klärt Sensibilitäten und psychologische Tretminen. Mit denen muss man ja nicht unbedingt in Berührung kommen, weil man nicht wusste, wo sie lagen. Frühe Klarheit ist fair, späte unfair.

Allerdings gilt auch: Verlieren Sie sich nicht in Ausgesprochenheit! Manchmal ist Schweigen einfach praktisch. Wer alle Konflikte im Voraus beseitigen will, sollte erst gar keine Beziehung beginnen. Denn allem Anfang wohnt bekanntlich ein Zauber inne. Nicht klug, ihn gleich zu Beginn zu zerstören. Viele Wege entstehen erst beim Gehen. Und selbst die Liebe kann sich entwickeln. Auch die Liebe zu einer Aufgabe.

Erwartungen – festhalten, fallenlassen oder verhandeln?

Ich möchte an unsere Eingangsdefinition sozialer Konflikte erinnern: Der andere erfüllt nicht Ihre Erwartungen. Das Gefühl kennen Sie seit frühester Kindheit – dass Ihre Erwartungen frustriert werden. Was Ihr ganzes Leben überschattet mit der Möglichkeit, nicht das zu bekommen, was Sie wollen. Verständlicherweise gefällt Ihnen das auch heute noch nicht. Wenn Sie jemand enttäuschen kann, geben Sie ihm ja Bedeutung für Ihr Leben. So wie Ihre Liebe für jemanden immer eine *zweifelnde* Liebe ist, die mit der Möglichkeit des Nichtwiedergeliebtwerdens rechnen muss – sonst wäre sie nicht die *ganze* Liebe.

Bezogen auf Ihre *eigenen* Erwartungen an andere haben Sie nun mehrere Handlungsmöglichkeiten:

1. Sie können an Ihren Erwartungen *festhalten*. Das tut man sehr häufig. Aber das ist nicht kostenlos:

Aller Ärger ist das Ergebnis zwanghafter Erwartungen.

Zwanghaft? Ja, auch Sie fühlen sich oft geradezu »gezwungen«, an Ihren Erwartungen festzuhalten, »weil man das doch nun mal so macht«. Das mag sogar allgemeine Zustimmung finden. Sie sagen dann: »Es geht mir um die Sache!« Wirklich? Jeder glaubt zwar, für die »Sache« und für allgemeinste Prinzipien zu streiten, macht dabei aber nur die eigenen Wertmaßstäbe verbindlich für den anderen. Mit welchem Recht? Der Ärger über den Partner läuft auf den Wunsch hinaus: »Wärst du mir doch nur ähnlicher!« Ist er aber nicht. Es fällt oft schwer, anderen das Recht zuzugestehen, nicht so zu sein, wie man sie gerne hätte. Und es hat Folgen: *Anspruch ist Ablehnung*. Anspruch sagt: »So wie du bist, bist du nicht okay. Du hast dich an meine Erwartungen anzupassen.« Was glauben Sie, wie der andere darauf reagiert?

2. Sie können Ihre Erwartungen *fallen lassen*. Das tun die wenigsten. Viele Ehepaare halten oft jahrzehntelang wechselseitig an Erwartungen fest, die der andere beim besten Willen gar nicht erfüllen *kann*. Der eine macht permanent Druck und wundert sich, dass der andere verhärtet. Mehr noch: Die meisten Menschen kommen überhaupt nicht auf die Idee, dass man Erwartungen

auch loslassen kann. Diese Menschen *haben* keine Erwartungen, sie *sind* ihre Erwartungen.

Dabei kann Sie niemand zwingen, an Erwartungen festzuhalten. Wenn Sie das erkennen, sind Sie nicht frei von Problemen, aber frei von der daraus entstehenden Lähmung. Es ist nämlich unglaublich *befreiend*, über diese Denkmöglichkeit zu verfügen. Jedenfalls war es für mich eine wertvolle Erkenntnis, dass ich Erwartungen loslassen kann – an meine Kinder, an meine Frau, an meine Freunde. An mich. »Kann«, nicht »sollte«. Denn, und das ist wichtig: Es gibt Erwartungen, an denen Sie unbedingt festhalten sollten. Wenn Sie sie vorher als solche erkannt und geprüft haben. Können Sie welche nennen – in Ihrer Partnerschaft? In Ihrem Freundeskreis? An Ihrem Arbeitsplatz?

Erlauben Sie mir einen pathetischen Moment: Die Freiheit, die ich mir selbst gebe, beginnt mit *Loslassen*! Es ist ein berauschendes Gefühl, nichts zu erwarten, nichts zu wollen, sich in den Strom des Lebens einzufügen, nichts abzusichern. Erwartungen los zu lassen, das ist wahre Gelassenheit.

3. Sie können Ihre Erwartungen *verhandeln*. Dabei sollten Sie dreischrittig vorgehen. Zunächst sagen: »Dies sind meine Erwartungen.« Damit definieren Sie Ihr persönliches Soll. Dann fragen: »Was sind Ihre Erwartungen?« Damit erkunden Sie das Soll Ihres Gegenübers. Wenn die Erwartungen nicht richtungsgleich sind bzw. die Schnittmenge zu gering, muss man abklären: »Wo ist der Punkt, an dem wir uns treffen können?« Wenn Sie diesen Punkt nicht finden, können Sie sich zunächst vertagen und die Situation überdenken. Sollte Ihnen Ihre Erwartung von zentraler Bedeutung sein: »Lassen Sie uns vereinbaren, nichts zu vereinbaren.« Bei Wiederholungen: »Lassen Sie uns vereinbaren, uns zu trennen.«

Sollten Sie auf der Seite jener sein, die Konflikte eher vermeiden: Je weniger Erwartungen Sie haben, desto konfliktfreier ist Ihr Leben. Je höher die Erwartungen sind, desto wahrscheinlicher werden Konflikte. Und desto extremer. Zugespitzt: Wollen Sie recht haben oder glücklich sein? »Beides!«, werden Sie rufen. »Klappt nur selten«, werde ich antworten.

Fremde Erwartungen

Der Konflikt als Erwartungsdifferenz wird von zwei Seiten genährt – von *Ihren* Erwartungen an andere und den Erwartungen *anderer* an Sie. Über Letztere sprechen wir jetzt – über Erwartungen Ihrer Lebenspartner, Ihrer Kinder, Ihrer Freunde, Ihrer Arbeitskollegen, Ihres Chefs. Dazu, einstweilen tautologisch formuliert:

Die Erwartungen anderer sind die Erwartungen anderer.

Das klingt merkwürdig und merk-würdig. Es meint: Die Erwartungen anderer haben zunächst nichts mit Ihnen zu tun. Die Erwartungen anderer könnten auch da bleiben, wo sie herkommen – bei den anderen. Ob Sie sie erfüllen oder nicht, das können Sie wählen. Wenn Sie sie *nicht* erfüllen, ist ein *sozialer* Konflikt wahrscheinlich. Wenn Sie sie erfüllen, ist ein *intrapsychischer* Konflikt wahrscheinlich. In jedem Fall aber ist ein Preis zu zahlen, entweder auf der einen Seite oder auf der anderen. Hin und wieder wird es ratsam sein, sich nach den Erwartungen anderer zu richten, wollen Sie in einer Gruppe oder einem Team anerkannt werden. Viele Menschen haben aber die Erwartungen anderer derart verinnerlicht, dass sie sie für ihre eigenen halten.

Das Drama beginnt, wenn Sie sich den Erwartungen anderer reflexhaft unterwerfen. Bisweilen, bevor sie überhaupt ausgesprochen wurden. Sie folgen dem Psychoantreiber *Mach's andern recht!* Sein Motto: »Du wirst nur dann geliebt, wenn du anderen gefällst!« Wer hat dies nicht – so oder ähnlich formuliert – seit frühesten Kindertagen gehört? Erziehung läuft oft darauf hinaus, dass wir möglichst nett sein und anderen gefallen sollen. Später dann wird von uns erwartet, dass wir geradezu enthusiastisch morgens zur Arbeit rennen, leidenschaftlich sind, uns mit der Abteilung, dem Unternehmen, dem Produkt identifizieren. Auch vollständig entleerte Gläser sollen wir als halbvoll bewundern, immerfort den »Silberstreifen am Horizont« sehen, »auf gutem Wege« sein, den Daumen heben. Wir mögen deshalb die Ja-Sager mehr als die Nein-Sager, wollen lieber an etwas hängen als unabhängig sein, fühlen uns oft nur dann in Ordnung, wenn andere sagen, dass wir in Ordnung sind. Abgelehnt werden ist etwas, was wir möglichst vermeiden. Und diese Gefahr besteht vor allem dann, wenn wir die Erwartungen anderer nicht erfüllen. Gefallsucht und vorauseilender Gehorsam sind die desaströsen Folgen. Die weibliche Sozialisation ist in dieser Hinsicht oft noch druckvoller als die männliche.

Das hat Konsequenzen für unser Konfliktverhalten: Viele Menschen haben Mühe, ihre Anliegen zu artikulieren, weil sie fürchten, dass andere sie dann für Zicken, Störenfriede, Querulanten, Miesmacher, ja Wutbürger halten. Und folglich sich ungeliebt fühlen, einsam werden.

Das Gefallenwollen hat aber auch Konsequenzen für ein durchgetaktetes Leben, das vielen Menschen immer weniger Freude bereitet. Nicht die »Zeitnot« ist das Problem, wir haben alle dieselbe Zeit. Sondern die Erwartungen anderer. Diese erzeugen das Missverhältnis zwischen den explodierenden To-do-Listen und den 24 Stunden, die wir dafür zur Verfügung haben. Es reicht hinten und vorne nicht. Auf diesen Listen stehen Dinge, die wir als legitime Erwartungen unserer Umwelt erleben. Wir fürchten die Frage »Warum hast du dies oder jenes nicht getan?«. Und die Erwartung an uns selbst ist, dass wir den Erwartungen anderer entsprechen sollen. Das *können* Sie tun, das *müssen* Sie nicht tun. Sie könnten sich auch sagen: »Take back control!« Sonst enden Sie wie viele Zeitgenossen, die ihre Zeit nicht genossen.

Die Mechanik dahinter ist so simpel wie fatal: Meist richten wir uns nach Erwartungen anderer, ohne den Preis, den wir dafür zahlen, wirklich zu hinterfragen. So pflegen viele Frauen ihre alten Verwandten, weil das von ihnen erwartet wird. Dabei stellen sie oft jahrelang ihre eigenen Ansprüche an Lebensqualität zurück, lehnen sogar Hilfe von außen ab. Ebenso beuten sich viele Männer bis zur Selbstaufgabe aus, um der Rollenerwartung des »Ernährers« gerecht zu werden. Bedenken Sie: Sobald Sie fürchten, dass irgendein *top shot* in der Firma Sie nicht länger mag und Ihnen Karrierechancen verbaut, machen Sie sich zum Spielball anderer, geben Sie ihnen Macht über sich. Sie öffnen sich für jede Form der Fremdsteuerung. Das ist der Druck, den Sie sich selber machen. Und das ist das Ende der Selbstverantwortung. Es ist gut, sich immer wieder daran zu erinnern:

Sie sind nicht auf der Welt, um nach den Erwartungen anderer zu leben.

Das ist und bleibt eine reife Erkenntnisleistung – in der Regel braucht man für sie Narben, Falten, angesammeltes Leben. Sie sollten auf jeden Fall dafür sorgen, dass die Konfliktlinie *zwischen* Ihnen und Ihrem Konfliktpartner bleibt! Das ist ein enorm hilfreicher Gedanke, den ich in der Praxis immer wieder anbiete. Verlagern Sie die Konfliktlinie nicht nach innen, ziehen Sie sie nicht in sich hinein! Vorauseilender Gehorsam oder Spekulationen darüber, was der andere wohl wollen könnte, sind sinnlos. Sie projizieren ohnehin nur Ihre eigene Innenwelt auf den anderen. Wenn Sie Leistungspartner sind, wird zwischen Ihnen *verhandelt*.

Dann respektieren Sie die Oberfläche: was jemand *sagt*, nicht was jemand meinen könnte. Vergessen Sie nicht, Ihre eigenen Bedürfnisse zu achten! So wie Grateful Dead es taten, indem sie sich einfach weigerten, den Erwartungen der Musikindustrie zu entsprechen – und trotzdem erfolgreich, mehr noch: Kult wurden.

Ein zusätzliches Drama beginnt, wenn Sie die Erwartungen anderer *abwerten*. Das ist schlicht unklug. Sie verpassen die Chance, möglicherweise Wertvolles vom anderen zu lernen. Hinzu kommt: Alle haben das Recht, Erwartungen an Sie zu stellen, Leistung und Verhalten zu fordern. Alle. Eine Führungskraft umso mehr. Meiner Erfahrung nach würden sich zwar die wenigsten Mitarbeiter erdreisten, beispielsweise in die Zahlenhochbauten der Kostenrechner hineinzupfuschen. Anders beim Vertrieb und Marketing: Da glauben die meisten Mitarbeiter, intime Kenntnisse zu haben und mitreden zu können. Kein Grund, sich aufzuregen! Selbstverständlich können andere sich einmischen und Erwartungen formulieren. Aber *Sie* entscheiden, wie Sie handeln. Auch meine Eltern hatten lange Zeit die Angewohnheit, sich in die Erziehung meiner Kinder einzumischen. Eine ebenso lange Zeit habe ich dagegen argumentiert. Erst als ich sinngemäß sagte »Ihr könnt gerne Erwartungen an mich haben, aber ich entscheide, wie ich handle«, fühlten sie sich mit ihrem Erfahrungswissen nicht abgewertet, nahmen sie sich zurück. Sagte ich schon, dass das die Freiheit ist, die Sie sich selber geben? Egal, es ist wert, wiederholt zu werden.

Erwartungen und Enttäuschungen

Warum heißt die Erwartung »Erwartung«? Weil sie was mit »Warten« zu tun hat. Wenn Sie Er-Wartungen haben, dann warten Sie, dass der andere sich nach diesen richtet, dass er das tut, was Ihrem Rechthaben entspricht. Das können Sie tun. Aber es hat eine Schattenseite: Sie bleiben passiv, geben das Ruder Ihres Lebens aus der Hand. Der andere hat dann sehr viel Macht über Sie. Das hat wiederum Folgen für Ihr Gefühlsleben. Er kann Sie und Ihre Innenwelt manipulieren: Entspricht er Ihren Erwartungen, geht es Ihnen gut; entspricht er ihnen nicht, schlecht. Dann steht Ihre Lebensqualität meilenweit offen für Manipulationen jeder Art. Wenn also Ihr Lebensglück davon abhängt, ob ein anderer etwas tut oder lässt, dann haben Sie ein Problem.

> Erwartungen haben heißt: enttäuscht zu werden.

Erwartungen sind das Problem, das Enttäuschungen offenbaren. Jeder kennt den Unterschied zwischen einem romantischen Tagtraum und dem tatsächlichen Zusammensein mit jemandem. Die Realität macht sehr viel mehr Arbeit und ist selten das, was man sich erhofft hat. Wie können wir da jemals anders sein als permanent unzufrieden? Weil wir uns an anderen rächen, wenn sie uns nicht geben, was wir beanspruchen? Sie sollten zumindest die Option prüfen, ob Sie – wie oben gezeigt – Ihre Erwartung nicht einfach fallen lassen. Es gibt sogar eine therapeutische Option. Das ist die Botschaft: »Bleib, wie du bist!« Ein Zauberspruch. Es ist nicht unwahrscheinlich, dass der andere sich dann verändert. Vielleicht sogar genau *dadurch* verändert. Weil der Druck nachlässt und er von der Seite der Reaktion auf die Seite der Aktion wechseln kann. Sonst hätte er sich lediglich *angepasst*; er will ja nicht verhauen werden. Aber sein »Eigentliches« würde er dann woanders ausleben. Auf Schwarzmärkten. Von denen es viele gibt, offiziell anerkannte und weniger anerkannte. Man sollte milde auf sie blicken.

Wenn Sie aber an Ihrer Erwartung festhalten – machen Sie sich bereit für mannigfache Enttäuschungen! Und je höher die Erwartung, desto tiefer die Enttäuschung. Sie werden erleben, dass viele Menschen sich nicht nach Ihren Erwartungen richten, andere Prioritäten haben. Anderes ist ihnen wichtiger. Was an sich nicht schlimm ist. Denn genau darum heißt es Ent-Täuschung:

Enttäuschung ist das Ende der Täuschung.

Wenn das kein Gewinn ist! Sie täuschen sich nicht mehr. Sie laufen nicht mehr Illusionen hinterher. Sie haben die Hände wieder frei. Gerade die Ehe ist oft ein Konfliktfeld, auf dem die Erwartung als Täuschung verblutet.

Das ist der Gewinn, den Sie aus diesem Gedanken ziehen können: Der Konflikt mäßigt uns in unseren Erwartungen. Er hindert uns daran, das Unmögliche zu wollen. Die damit verbundene Enttäuschung zeigt uns indessen, was möglich ist. Das nennt man Realität. Mir kommt das Beispiel eines Freundes in den Sinn, der sein Haus verkaufen wollte, um danach eine ganze Fülle von Projekten zu verfolgen. Er hatte den Verkauf seines Hauses aber an eine bestimmte Preiserwartung geknüpft. Nur – niemand wollte diese Erwartung erfüllen. Der Preis war zu hoch. Mein Freund knüpfte allerdings viele Erinnerungen an das Haus. Das machte es ihm schwer, anzuerkennen, dass der Wert des Hauses vom Markt bestimmt wird, nicht von seiner persönlichen Wertschätzung. Jahrelang hielt er an seiner Preiserwartung fest, jahrelang blockierte er sich selbst, stellte seine Projekte zurück. Bis er eines Tages einsah, dass er mit dem Festhalten an seiner Erwartung seine Zukunft verspielte. Er senkte den Preis deutlich, verkaufte sofort – und war frei für seine Projekte. Ist diese Geschichte nicht ähnlich der des Mannes, der immer hofft und wartet, dass die Geliebte sich von ihrem Ehemann scheiden lässt, alle anderen Frauen für sie links liegen lässt – bis er eines Tages aufwacht und feststellt, dass er alt und alleine ist? Dass er zwar einen Platz in ihrem Herzen hat, aber nicht in ihrem Leben?

Enttäuschungen sind nicht unbedingt schlecht für uns. Der Philosoph Hans-Georg Gadamer, ich hatte es eingangs erwähnt, hat uns gezeigt, dass alle *Erkenntnis* auf Enttäuschung beruht. Erwartungen werden durchkreuzt, Festgefügtes verflüssigt, Selbstverständlichkeiten im besten Sinne frag-»würdig«. Kein Grund zur Trauer! Wer zum Beispiel fürchtet, seinen Besitz zu verlieren, kann unglücklicher sein als jener, der ihn bereits verloren hat, denn dieser muss es nicht mehr fürchten. Er hat Kraft für den Neubeginn. Das Festhalten ist es, was viel Energie kostet. Das erklärt den Erfolg japanischer Aufräumbücher.

Selbst die *erfüllten* Erwartungen sind oft enttäuschend, weil die erwünschten Gefühle nicht den tatsächlichen entsprechen. Der berühmte postkoitale Blues. Sie haben sich vielleicht angestrengt, die erhoffte Anstellung zu bekommen, und dann? Jeder Job nutzt sich irgendwann ab, der Wohn- und Lebensort kann schal werden, der Lebenspartner war vielleicht in der Aquisitionsphase auch besser drauf. Das plötzlich Erreichte verliert seinen Reiz, wenn man die vielen Unebenheiten bemerkt. So wie das Gras in Nachbars Garten nur deshalb grüner scheint, weil man von der Seite guckt; schaute man von oben, sähe man das Unkraut. Wieder erweist es sich, dass man menschliches Glück nicht direkt anstreben kann, sondern nur begleitweise geschenkt bekommt. Glück ist die Folge von Unbeabsichtigtem. Je weniger Sie auf direktem Weg für Ihr Glück tun, desto glücklicher werden Sie.

Das heißt: Wenn Sie Menschen glücklich machen wollen – enttäuschen Sie Erwartungen! Auch Ihre eigenen.

Beziehung dominiert die Sache

Erwartungen und Enttäuschungen prägen die Beziehungen zwischen Menschen, prägen die »gefühlte« Nähe und Distanz. Das fällt besonders in Kontexten auf, die scheinbar »sachlich« definiert sind. Zum Beispiel im Arbeitskontext. Da gibt es eine Unwiderlegbarkeit, auf die ich nicht müde werde hinzuweisen: Menschen kommen zu Unternehmen – aber sie verlassen Vorgesetzte. Unternehmen scheinen attraktiv auf der Makroebene: Der Name des Unternehmens kommuniziert spannende Aufgaben, interessante Kollegen, Sicherheit und ein gutes Einkommen. Was dann forttreibt, oft nach kurzer Zeit schon forttreibt, sind Probleme auf der Mikroebene. Die *Beziehung* zum Chef stimmt nicht. Ein Unternehmen kann aber noch so viel Geld in das sogenannte Employer-Branding investieren – es kann das Geld direkt verbrennen, wenn die Vorgesetzten nicht in der Lage sind, warme sozial-emotionale Beziehungen aufzubauen. Das gilt auch für das Private: Aus der Distanz lockt das Neue eines anderen Partners, das Versprechen des Unbekannten. Wie wir wissen, lässt der hormongesteuerte Rausch irgendwann nach. Aus der Ferne sehen Sie die Anmut, aus der Nähe die Poren.

Für das Verstehen sozialer Konflikte ist die Unterscheidung zwischen *Sachebene* und *Beziehungsebene* fundamental. Ich gehe davon aus, dass Ihnen diese bekannt ist. Daher beschränke ich mich auf das Wesentliche: *Die Beziehungsebene dominiert immer die Sachebene!* Wenn Sie auf der Beziehungsebene (nonverbale Signale, Wortwahl, Kontaktzeit etc.) nicht mindestens neutral bis positiv sind, haben Sie auf der Sachebene nicht den Schatten einer

Chance, verzerrungsfrei rüberzukommen. Es mag dann sein, dass Sie etwas schon hundertmal gesagt haben – der andere hat es auch hundertmal nicht gehört.

Was bedeutet das für Ihren Alltag? Klären Sie die Beziehungsebene! Zunächst für sich. Wie stehen Sie zu der Person? Wollen Sie mit dieser Person eine gemeinsame Arbeits- bzw. Lebensbeziehung? Wodurch würde die andere Person bemerken, dass Sie ihr interessiert und freundlich gegenüberstehen? Welche sachlichen Aspekte betrachten Sie gerade ablehnend? Wie können Sie Kritisches klar formulieren und dieser Person zugleich zeigen, dass Ihnen die Beziehung wichtig ist?

Bis zu diesem Punkt ist noch nichts über das Gelingen von Kommunikation ausgesagt, noch nichts über das Verstehen, schon gar nicht über das Einverstandensein. Verstehen ist nämlich im Kern ein Verstehen-*Wollen*, kein sprachkulturelles Phänomen! Diese Aussage ist so grundsätzlich, dass ihre Trivialität nur von ihrer Nicht-Beachtung übertroffen wird. Mit immensen Konsequenzen:

> Es gibt keine Sachkonflikte, nur Beziehungskonflikte.

Wenn Sie sich einigen *wollen*, werden Sie dafür Mittel und Wege finden. Wenn nicht, nutzen Sie jede Sachfrage, um das jeweilige Beziehungsangebot abzulehnen. Belastungen auf der Beziehungsebene werden dann nicht angesprochen, sondern auf der Sachebene in endlosen Fachdebatten ausagiert. Im Grunde diskutieren Sie nicht die Sache, sondern *sich*! Das ist der Grund, warum manche Meetings so lange dauern, wie sie dauern.

Konfliktbewältigung ist mithin *keine* Frage der Technik, keine Frage des »Wie?«. Es ist eine Frage der *gewollten Beziehung*. Und die wirkt wie ein großes Plus oder Minus vor der Konflikt-Klammer. Wenn Sie den anderen wertschätzen, wenn Sie ihm vertrauen, ihn vielleicht sogar mögen, dann werden Sie den Punkt finden, der sie gemeinsam weitermachen lässt. Wenn nicht, haben Sie ein viel grundsätzlicheres Problem. Denn auch wenn der springfluthafte Streit verebbt ist, bleiben unliebsame Reste auf dem Trockenen zurück. Körner der Bitterkeit, Vorwürfe, Missachtungen. Selbst wenn der Konflikt entschieden und insofern formal beigelegt ist (zum Beispiel durch das Eingreifen der Hierarchie), sind die Spannungen auf der Beziehungsebene nicht wirklich substanziell abgebaut, schafft sich der Konflikt neue Anlässe. Dann steht das Zusammenbleiben, -leben oder -arbeiten grundsätzlich infrage. Dann müssen Sie prüfen, ob und wie viel gemeinsame Zukunft Sie erwarten.

Sollten Sie sich mit einer ersten Ärgerreaktion vergaloppiert haben, versuchen Sie, schnell wieder auf die Sachebene zu kommen. Durchaus auch mit der einleitenden Bemerkung: »Sorry, ich habe mich da verrannt. Ich will noch einmal neu beginnen.« Das ist keine Schwäche. Vielmehr wird man es Ihnen als Zeichen von Souveränität gutschreiben. Sie öffnen die Möglichkeit für eine neue Chance, für konstruktive Diskussion. Machen Sie jedoch nicht den Fehler, *andere* aufzufordern, wieder auf die Sachebene zurückzukehren. Mit »Jetzt bleib doch mal sachlich!« steigen neue Gewitterwolken auf, vor allem am Partnerschaftshimmel. Sie werden wahrscheinlich zur Antwort bekommen, dass Sie sich Ihre Sachebene »sonst wohin stecken können«.

Wenn Sie das vermeiden wollen, ist Folgendes die pragmatische Art, mit Vorwürfen umzugehen: Nachdem der andere Dampf abgelassen hat, nicken Sie zustimmend und fragen: »Was möchtest du, dass ich tue?« Sie werden sehen, diese Frage entspannt ungeheuer. Es bringt den anderen in die Verantwortung. Manchmal auch in die Bredouille, jetzt einen konkreten Vorschlag zur Besserung machen zu müssen. Was mitunter gar nicht leicht ist. Und auch gar nicht gewünscht, wenn es dem anderen vor allem darum geht, Sie in Sack und Asche zu sehen. Das jedenfalls ist ihm dann verbaut. Gut für Sie. Sachlicher auf jeden Fall.

Was sind Sie sich eigen-wert?

Wenn wir die Beziehungsebene für konfliktäre Situationen noch etwas heller ausleuchten wollen, dann kommt ein Begriff ins Spiel, der in seiner Explosivkraft bis hin zum Weltfrieden kaum zu überschätzen ist: der Eigenwert. Er bietet sich an, um die verschiedenen Erwartungen alltagstauglich zu verdichten.

> siehe auch Seite 166: Kain und Abel

Was ist das genauer, der »Eigenwert«? Er ist ein intrapsychisches Konstrukt, ein Selbst-Konzept, das sagt: »So möchte ich von anderen gesehen, anerkannt und behandelt werden!« Die Psychologen haben verschiedene Worte dafür gefunden. »Bestes Selbst« etwa, oder etwas abwertender, »Ego«. Der Eigenwert beschreibt das, was Sie von sich selber halten, was Ihnen wichtig ist, was Sie als Person in den Augen anderer darstellen wollen: Spieglein, Spieglein. Das äußert sich auf vielen Kommunikationsebenen: Wie Sie sich kleiden, wie Sie sprechen, wohin Sie in die Ferien gehen, welches Auto Sie fahren, welchen Hund Sie ausführen, welche Ego-Prothesen Sie zur Schau stellen. Auch die Partnerwahl ist ein starkes Symptom – jedenfalls, seit wir unsere Partner wählen können und das nicht mehr von anderen bestimmt wird. Brauchen Sie einen Trophäen-Partner, der Ihrem Eigenwert äußeren Glanz verleiht? Oder brauchen Sie einen hilfsbedürftigen Partner, um Ihre Unersetzlichkeit zu inszenieren? Brauchen Sie überhaupt einen Partner, der Ihre innere Leere kompensiert? Lieben Sie – oder *brauchen* Sie?

Für Konflikte ist es hilfreich, sich Ihren Eigenwert als ein

Kain und Abel

Die erste Kollision des Menschen mit dem Menschen: Zwei Brüder opfern, der eine ein Tier, der andere die Früchte des Feldes. Das Opfer Abels wird angenommen, das des Kain abgelehnt. Daraufhin kommt es zum Brudermord: Kain erschlägt Abel.

Kain, der erste von Menschen gezeugte Mensch, erfährt nicht, was er hätte anders machen sollen, um von Gott anerkannt zu werden. Und genau darum erlebt er die tiefe Verwundung seines Selbstwertgefühls. Was tut er? Er wendet das Passive ins Aktive. Er tauscht *Scham gegen Schuld*. Er kann mit Schuld besser umgehen als mit Scham. Warum? Beschämt weiß er nicht, was er hätte anders machen sollen. Er entspricht offenbar nicht der Erwartung, kennt dafür aber keinen Grund. Bei der Schuld hingegen kann er wählen: Er könnte die Tat auch unterlassen. Er tut etwas, was verboten ist. Das ist ihm lieber. Ohnmacht ist viel schwerer zu ertragen, sodass er es vorzieht, in die Schandtat zu flüchten. Dann erst ist die Ablehnung für ihn nachvollziehbar. Das abgelehnte Opfer, das *ihn* zum Opfer macht, wendet er in Täterschaft.

Der Urmythos vom Einbruch des Konflikts in die Schöpfung: Die alttestamentarische Gestalt des Kain veranschaulicht das Überwechseln in den Konflikt als den entscheidenden *weltbewegenden* Moment. Und damit in die Normalität menschlichen Daseins. Es illustriert das Bedürfnis, in einer Welt zu leben, der man sich zugehörig fühlen kann, der man verbunden ist. Die Menschen, die Kinder Kains, werden nur dann bereit sein, sich auf eine neue und offene Weltordnung einlassen, wenn sie sich selber, ihren Beitrag und ihre Werte darin aufgehoben fühlen. Welche mörderischen Konsequenzen es hat, wenn wir uns selber und Teile unserer Mitmenschen mit Ablehnung beschämen – das lehrt uns unser Bruder Kain. ■

»inneres« Organ vorzustellen, welches aus jedem kommunikativen Signal seismographisch sensibel schürft, ob der andere Ihren Eigenwert *anerkennt*. Falls er das tut, läuft die Kommunikation reibungslos. Sie fließt ohne Störung hin und her. Falls nicht, fangen Sie an, um Ihren Eigenwert zu kämpfen. So beginnen fast alle Konflikte! Ich kann das vor dem Hintergrund meiner Erfahrung nicht hoch genug veranschlagen: Jedes x-beliebige Thema hält dann her, die ganze Welt ist Spielmaterial, um den Eigenwert zu retten. Das geschieht auf unzähligen Handlungsebenen, wenn Menschen sich in ihrem Eigenwert nicht bestätigt fühlen. Wir kämpfen um unseren Eigenwert, indem wir, um ein harmloses Beispiel zu nennen, am Arbeitsplatz »Wertschätzung« einklagen. Wir kämpfen um unseren Eigenwert, wenn wir nicht als vereinbarungsfähiger Partner anerkannt werden. Wenn uns an allen Ecken und Enden »Ich vertraue dir nicht!« offen oder unterschwellig zugerufen wird. Wenn wir spüren, dass das Auge der »höheren Macht« nicht wohlwollend auf uns ruht. Wenn wir uns selbst für vertrauenswürdig halten und nicht wissen, warum uns der andere misstraut. Wir fühlen uns dann unverstanden, geradezu gedemütigt, sind zumindest davon überzeugt, nicht »richtig« gesehen zu werden.

Dann flüchten wir uns lieber in die verbotene Handlung. Zum Beispiel, indem wir uns »auszahlen« lassen: ohne jedes Schuldgefühl ein paar Tage länger krankfeiern, hier etwas abzweigen, dort ein wenig betrügen. Dieses Nach-außen-Wenden ist für uns zweifellos gesünder als die Implosion, die von psychosomatischen Erkrankungen bis zum Krebs reichen kann. Dieselbe Psychomechanik ist zu beobachten, wenn wir andere schlecht machen, um selbst besser dazustehen. Wenn wir Fake News erfinden, um unseren Selbstwert zu retten. Wenn wir diejenigen abwerten, die uns Aufmerksamkeit verweigern, von der wir glauben, dass sie uns zusteht.

Narzissmus

Es ist eine Binse, dass in vielen Unternehmen Persönlichkeitsstile gute Karriereaussichten haben, die man küchenpsychologisch als »narzisstisch« bezeichnen kann. Narzisstische Menschen gelten als schwierig, arrogant, mitleidslos. Aber: Wie will jemand Außergewöhnliches zustande bringen ohne Narzissmus? Wie wurde Bewundernswertes vollbracht, errungen, geschrieben? Wie wären Grenzverschiebungen, Grenzerfahrungen, Grenzüberschreitungen möglich? Alles Große, sämtliche Pionierleistungen der Menschheit – ohne Narzissmus gäbe es sie nicht. Narzissmus ist also zunächst eine Investition in das Selbst, insofern normal, sogar gesund. Erst in seiner *Extremisierung*, der narzisstischen Persönlichkeitsstörung, wird es krankhaft. Dann ist der Arbeitsalltag ein Kampffeld, auf dem Narzissten immer siegen müssen, die »richtigen Leute« kennen und bei gesellschaftlichen Anlässen den »gebührenden Platz« einnehmen. Ihr Selbstwertgefühl resultiert aus dem Vergleich mit anderen. Sie wollen nicht morgen besser sein als gestern, sie wollen *andere* besiegen. Vor allem aber wollen sie »gut aussehen«. Mit sonnenkönighaften Auftritten und provozierend zur Schau gestellten Statussymbolen betreiben sie eine Re-Feudalisierung der Wirtschaft, die den dümmlichen Theaterinszenierungen des Hochadels im vorrevolutionären Frankreich nicht unähnlich ist.

Narzisstische Führungskräfte fragen nicht, »Wer bin ich?«, sondern »Als was will ich *gelten*?«. Im Gegensatz zur verbreiteten Meinung sind sie nicht selbstbewusst, das ist nur äußere Schale, sondern innerlich unsicher und häufig labil. So basteln sie sich eine attraktive Hülle. Anstatt die innere Leere wahrzunehmen, Einsamkeit auszuhalten, brauchen sie den täglichen Spiegel, der ihnen sagt, wer der Schönste, Klügste, Beste im Lande ist. Das Paradoxe daran: Der Eitle wähnt sich unabhängig, autonom, und ist doch in besonderem Maße fremdgesteuert, abhängig vom Beifall des Publikums – und für manchen ist ja jede Pfütze ein Spiegel. Wer aber alles tut, damit die Daumen der anderen nach oben zeigen (Like-Button!), ist von keiner inneren Tiefe her bestimmt und wird niemals in sich ruhen.

Die Kollateralschäden durch narzisstische Führungskräfte wiegen für ein Unternehmen schwer: Leistung wird durch Loyalität ersetzt; Nicht-Konformität ist Selbstmord. Es wird nur noch taktisch kommuniziert. Man fragt nicht mehr, »Was muss er wissen?«, sondern »Was will er hören?«. Massive Wirklichkeitsausblendungen sind die Folge. Abweichende Sichtweisen kommen nicht zur Geltung. Menschen, die anderer Meinung sind, sind Feinde. Narzissten umgeben sich gerne mit Personen, die sie fördern können, die zu ihnen aufschauen, von ihnen lernen – sie aber nicht gefährden. Die tiefe Vorliebe für Ja-Sager (bei gleichzeitiger Behauptung des Gegenteils) korrespondiert mit Unersetzlichkeits-Phantasien. Narzissten sind unfähig, abzutreten und sich rechtzeitig starke Nachfolger aufzubauen. Extrem wichtig für die Zukunftsfähigkeit eines Unternehmens: Schon bei der Auswahl ihrer Mitarbeiter fallen sie leicht auf »Blender« herein. Die sind allerdings eine Nummer kleiner als sie selbst: Schmidt-sucht-Schmidtchen. Ihr Berufsweg ist daher gesäumt von desolaten Auswahlentscheidungen – was sie auf fehlende Analysetechniken zurückführen, nicht jedoch auf ihre eigene Psychodynamik.

Vor allem aber: Sie nehmen schlechte Nachrichten nicht wahr. Und immer wieder sind Unternehmen daran gescheitert, dass sie Störgeräusche des Marktes überhörten. Der Überbringer schlechter Nachrichten wird zwar nicht mehr geköpft, aber er gilt schnell als Teil des Problems. Narzisstische Manager sind zudem in der Regel Selbstoptimierer, keine Fremdoptimierer. Wenn Führung heißt, die Leistung anderer zu fördern, dann sind sie zur Mitarbeiterführung ungeeignet.

Nun ja, werden Sie sagen, solche Leute kenne ich! Aber was hat das mit Konflikten zu tun? Dies: Menschen mit narzisstischer Persönlichkeitsstörung sind wahre Wundertüten für Konflikte. Unnötige Konflikte, wohlgemerkt.

Ihnen ist jedes Geschehen eigenwertrelevant. Alle Vorgänge im Unternehmen werden auf das famose Selbst bezogen, sind geeignet, das Ideal der eigenen Person zu gefährden. Ereignisse werden nicht als solche behandelt, sondern als Urteil darüber, als was man gilt. Jede Entscheidung ist gleichzeitig eine Entscheidung darüber, ob er sich als Versager oder Erfolgsmensch fühlt. Auffallend ist daher ihre *enorme Kränkbarkeit*. Deshalb ist man in ihrer Gegenwart nie entspannt, nie gelöst, sondern immer verkrampft.

Mit mechanischer Konsequenz erzeugen sie daher Gegenenergie. Ihr Berufsweg ist von Konfliktruinen gesäumt. Denn je autoritärer ein narzisstisches Ego Regie führt, desto intensiver wird das Ego-System anderer Menschen aktiviert. Das Ergebnis sind Machtkämpfe in Permanenz. Und nur die Hierarchie verhindert, dass aus dem sie umgebenden Schweigen ein Dauertumult wird. Gleichwohl gilt: Wer sich nicht für sich selbst begeistern kann, wird nie Großes schaffen. Er muss nur aufpassen, dass er seine Dynamik nicht übertreibt. Sonst wird diese Dynamik zum Drama: Der Narziss, der das quälende, liebliche Abbild im Quell nicht greifen konnte, er sprang hinein und ertrank.

Man tut dem Gegenstand keine Gewalt an, wenn man komprimiert:

Alle Konflikte sind Eigenwert-Konflikte.

Eigenwert – das ist gleichsam der Konflikt hinter dem Konflikt. Ein Konflikt ist ja häufig ein Ventil für etwas anderes. Zumeist Älteres. Oder Grundsätzlicheres. Mit dem aktuellen Streitthema hat das vielfach nichts zu tun. Jemand fühlt sich von Ihnen *grundsätzlich* nicht wertgeschätzt. Typisches Beispiel zwischen Mann und

Frau: der Wert der Familienarbeit – wer macht was für Haus und Kinder und wie viel ist das wert im Vergleich zum Berufsleben? An einem aktuellen Reizthema entlädt sich die lange angestaute Empfindlichkeit. Wie oft habe ich erlebt, dass es scheinbar um einen Sachgegenstand ging, in Wirklichkeit aber fühlte sich jemand in seinem Eigenwert verletzt. Der andere nutzt dann jede sich bietende Gelegenheit, die vom anderen gewählte Beziehungsdefinition abzuweisen. Er pflückt sich irgendein Sachthema, das ihm Gelegenheit bietet, seinen Eigenwert zu präsentieren. Mit seiner ganzen Person wirft er sich ins Getümmel, geht wahllos auf Konfrontationskurs.

> **siehe auch Seite 168: Narzissmus**

Für die persönliche Buchführung jedoch ist am wichtigsten: Die Balance zwischen innerer Stabilität und dem Wunsch nach äußerer Beachtung gehört zum Schwierigsten, was uns als Menschen aufgegeben ist. Denn vor lauter Bemühen um Repräsentanz im Bewusstsein des anderen bleibt eines völlig auf der Strecke: die *Selbstachtung*. Das gilt für uns alle. Wem ist es je gelungen, vor den Augen anderer ganz und gar er selbst zu sein? Verführt mich mein hysterischer Eigenwertschutz zu einem Handeln, das ich später bereue? Fördert es Persönlichkeitselemente, die ich nicht zu meinen besten zähle? Wie deformiert es mich? Die entwürdigenden Briefe pensionierter Vorstände, die bei den Airlines um den Erhalt ihres Vielflieger-Status betteln (mit wenig lassen sich Menschen wirkungsvoller manipulieren als mit Status-Angst). Von wem will ich beachtet werden? Wahllos von jedem? Oder nur von jenen, die ich selbst ein bisschen bewundere? Wo bleibt die Herzensbildung, die sich in Herzlichkeit und Beherztheit äußert? Wo bleibt die Autonomie? Auch das Ertragen von Ablehnung? Die Jazz-Ikone Miles Davis: »Man, sometimes it takes you a long time to sound like yourself.«

Der Kampf um Anerkennung

Als ich seinerzeit 3M verließ, hatte das unter anderen diesen Grund: Ich fühlte mich oft als jemand angesprochen, der, wie man früher sagte, einen »leichten Dachschaden« hat. Geistig minderbemittelt. Diese Signale bekam ich nicht von meinen direkten Vorgesetzten, auch nicht von meinen Kollegen. Die Unternehmenskommunikation hatte jedoch einen Zungenschlag, als spräche sie zu einem unverständigen Kind. Dauernd wollte man mich »fördern«, mir »Werte vermitteln« oder »Orientierung geben« – als stünde ich völlig orientierungslos in der Gegend rum und wüsste nicht, wo vorn und hinten ist. »Die können mich nicht für voll nehmen«, war meine Reaktion. Aber ich hatte keine Chance gegen die unternehmenspolitische Überzeugung, dass ich als Mitarbeiter die Dinge unter dem Niveau des Managements betrachtete. Deshalb ging ich weg. Mein Eigenwert ließ ein Bleiben nicht zu.

Das Paradoxe am Eigenwert ist, dass er keiner ist. Er ist kein wirklicher »Eigen«-Wert. Er will, im Gegenteil, von *anderen* anerkannt sein. Falls andere das nicht tun, existiert er nicht. Auch wenn das wenig schmeichelhaft ist: Er genügt sich nicht selber, sondern ist abhängig vom Beifall. Im Grunde ist er eine Fremdwert-Zumessung.

Der Philosoph Axel Honneth hat soziale Konflikte als *Kämpfe um Anerkennung* entworfen: Deutschland vor dem Ersten Weltkrieg, der 11. September 2001, die identitären Empörungen der Gegenwart. Im Kern alles Kämpfe um »Anerkenne mich!« Was nichts entschuldigt, aber doch erklären kann.

Es ist in der Tat sehr naheliegend, den Schlüssel zum Verstehen von Konflikten im »Thymos« zu sehen. Mit diesem Wort bezeichnete Platon den Stolz der menschlichen Seele. Als Antriebskraft des Menschen gibt es eben nicht nur das Streben nach materiellen Gütern oder angenehmen Lebensweisen. Sondern auch das Verlangen nach Anerkennung, nach Schutz der Selbstachtung, nach Ehre. Und dafür tun einige Menschen viel, manche alles, und einige geben sogar ihr Leben dafür her (und auch das Leben anderer). Sie fragen dann: Was kann ich tun, um meine Würde zu erhalten? Wiederherzustellen? Was kann ich tun, um stolz zu sein? Konflikte sind dann thymotisch aufgeladene Handlungen, die die misshandelte Seele heilen sollen.

> **siehe auch Seite 174: Mythos der Identität**

Manche Denker gehen so weit, in dem Bedürfnis nach Anerkennung die Triebfeder des Kapitalismus zu sehen. Die Sucht nach Anerkennung kann ja ein energiereicher Motor für außergewöhnliche Leistungen sein. Diese Idee wurde prominent von Adam Smith formuliert. »Denn welchem Zweck dient all die Mühe und Geschäftigkeit dieser Welt? Was ist das Ziel von Habgier und Ehrgeiz, von Streben nach Reichtum, von Macht und Ansehen? (…) Woher der Wetteifer, der die verschiedenen Stände ergreift, und welche Vorteile haben wir im Auge, wenn wir als wichtigstes Ziel menschlichen Lebens die Verbesserung unserer Lage nennen? Beachtet zu werden, versorgt zu werden, mit Sympathie und Anerkennung bedacht zu werden: nur das sind Vorteile, die wir damit zu gewinnen suchen. Eitelkeit, nicht jedoch Annehmlichkeiten oder Freude, interessiert uns.« Damit erklärt Smith das Streben nach ökonomischem Nutzen aus dem – übergeordneten! – Streben nach Anerkennung. Das ökonomische Handeln führt er auf nicht-ökonomische Ursachen zurück.

Für die Praxis ist folgender Punkt wertvoll: Die Anerkennung des Anderen hat keine zweiteilige Struktur, sondern eine *dreiteilige*: X anerkennt Y als Z. Und dieses »als Z« eröffnet den Freiheitsspielraum. X kann Y *grundsätzlich* anerkennen, aber nicht *spezifisch* als Z. Nach Honneth kann ich zum Beispiel fragen, ob ich (X) einen Menschen (Y) als *Bedürfniswesen* (Z) anerkenne, dem Hilfe und Fürsorge zustehen. Oder ob ich ihn als *Rechtswe-*

Mythos der Identität

Im Jahre 2009 begleitete ich Verhandlungen zwischen einem britisch-amerikanischen Konsortium und einem chinesischen Unternehmen. Man wollte ein Gemeinschaftsunternehmen gründen. Bei den mehrtägigen Gesprächen hatte sich die britisch-amerikanische Seite kompromissbereit gezeigt. Nicht so die chinesische. Sie gab im Unwesentlichen nach, im Wesentlichen rückte sie keinen Millimeter von ihrer Verhandlungslinie ab. Auch der häufige Hinweis auf das gemeinsame Interesse ließ sie unbeeindruckt. Am Abend des letzten Verhandlungstages verständigte man sich schließlich, sich nicht zu verständigen. Resigniert verließen die Briten und Amerikaner den Konferenzsaal.

Spät abends traf man sich in der Bar. Nach einigen Gläsern Wein beherrschte man zwar noch die Muttersprache, segelte aber gemeinsam Richtung Selbstehrlichkeit. Da ich selbst keine Karten im Skat hatte, äußerte ich gegenüber einem chinesischen Delegationsmitglied mein Befremden ob der unnachgiebigen Verhandlungsführung. Er antwortete mir darauf sinngemäß: »Wissen Sie, uns Chinesen wird seit frühester Kindheit eingebläut, wie die Engländer uns nach dem Ersten Opiumkrieg über den Tisch gezogen haben. Der Zwerg den Riesen. Mit Hongkong als Preisgabe. Das passiert uns nicht noch mal!« *Das* war also der Mythos, der aus chinesischer Sicht über dem Verhandlungstisch hing. Der Vertrag von Nanking wurde 1842 geschlossen. Über 150 Jahre später verhinderte er unseren Kompromiss. In Kenntnis dessen hätte man diesen Mythos vorsichtig zur Sprache bringen können. Vielleicht wäre es gelungen, den Chinesen ein Lächeln abzuringen und die Dinge in Bewegung zu bringen.

Für unser Thema wichtig: Was wurde abgespalten? Zwei Botschaften. Erstens: »Sei nicht nachgiebig!« Zweitens: »Vertraue niemals Engländern!«

sen (Z) anerkenne im Sinne rechtsbezogener Achtung, Gleichheit vor dem Gesetz. Oder ob ich ihn, wie in den meisten Unternehmen sicher vorrangig, als *Leistungspartner* (Z) anerkenne – ihm also Wertschätzung entgegenbringe in dem Sinne, dass ich seinen Beitrag für das Überleben des Unternehmens schätze.

Gerade diese letzte Bedeutung – die Leistungspartnerschaft – ist überaus konfliktbehaftet und Kern permanenter Auseinandersetzung. Denn umstritten sind selten die ersten beiden Teile (»X anerkennt Y«), sondern erst der 3. Teil (Z): Als was und *wofür* soll ich jemanden anerkennen? Auch für Unbrauchbares, das er abliefert? Es gibt keinen sozialphilosophisch unterfütterten Anspruch auf Anerkennung »als Z«. Wer sich also entrüstet, weil er gegenleistungslose Anerkennung vermisst, der fordert Unmögliches – zumindest im Unternehmen. Denn *was* anerkannt werden soll, ist eben nicht ohne Weiteres selbstverständlich. Sondern *Verhandlungssache*. Und diese Verhandlung hat einen offenen Ausgang: Man kann gewinnen oder verlieren.

Falls Sie diesen Gedanken für sich vertiefen wollen: Für was wurden Sie von Ihren Eltern gelobt? Für was bestraft? Gab es da Muster? Gibt es heute Bereiche, in denen Sie sich immer wieder abgelehnt fühlen? Wo Sie mangelnde Wertschätzung beklagen und einfordern? Welche sind das? In welche Falle der Anerkennungssuche tappen Sie immer wieder? Wo erkennen Sie die alten Muster, wenn Sie sich als Partner, als Elternteil erleben? Und wie ist es in Ihrem Job, als Mitarbeiter, Kollege, Vorgesetzter?

Anerkennungssuche ist aber auch ein Vehikel der Selbsterniedrigung. Was für das Kleinkind gelten mag – angewiesen sein auf die permanente Bestätigung durch die Eltern –, ist im Erwachsenenleben eine soziale Pathologie: ein missverstandener Matthäus 18,3, nachdem man wieder »wie die Kinder« werden solle. Charakter bildet sich vielmehr im Widerspruch, auch im Ertragen von Ablehnung. Die Sucht nach Anerkennung ist mithin eine infantile

Selbstunterwerfung unter die Machttechnik der Anerkennenden. Ob das den identitären Opferspielern bewusst ist? Bei manchen ist es angezeigt, ein dickeres Fell anzumahnen.

Spiele um Aufmerksamkeit

Ein Nebenprodukt der Anerkennungs-Problematik ist die psychische Haushaltsführung der *Aufmerksamkeit*: »Nimm mich wahr!« »Beachte mich!« – ein dauerndes Warten darauf, dass jemand kommt und »Beachtlich!« sagt. Zur Magie des Konflikts gehört eben auch das Wahrgenommenwerden. Der Tausch von Aufmerksamkeit, der ja keine materiellen Güter tauscht, aber doch für viele die wichtigste »Einkommens«-Quelle ist. Ihr Credo: »Andere denken an mich, also bin ich.« Manche Menschen sind bereit, ohne höhere Bezahlung Zusatzaufgaben zu übernehmen, weil Aufmerksamkeit Einkommen genug ist. Einige verhaltensforschende Nobelpreisträger halten das für irrational. Sie haben mit der täglich, stündlich, minütlich ablaufenden Magie nichts am Hut: *Alles, was wir wollen, ist Angesehenwerden.* Wir gehen immer dahin, wo wir uns wahrgenommen fühlen – das ist im Arbeitsleben nicht anders als in der Liebe, der Ursprung von Jobwechseln wie von Affären. Sucht nicht all unser Sehen ein Angesehenwerden?

Aus dieser Perspektive sind Konflikte *Spiele um Aufmerksamkeit*. Viele Menschen fühlen sich nicht genügend beachtet. Sie halten es einfach nicht aus, im Leben anderer eine geringe Rolle zu spielen, vielleicht gar keine Rolle. Sie erleben es als Drama, wenn sie die Aufmerksamkeit nicht bekommen, auf die sie glauben ein Recht zu haben. »Die Aufmerksamkeit anderer Menschen ist die unwiderstehlichste aller Drogen. Ihr Bezug sticht jedes andere Einkommen aus. Darum steht der Ruhm über der Macht, darum verblasst der Reichtum neben der Prominenz.« So Georg Franck in seiner prachtvollen *Ökonomie der Aufmerksamkeit.* Und wer keine positive Aufmerksamkeit kriegt, holt sie sich negativ. Wie das Kind, das im Unterricht immer nach vorne zur Lehrerin läuft und auf dem Schulhof durch Dauerstänkern auffällt. Was für Kinder gilt, trifft für Erwachsene ebenso zu. Sie greifen nach einer x-beliebigen Situation, um die Scheinwerfer auf sich zu lenken.

Problematisch wird es beim Hierarchiegefälle Kind-Eltern, Schüler-Lehrer, Mitarbeiter-Chef, also wenn jemand die Deutungshoheit hat. Da ist alles Wettern gegen die Gefallsucht vergeblich. Was dann oft stattfindet, ist »Schaulaufen«: »Lieber Chef, ich weiß was, im Keller brennt Licht. Und ich weiß noch was: Ich hab's ausgemacht!« Die berühmten Streicheleinheiten sind das kommunikative Wechselgeld: »Toll gemacht!« Einen Konflikt vom Zaun zu brechen ist häufig die einzige Chance eines leistungsdurchschnittlichen Mitarbeiters, beachtet zu werden. Wenn man ohne Echo bleibt, erhebt man zwangsläufig die Stimme. Oder auch: Wenn dezentrale Einheiten um die Aufmerksamkeit der Zentrale buhlen. Ich habe mal einen Konflikt moderiert, bei dem die Länderchefs von Österreich und der Schweiz einen Kleinkrieg pflegten, der lediglich für die Tribüne im deutschen Hauptsitz inszeniert wurde. Da hatten beide etwas davon – nur die Zentrale nicht. Und die Kunden noch weniger.

Was heißt das für Sie konkret? Wenn Sie unnötige Konflikte vermeiden wollen, dann geizen Sie nicht mit Aufmerksamkeit. Seien Sie präsent, seien Sie ansprechbar und sprechen Sie selber an. Sollte aber der Konflikt schon köcheln, prüfen Sie, ob es nicht ein Spiel um Aufmerksamkeit ist. Schauen Sie in den Spiegel: Haben Sie zum Konflikt beigetragen, indem Sie nicht genug Beachtung geschenkt haben? Ihrem Mitarbeiter? Ihrem Partner? Ihrem Kind?

Selbstbegegnung

Zur Orientierung: Wir sind bei den psychischen Dynamiken, die zu sozialen Konflikten führen. Im Grunde sind wir bei Sigmund Freud oder, wie ich es auf einem T-Shirt in den USA las, bei »Pink Freud – The dark side of your mom«.

Die Frage, die jetzt zur Beantwortung ansteht: Warum steigen Sie überhaupt in einen Konflikt ein? Man kann Sie ja nicht dazu zwingen. Also muss etwas in Ihnen angetriggert werden, sonst wäre Ihnen die Angelegenheit wurscht. Ist sie aber nicht, und deshalb heizt sich das Klima um einige Temperaturgrade auf. Wenn man versucht, das psychologisch zu erklären, sucht man nach *Modellen*. Also nach gleichen oder ähnlichen Situationen, die Sie reizen und anspringen lassen. Auch wenn die Konflikte zum Teil sehr Unterschiedliches zum Gegenstand haben, neigen Menschen zu einem bestimmten, über die Zeit *stabilen Konfliktverhalten*. Das zeigt eine geradezu erdrückende Fülle von Forschungsergebnissen. Viel Variation ist da nicht zu erwarten. Es gibt nur ein universales Muster:

Die einzige Konstante in all Ihren Konflikten – sind Sie!

All Ihre Konflikte beginnen mit Ihnen und enden mit Ihnen. Ohne Sie findet der Konflikt nicht statt. Sie wiederholen alte Verhaltensmuster in bestimmten Situationen, sind aber überzeugt, dass sie sich aus der aktuellen Sachlage ergeben. Das hat Freud »Wiederholungszwang« genannt. Also kann es hilfreich sein, sich selbst darüber Auskunft zu geben, weshalb Sie so reagieren, wie Sie reagieren. Welche psychische Dynamik Sie da steuert.

Unsere Konflikte zeigen uns also, was für Menschen wir sind. Das lobhudelt selten. Verdecktes wird zur Kenntlichkeit entstellt;

die uns eingeschriebene Geheimschrift wird plötzlich lesbar. Fast könnte man sagen: Wir lernen unseren »Naturzustand« im Rousseau'schen Sinne kennen. Das ist auch der Hintergrund dieses oft zitierten Gedankens: Wer etwas bewegen will, muss zuerst sich selbst bewegen; wer führen will, muss sich zunächst selbst führen.

Jeder Konflikt ist Selbstbegegnung.

Nun ist Selbstbegegnung so eine Sache. Persönlich habe ich entschieden, mir gar nicht selbst begegnen zu wollen; ich könnte erschrecken. Auch ein dauerndes Zirkeln um die innere *Be*findlichkeit scheint mir ein Übermaß an *Em*pfindlichkeit zu erzeugen. Dennoch will ich im Folgenden zwei Psychologismen beispielhaft skizzieren, die die Aussage »Jeder Konflikt ist Selbstbegegnung« plausibilisieren.

Solche Konzepte sind beliebt. Sie scheinen der Schlüssel zum »Ich« zu liefern, ja zur Welterklärung. Wer Seminarteilnehmern Aha-Erlebnisse liefern will, der greift danach. Daher hier der *disclaimer*: Es sind *Ideen* über Wirklichkeit, über das, was wirkt; es ist nicht *die* Wirklichkeit. Verwechseln Sie nicht die Landkarte mit der Landschaft! Letztere ist unendlich viel variantenreicher.

Psychologische Modelle sind letztlich magisches Denken und manch einer hält sie für Kokolores. Aber wenn Sie jede Verantwortung für *individuelle* Probleme ablehnen und der *Gesellschaft* vor die Füße werfen, dann heißt das in Ihrer Weltsicht: Die Menschen sind gut; es ist die Gesellschaft, die sie schlecht hat werden lassen. Das ist nicht nur naiv, sondern Sie befinden sich damit auch auf ganz dünnem Eis: Sie machen alle Menschen zu *Opfern*. Sie schieben jeden Konflikt in die historische Unerklärbarkeit zurück. Sie zetteln Umgestaltungen in sozialen Strukturen an, von denen Sie gar nicht wissen können, warum sie einigermaßen funktionieren. Und von den Umgestaltungen wissen Sie nicht, ob dem Dummen nicht das Blödere folgt. Letztlich dementieren Sie die biologische Tatsache, dass nur der Mensch »böse« im Wortsinne sein kann; das unterscheidet ihn von allen anderen Lebewesen. Bevor Sie diesen Gedanken als unsympathisch ablehnen und was daraus folgt weit von sich weisen – denken Sie darüber nach.

Carl Gustav Jung: Schatten – Eine Übung

Das Folgende ist vorrangig für jene geschrieben, die sich von diesem Buch erwarten, besser zu verstehen, warum sie mit Kollege Maier / Müller / Schmidt immer wieder aneinandergeraten. Also, haben Sie Mut, nach innen zu blicken?

Wenn ja, können Sie jetzt einen kleinen Selbstversuch starten. Stellen Sie sich vor ihrem geistigen Auge einen Menschen vor, den Sie als »Kotzbrocken« bezeichnen. Einen Menschen, der bei Ihnen alle Knöpfe gleichzeitig drückt. Sagen Sie nicht, Sie kennen keinen! Wahrscheinlich kennen Sie mehrere. Es muss keine einzelne Person sein, sie kann auch »zusammengesetzt« sein. Also aus Elementen bestehen, die Sie an anderen absolut nicht leiden können. Na, fällt Ihnen jemand ein?

Jetzt nehmen Sie sich einen Zettel und schreiben bitte auf: Wie sieht diese Person aus? Wie ist sie gekleidet? Wie redet sie, verhält sie sich? Welche Eigenschaften hat sie? Welche Wichtig-Nummern trägt sie zur Schau? Auto? Urlaub? Partner? Beseitigen Sie die Zensur in Ihrem Kopf, filtern Sie nicht, seien Sie nicht tolerant. Hauen Sie drauf! Der dicke, schwitzende Manager im stahlblauen Anzug, goldener Siegelring, laut und drängend brüllt er in sein Handy und faselt etwas von der »einzigsten« Chance (Superlativ von »einzig«!) – Chance spricht er »Schanckse« aus. Oder die blasierte Herablassung einer wertebewussten Achtsamkeits-Tante, die auf allen Lebensmittelpackungen die Inhalte checkt und mit ihrer Mischung aus Multikulti und Bio-Eiern bei Ihnen das Gefühl erzeugt, ein bräsiger Pommes-Schranke-Prolet zu sein – das Wuchern des Gesunden ist bekanntlich auch eine Krankheit. Oder der eitle, empörend gut aussehende, hochbezahlte und prominente Sportler, der jede Woche ein anderes Model ausführt, Kinder mit Mietmüttern zeugt, seinen Superschlitten auch in Sperrzonen parkt, für peinlich-lächerliche Produkte wirbt und putzige Herrenhandtaschen trägt. Reicht Ihnen das als Anregung? Dann los! Beschreiben Sie möglichst präzise und detailliert; das hilft Ihnen später …

So, und nun greifen Sie sich diesen Zettel, bewahren Sie ihn gut auf, lesen Sie ihn ab und zu durch. Denn das sind Sie!

Bevor Sie jetzt den Zettel in die Ecke werfen oder mich für übergeschnappt halten, erzähle ich Ihnen von Gilgamesch, dem sagenhaften König von Uruk. Gilgamesch war stark, kriegerisch, weise, machtvoll und stolz, aber auch ein Tyrann, dessen Volk unter seiner Gewaltherrschaft litt. Dann trat Enkidu in sein Leben, ein Tiermensch, der wild in der Natur gelebt hatte und erst vor Kurzem gezähmt und zum Hirten geworden war. Die beiden kämpften miteinander. Lange. Sehr lange. Erschöpft und ohne einen Sieger gefunden zu haben erkannten sie, dass jeder den anderen *ergänzt*. Sie wurden Freunde und waren fortan unschlagbar. Zusammen errangen sie die schönsten Siege …

Diesen Mythos hat der Psychoanalytiker Carl Gustav Jung zu seinem »Schatten«-Begriff verdichtet. Eine knappe Skizze: Als ich Sie bat, Ihren »Kotzbrocken« zu beschreiben, fielen Ihnen bestimmte Menschen und bestimmte Eigenschaften ein. Diese Auswahl war nicht zufällig. Daher die naheliegende Frage: Warum nervt *Sie* genau dieser oder diese? Warum geht diese Person *Ihnen* auf den Zeiger? Nun, offenbar reagieren Sie besonders sensibel auf *bestimmte* Verhaltensweisen. Andere sind Ihnen einerlei, fallen nicht so ins Gewicht, fallen Ihnen gar nicht auf. Warum ist das so?

C. G. Jung erklärt das so (und Sie können jetzt auch an Platons Kugelwesen denken): In Ihrer frühen Kindheit verfügten Sie zunächst über ein ganzes Arsenal an Verhaltensoptionen, welches später immer weiter *eingeengt* wurde. Diesen Prozess nennt man »Erziehung«. Konnten Sie sich in frühen Jahren zum Beispiel sowohl »durchsetzen« wie auch »anpassen«, so wird eine der beiden Verhaltensweisen im Lauf der Jahre sanktioniert (etwa »durchsetzen«). Diese wandert dann ab in Ihren »Schatten«. Oder: Konnten Sie in frühester Kindheit wählen zwischen »Zurückhaltung« und »Kontaktfreude«, so prägt sich eine Seite (etwa »Kontaktfreude«) zunehmend stärker aus; die andere wird Teil Ihres Schattens. Sie läuft als ungeliebter Doppelgänger neben Ihnen her. In Ihrem Depot schlummern also eine Menge Verhaltensweisen, die Sie an sich nicht mehr zulassen, manchmal angestrengt und jahrzehntelang *unterdrücken*. Dies, weil Ihre Schattenfigur Ihnen immer heimlich zuruft: »So sollst du nicht sein!«

Jetzt die Pointe: Kommt nun jemand daher, der genau so ist, wie Sie es an sich nicht mehr zulassen, der sich genau die Freiheit nimmt, die Sie bei sich niederhalten – der drückt bei Ihnen alle Knöpfe auf einmal! Alle Lampen gehen gleichzeitig an! Denn, auch wenn C. G. Jung das selbst nicht so formuliert hat:

> Nichts ist so unerträglich wie die Freiheit des anderen.

Psychoanalytisch kann man es als *Spaltung der Persönlichkeit* erklären. Der »Schatten« ist jener Teil Ihrer Persönlichkeit, den Sie an sich nicht wahrhaben wollen. Und der sich umso lauter meldet, je mehr Sie ihn negieren.

Sie haben also oben nur scheinbar einen anderen Menschen beschrieben. In Wirklichkeit haben Sie sich selbst beschrieben. Allerdings: mit gleichsam *umgekehrten* Vorzeichen. Denn wenn Sie sich jetzt noch einmal den Zettel mit den Kotzbrocken-Eigenschaften anschauen, dann werden Sie feststellen: In manchen Belangen inszenieren Sie sich wie ein *positives Abziehbild* dieser Negativ-Eigenschaften. Sie mögen keine laut sprechenden Menschen? Deshalb sprechen Sie leise. Sie mögen keine fetten Menschen? Deshalb sind Sie durchtrainiert. Sie mögen keine Schönlinge? Deshalb betonen Sie Ihre »inneren Werte«. Sie mögen keinen demonstrativen Konsum? Deshalb leben Sie bewusst bescheiden. In sogenannten Äußerlichkeiten drückt sich also mehr Innerliches aus, als manche glauben. »Was immer wir tun, enthüllt uns«, sagt Montaigne.

> **siehe auch Seite 184: Identität**

Für manche Menschen ist diese innere Widersprüchlichkeit schlecht auszuhalten. Sie wollen in der Sicherheit ihrer kleinen Schneekugel leben, beruhigt durch Vertrautheit und Widerspruchsfreiheit. Einem ungeordneten, paradoxen Selbst können sie nicht die Treue halten. Das muss man »säubern«. Im Extremen spalten sie die »dunklen« Seiten ab. Wer den Krieg in sich hat, wendet ihn nach außen: Rassisten, die alles Fremde ablehnen. Frauen, die alles Männliche ablehnen. Veganer, die Fleischesser für Kannibalen halten. Pazifisten, die Wehrtechniker für Kriegstreiber halten. Sie sind dauererzürnt, sie »ermorden die Welt«, wie es der amerikanische Philosoph Stanley Cavell genannt hat.

Jedem sollte klar sein, dass wir immer beides in uns haben, das Friedliche und das Aggressive, das Fürsorgliche und das Sadistische, das Dominierende und das Unterwürfige. Das ist es, was Sigmund Freud meinte mit dem berühmten Satz: »Der Mensch ist nicht Herr im eigenen Haus.« Wir tragen das Gegenteil immer mit uns herum. Wir leben im inneren Dauerkonflikt, damit beschäftigt, Angst durch Vermeidung wegzuschieben. Dann schließt man sich gerne radikalen Positionen an, um die Angst zu reduzieren. Wenn wir unsere unangenehmen Gefühle und

Identität: Konflikte als Stellvertreterkriege

Kaum etwas scheint dem Menschen im 21. Jahrhundert wichtiger zu sein als seine Identität. Genauer: die Wahrung dessen, was er dafür hält. Das kann eine individuelle Identität sein oder eine kollektive – wie etwa die eines Unternehmens oder einer Nation. Sie kann richtungspolitisch von rechts oder von links kommen, mit Religion begründet sein, Hautfarbe, Rasse oder Geschlecht, mit Umwelt oder Natur, Werten oder Unternehmenskultur. Die Gebildeten beziehen sie auf Nahrung oder Verkehrsmittel, die Ungebildeten auf die Nation. Die Logik der Identität teilt dabei in Gruppen ein und die Welt dadurch in kulturkämpferische Anspruchskollektive.

Seit Längerem spricht man vom Anschwellen der identitären Bewegungen, des »Stammesdenkens« oder des »Tribalismus«. Der springende Punkt: Identität ist nie ohne Differenz zu haben, nicht ohne Trennung. Überall Einteilungen, überall Gruppen, überall Spaltungen. Da ist ein Ausgleich schwierig.

Es ist vielfach beobachtet worden, dass ein Konflikt nicht verhandelbar ist, wenn Fragen der Identität berührt werden. Ebenso oft wurde beschrieben, dass die Sachfragen eines Konflikts zwar vordergründig wichtig sind, beim näheren Hinsehen sich aber entpuppen als *Stellvertreterkriege um Identität*. Der konkrete Konfliktgegenstand wird eigentlich nur »benutzt«, weil sich über eine abstrakte Idee wie Identität schwer streiten lässt. Beispiel: Eine alte und eine neue Firmensparte kämpfen um das Budget – geht es dabei um Geld oder um den Traditionskern des Unternehmens? Geht es bei einem Geschwisterstreit wirklich um das Erbe – oder geht es darum, wen die Eltern mehr geliebt haben?

Man hat immer wieder versucht (zuletzt Daniel Shapiro), Identität *positiv* zu definieren. Demzufolge gerinnen Überzeugungen, Selbstverständlichkeiten, Rituale und bestimmte, emotional bedeutsame Ereignisse zur »Identität«. Das scheint mir am defensiven Kern des Phänomens vorbeizugehen: Erst wenn man sich mit dem Fremden, dem Anderen konfrontiert sieht, versucht man das Eigene zu beschreiben und dagegenzusetzen. Erst die Krise kreiert Identität. Deshalb ist Identität grundsätzlich *Gegen*-Identität. Sie definiert sich *negativ*: »Nicht so wie …!« Und deshalb ist Identität immer bedroht, ist immer im Konflikt – das ist ihr Naturzustand. Es gibt keine »gelassene« Identität.

Psychologisch zielt das Konzept der Identität auf *Abwehr durch Spaltung*. Es interessiert sich nicht für das, was Menschen zusammenhält, sondern was sie trennt. Das ist die aggressive Seite. In der höchsten Eskalationsstufe sind die Tafeln des Universalen zerschlagen. Dann herrscht Krieg.

dunklen Seiten externalisieren, also auf andere projizieren, dann entlasten wir uns innerlich. Wir bringen uns wieder ins Gleichgewicht. Jedoch um den Preis der inneren Spaltung.

Die Frage erhebt sich: Wer steuert Ihr Verhalten? Sind *Sie* es, der da entscheidet? Geben *Sie* sich alle Mühe, bestimmte Impulse und Verführungen zu unterdrücken? Oder steuert Ihr Schatten Sie?

Das mag hier unbeantwortet bleiben, weil ich den therapeutischen Limes nur ungern überschreite. Für einen möglichen Konflikt sollten Sie beachten: In einem strengen Sinne ist der andere gar kein Kotzbrocken; er ist es nur für *Sie*. Sie *machen* ihn zu diesem Negativ-Typen. Und während bei Ihnen gerade die Kampfmotoren anlaufen, ist sich der andere keiner Schuld bewusst. Er fühlt sich absolut okay. Er hat nur das Pech, Ihnen zufällig über den Weg zu laufen. Aus dieser Perspektive: Wenn Sie sich über jemand anderes ärgern, sagen Sie: »Ich habe da ein Problem – mit mir!«

Zulassen macht gelassen

Wenn Sie Ihren Schatten nicht kennen, dann wissen Sie auch nicht, was Sie ergänzt. Sie können nicht einmal danach suchen, was Sie befriedet. Im Grunde haben Sie keine Idee, wer Sie sind. Stattdessen haben Sie Standpunkte. Dann sind Sie leicht zu manipulieren. Denn am einfachsten zu beeinflussen sind Menschen, die Standpunkte vertreten. Die sich mit ihren Gedanken *identifizieren* und keine darüber hinausgehende Neugier haben. Die keine Wahrheit außerhalb ihrer eigenen kennen. Die sich vor allem Verunsichernden zurückziehen. Die sich niemals fragen: »Wieso habe ich überhaupt diese Meinung? Was hat mich dazu gebracht, so zu denken?« Dabei ist es doch interessant zu prüfen, wie unsere Vorstellungen, Ideen, Wünsche und Vorlieben entstehen. Natürlich bin ich frei in meinem Handeln und Entscheiden, niemand zwingt mich. Allerdings ist dieses Denken und Handeln ja nicht beliebig, sondern anerzogen, biologisch und kulturell geformt. Niemand fängt von vorne an. Was ich zum Beispiel über Migration oder über den Kapitalismus denke, hängt zu wesentlichen Teilen davon ab, wo und in welchem sozialen Milieu ich aufgewachsen bin. Auf welchen Werten meine Erziehung baute. Welche Freunde und Bekannte ich habe. Welche Bücher ich lese. Welche Medien ich konsumiere. Diese Einflüsse muss ich mir bewusst machen, um mich nicht von ihnen beherrschen zu lassen. Um mir wenigsten ein kleines Stück Freiheit zu erkämpfen.

> siehe auch Seite 188: *US*

Con-fligere meint das Vereinigen von etwas, was zuvor getrennt war. Der Konflikt ist also zugleich Trennung und Einheit. Er verweist uns auf das Nicht-Vereinte. Das erlaubt die Hoffnung auf Wiedervereinigung. Und damit die Hoffnung auf einen Prozess, der für jeden Menschen Gewinn bringt: das *Sich-Anfreunden* mit den eigenen Schattenseiten. Nur wer seine Grenzen kennt, kann sie überwinden. Wenn Sie also einen großzügigen Geist und ein großzügiges Herz entwickeln wollen – hier ist ein Weg.

Wie macht man das? Nun, zunächst einmal kann man ihn kennenlernen, jenen ungeliebten Doppelgänger. Indem man ihn beschreibt (wie oben getan), malt oder modelliert. Oder, eine Einladung an Mutige: Stellen Sie sich Ihren Schatten menschlich repräsentiert als Person in einer konkreten Situation vor. Fühlen Sie sich ein, in seine Haltung, Gestik und Wortwahl – in all das, was Sie aufregt. Und nun: Spielen Sie ihn! Übernehmen Sie seine Rolle! Treten Sie gegen sich selbst an! Gestatten Sie sich, sich genau so zu verhalten, wie Sie es nie an sich zulassen würden. Fangen Sie an, Ihre schattenhaften Eigenschaften als Eigenes zu akzeptieren. Nehmen Sie sich dabei Zeit. Es kostet anfänglich etwas Überwindung. Aber es lohnt.

Ich habe diese Übung häufig gemacht. Obwohl man natürlich nicht von einem Doppelgänger als eigenständiger Realität sprechen kann, war da manches Schlüsselerlebnis dabei. Dieses Zulassen macht gelassen. Wenn man sich seinem Schatten zuwendet, verliert er das Bedrohliche. Man lebt entspannter. Man kann zuschauen, ohne sofort gegenzusteuern. Man muss nicht mehr so viel Energie aufwenden, ihn zu verstecken. Dann gibt man sich selbst die Erlaubnis, nicht permanent perfekt, ideal, moralisch oder sonstwie sein zu müssen. Ein Schritt in die Selbstsicherheit, Selbstakzeptanz. Die man natürlich letztlich nie erreicht …

Darum geht es: sich mit der Differenz in sich selbst zu konfrontieren. Nicht nur als theoretische Position, sondern im Alltag. Nicht als Technik, sondern als Haltung. Anerkennen, »dass wir uns in unseren sozialen Rollen nie ganz zu Hause fühlen, dass wir in keine der vorgegebenen Rollen vollkommen passen«, wie die Philosophin Beate Rössler formulierte. Ja, wir müssen mit Entfremdungen umgehen lernen, die inneren Konflikte weder ignorieren noch bekämpfen, sondern als unentrinnbar anerken-

US

Jordan Peeles Horrorkomödie *US* erzählt davon, welche fatalen Folgen es haben kann, wenn uns das Unterdrückte einholt. Das »Ich« – das ist die Ausgangsthese des Films – ist eigentlich ein »Wir«. Das »Ich« sind gewissermaßen *zwei* Menschen: ein geliebt-zugelassener Mensch und ein ungeliebt-verdrängter. Es brodelt unter der Decke der heilen Welt, wenn beide unerkannt miteinander kämpfen. Ziemlich *scary*.

Aber man kann diese beiden Menschen auch *innerlich* vereinigen. Indem man den ungeliebt-verdrängten Doppelgänger integriert. So entsteht wieder ein Ich als Wir, oder, in Platons Diktion, ein Kugelwesen. Vielen Menschen ist indes dieser Prozess zu schmerzhaft. Sie möchten mit ihrer Schattenseite nichts zu tun haben. Wenn sie aber die Schattenseite abspalten, halbieren sie ihre innere Einheit. Und bleiben schwach. Auf der Suche nach Vervollständigung holen sie sich Verstärkung von *außen*. Sie suchen sich Gleichgesinnte, die ebenso bestimmte Schattenseiten abgespalten haben. Mit denen bilden sie ein »Ersatz«-Wir; sie fühlen sich einer identitären Gruppe zugehörig. Diese Gruppe formt ihr Wir als Gegen-Identität: gegen Ausländer, gegen Vielflieger, gegen Kinderlose etc.: Wir ist ein Wir »gegen die anderen«. Der innere Konflikt wird nach außen gedreht und von der Gruppe verstärkt. Das Ergebnis ist Horror – nicht nur im Film.

Der Film heißt nicht zufällig *US*: Ein Zwei-Parteien-System wie in den USA (oder Großbritannien) fördert eine polarisierende Fankultur: Wie im Sport ist man entweder Anhänger des einen Teams oder des anderen. Man feiert das eigene Team wie bei einem Popkonzert und steht dem anderen unversöhnlich gegenüber.

Dieses »Gegen« bringt also den eigenen Schatten und den Schatten des Gruppen-Wirs zutage. Tatsache aber ist: Die anderen – das bin ich selbst, meine unterdrückte Seite. Sonst würde ich nicht so heftig auf sie reagieren. ■

nen. Und lachen, die eigene Widersprüchlichkeit belustigt anerkennen, den Zwiespalt mit Gelächter füllen (man kann bei obiger Übung viel lachen). Das ist es doch gerade: Das Lachen holt Ausgegrenztes zurück. Es ist das Aufflammen der Ambivalenz. Ohne Lachen ist die Welt eine Hölle öder Alternativlosigkeit. Der alternativlose Blick sieht nicht die Doppelspur, das offiziell Ausgeschlossene, aber umso sprunghaft Aufständische. Er erkennt nicht, dass Wirklichkeit gleitet, nicht sprödbrüchig feststeht, sondern stets ein wenig schaukelt, sich wendet und dreht. Daher die nötigste aller Friedensbewegungen: den Frieden mit der inneren Widersprüchlichkeit.

Dennoch braucht es Mut, sich seiner inneren Unsicherheit zu stellen, um dem anderen die Hand zu reichen. Sind Sie bereit, die andere Seite anzuschauen? Sich selbst wieder in die innere Gemeinschaft aufzunehmen? Sind Sie bereit, mit sich selbst in Ihrer ganzen Umfänglichkeit Freundschaft zu schließen? Diese Antwort finden Sie in keinem Buch, nur in Ihrem Herzen.

Fassen wir zusammen: Sich mit sich selbst versöhnen ist das Wiedervereinigen von Persönlichkeitsanteilen, die einst vereint waren, dann jedoch getrennt wurden. In Kindheit und Jugend haben wir abgespalten, was nicht zugelassen werden durfte und verdrängen es seither. Wir versuchen, uns als stabile Person zu präsentieren, indem wir die verdrängten Gefühle leugnen. Es ist unsere Aufgabe als Erwachsene (»er-wachsen«), die geleugneten Anteile wieder anzusehen und die innere Einheit hinter der Abspaltung zu erkennen.

Ich sah dich und erkannte mich

»Ich sah dich und erkannte mich« – das ist der Grundgedanke der Selbstbegegnung. Schon bei Plutarch: »Was schaust du fremde Übel (…) / so scharfen Blickes und gewahrst das eigne nicht?« Das ist der biblische Balken im eigenen Auge. Daraus ergeben sich zwei konkrete intrapsychische Motive, die Sie veranlassen könnten, in einen Konflikt einzusteigen. Und die Sie kennen sollten, um es möglicherweise nicht zu tun.

1. Der andere tut etwas/hat etwas, was ich auch gerne täte/hätte, mir aber nicht erlaube.

Stellen Sie sich vor, Sie bemühen sich seit Jahren, bestimmte Verhaltensweisen in Ihren Schatten zu drücken und nicht an die Oberfläche kommen zu lassen. Und dann kommt einer daher, der tut, was Sie selbst nie täten; der sich völlig natürlich so verhält und dabei noch Spaß hat. Ihr Schatten schreit: Skandal! Das Drama vieler Ehen:

> *Ich verkneife mir etwas,*
> *also hast du dir das auch zu verkneifen!*

Wenn Sie das Verdrängte nicht integriert haben, können Sie mit allem leben, nur nicht mit einem Verhalten, das Sie an sich selbst unterdrücken, ein anderer aber fröhlich auslebt. Ein paar Beispiele: Ein Arbeitskollege spielt unverhohlen seinen Geltungsdrang aus, trumpft auf, drängt sich in den Vordergrund, weist fortwährend auf seine Leistungen hin, kennt dabei nur Superlative, degradiert alle anderen zu Zuschauern. Wenn Sie ehrlich sind, würden Sie das eigentlich auch gerne mal tun, vielleicht nicht so laut und nicht so penetrant. Aber auch Sie möchten gesehen werden und das warme Scheinwerferlicht spüren. Sie trauen sich jedoch nicht, würden sich schämen, tun es nicht – bestrafen aber dennoch den anderen, wenn er es tut. Oder die Hilfssheriffs auf Autobahnen, die den rechts am Stau vorbeifahrenden Wagen den Weg blockieren. Oder die Managerin, die die Nur-Ehefrau eines Kollegen herabsetzt, weil die es sich anstrengungslos mit dem Geld ihres Mannes bequem macht. Oder der Ehepartner, der sich jedes Jahr einen einwöchigen Urlaub mit Freunden gönnt – ohne bessere Hälfte und ohne Kinder.

Es geht hier natürlich auch um die Bedeutung des *ungelebten* Lebens, das jeder von uns als Parallelwelt führt. Aber das auszuführen, ginge für unsere Zwecke zu weit.

2. Der andere tut/hat etwas, was ich auch tue/habe, aber mit schlechtem Gewissen.

Sie kommen mit allem klar, nur nicht mit einem Verhalten, das Sie zwar nicht unterdrücken, aber mit schlechtem Gewissen leben, während ein anderer es ohne schlechtes Gewissen offen durchzieht. Bigotte Beispiele: Die übergewichtige Damenrunde, die Schlagsahne vernichtend riesige Kuchenberge in sich hineinschlingt. O-Ton: »Man sollte es ja eigentlich nicht, aber es ist so lecker!« Der Fremdgeher, der seinem nichtsahnenden Partner zahlreiche kleine Geschenke macht. Der Steuervermeider, der Steuervermeider »Steuerhinterzieher« nennt. Der Manager, der das berühmte Wasser predigt (»Wir müssen die Kosten im Blick behalten!«) und selber Wein trinkt.

Den Extremfall kennen wir als »Doppelmoral«. Wir Menschen sind homöostatische Wesen, wir bringen uns innerlich immer wieder ins Gleichgewicht. Wenn wir etwas tun, was wir eigentlich nicht tun sollten, legen wir uns die Dinge so zurecht, dass es irgendwie begründbar ist. Das *schlechte Gewissen* eignet sich besonders gut dafür. Es gleicht aus. Es ist ein intrapsychisches Wechselgeld, das uns weitermachen lässt. Wir geben es gleichsam »in

Zahlung«, um alles genau so zu lassen, wie es ist. Sonst würden wir es ja ändern. Aber das wollen wir nicht. Schlechtes Gewissen heißt folglich: »Ich werde es wieder tun.«

Deshalb ist das schlechte Gewissen für unsere innere Balance sehr sinnvoll. Aber für unser konkretes Tun ist es nutzlos, sogar kontraproduktiv. Es schmälert den Genuss des Augenblicks. Deshalb besser: Tun Sie, was Sie tun – aus ganzem Herzen! Was immer das ist. Ohne schlechtes Gewissen. Sie tun es ohnehin. Und zahlen Sie den Preis dann eben später.

Zurück zu Ihrem Konfliktverhalten: Prüfen Sie, ob hinter Ihrem Ärger nicht eines der beiden obengenannten Muster lauert. Ob Sie sich nicht doch im anderen erkennen: Was Sie an sich nicht mögen, schieben Sie dem anderen zu. Wenn ja, was hilft Ihnen diese Erkenntnis? Nun, zunächst ist dieser Ärger wieder *Selbstbegegnung*. Wir reden über andere; dabei reden wir indirekt über uns selbst. Im positiven Fall: Was macht/hat der andere, was Sie sich auch für sich selbst wünschen? Im negativen Fall: Der andere hat unser Ego stimuliert. Denn wir ärgern uns nur, wenn etwas in uns in Schwingung kommt. Weil etwas in uns schon da ist. Deshalb reagieren wir: Weil wir ähnlich sind! Aber wir leugnen diese Ähnlichkeit. Wäre sie uns bewusst, wäre es pharisäerhaft. Also, diese Einsicht könnte zumindest Ihre Reaktion mäßigen. Sie können vielleicht besser verstehen, warum Sie den anderen so vehement ablehnen. Wo er Ihnen doch ähnlich ist.

Und Sie können aufhören, sich über andere aufzuregen. Sie können sich selbst zuwenden. Sie können fragen: Warum lehne ich den anderen ab? Was steckt dahinter? Was sagt das über mich aus? Warum reagiere ich so wütend? Für Ihre psychische Gesundheit bedenkenswert: Wenn Sie vehement gegen etwas sind, sind Sie gegen sich.

Zweiter, noch etwas herausfordernderer Teil der Übung: Überprüfen Sie, ob nicht ein *positiver Kern* in dem Verhalten steckt, das Sie ablehnen. Geben Sie der folgenden Überlegung eine Chance:

Nehmen wir einmal an, Sie haben auf Ihrer Kotzbrocken-Liste den »eitlen Angeber«. Was könnte das Positive an dieser Verhaltensweise sein? Dies zum Beispiel: Sichtbar werden. Raum nehmen. Einfluss haben. Wertgeschätzt werden. Vielleicht sogar: Durchsetzungsvermögen. Wäre das etwas für Sie? Etwas, das Sie lernen sollten? Schon immer lernen *wollten*? Oder der Kollege mit der »Bierwampe«. Für Sie kaum erträglich. Das Positive daran: Genießen können. Im Moment leben. Anderen nicht gefallen müssen. Nicht den wahnhaften Trend zur Selbstoptimierung mitmachen. Klingt das interessant für Sie? Wäre das etwas, an das Sie sich leise herantasten können? Oder ein über alle Maßen akribischer Mensch, der Ihnen mit seiner Detailversessenheit auf den Senkel geht. Das Positive an ihm: Er hat seinen eigenen Maßstab. Er liebt, was er tut. Vielleicht mehr, als Sie das Ihre. Gier kann ja auch zur Sinnenfreude werden, Größenwahn zur Tatkraft. Das Positive im Negativen finden – können Sie den Gedanken zulassen?

Es ist schwer, jemandem die Hand zu reichen, der einen abstößt. Das geht am besten, wenn man etwas Bewundernswertes an ihm findet. Liebt er seine Kinder nicht ebenso wie Sie die Ihren? Setzt er sich nicht auch hingebungsvoll für eine Sache ein? Oder eben: Gibt es nicht einen positiven Kern in seiner Widerwärtigkeit? Etwas, was auch Sie vervollständigen könnte, etwas zutiefst Menschliches? Schwierig, ich weiß, aber nicht unmöglich. Wenn man sich bewusst ist: Konflikt stellt den *Zusammenhang* wieder her. Der »Kotzbrocken«, der ja im täglichen Miteinander oft ein verstecktes Gegeneinander erzeugt, unterläuft die Trennung.

Aus der Perspektive der Ganzheit liegt im Verhalten des Konfliktgegners Ihr größtes *Entwicklungspotenzial.* Sie mögen das gegnerische Verhalten verurteilen, gar verabscheuen, oder auch heimlich bewundern. Solange Sie dem nicht ruhig und gelassen begegnen können, sind Sie *unfrei.* Solange Sie sich Ihre *innere* Situation nicht bewusst machen, spielt sie sich *außen* ab! Als konfliktäres Schicksal. Sie bleiben der Spielball der Außenwelt. Deshalb: Schlucken Sie Ihren Zweifel herunter! Nehmen Sie Ihre Liste und prüfen Sie Punkt für Punkt, ob da nicht ein Schatz für Sie vergraben liegt. Ob da nicht eine Einladung zum persönlichen Wachstum auf Sie wartet. Und ob das nicht eine Chance ist, zu entspannen, balancierter zu leben. Ihr Leben bunter und flexibler zu machen. Sich zu versöhnen mit anderen Lebensentwürfen. Vor allem aber: Anderen weniger Macht über sich zu geben. Sich nicht fremdsteuern zu lassen. Schon gar nicht in einen »unnötigen« Konflikt. Sondern selbst das Ruder wieder in die Hand zu nehmen. Was wir ablehnen, bringt uns weiter! Unser Weg in die Vollständigkeit führt uns also ins »Lost-and-Found«-Büro: Erkennen ist Erinnern. Finden ist Wiederfinden.

Was kann das für Sie konkret bedeuten? Ich möchte Ihnen noch eine vertiefende Variante der obigen Übung empfehlen. Sollten Sie sich über jemanden ärgern, nehmen Sie wieder ein Blatt Papier und schreiben alles auf, was Sie stört. Abermals: Lassen sie verständnisvolle Weichspüler weg! Seien Sie radikal, politisch unkorrekt, gnadenlos. Im Anschluss sortieren Sie: 1. Was trifft auf Sie ebenfalls zu? Vielleicht nicht ganz so extrem, aber eben doch auch? Streichen Sie das weg. 2. Was trifft auf Sie *nicht* zu, hat aber einen positiven Kern, der Sie ergänzen könnte? Von dem Sie sich noch eine Scheibe abschneiden könnten? Schreiben Sie ergänzend das Positive daneben. Streichen Sie dann das Negative weg. 3. Was bleibt am Ende übrig? Gibt es noch Aspekte, die weder mit 1) noch mit 2) zu klären sind? Wenn ja, sollten Sie aus Ihrem Herzen keine

Mördergrube machen, sondern es ansprechen. Prüfen Sie, welches unerfüllte Bedürfnis dahintersteckt. Konfrontieren Sie es besonnen, ohne zu eskalieren.

Die einzige Neugier, die die hartnäckige Mühe lohnt, so schreibt Michel Foucault, ist jene, »die es gestattet, sich von sich selbst zu lösen.« Die es gestattet, Distanz zu gewinnen zur eigenen Erfahrung. Und damit das genuin *Menschliche* zu tun: als das einzige Wesen, das sich beim Handeln zusehen kann.

Enneagramm – Die 9 Gesichter des Selbst

Dem Fremden, dem Anderen kann man auf zwei Weisen begegnen: Widerstand oder Neugier. Neugier zielt auf das Erkunden unvertrauter seelischer Landschaften. Weshalb die Quelle aller Fremdheit in jedem Mensch liegt. In uns selbst, in unserem Selbst. Schon Freud hat es als »Afrika« bezeichnet, als den großen Kontinent, den es zu erkunden gilt.

Wenn Sie mit dem positiven Kern dessen, was Sie ablehnen, weiterarbeiten, dann kommen sie oft präzise zu jenen Aspekten, die das Enneagramm als »Weg zur Reife« empfiehlt. Wir könnten auch sagen: als Weg zur Souveränität, die Sie bewusst entscheiden lässt, ob Sie in einen Konflikt einsteigen oder nicht.

Was ist das Enneagramm? Es ist ein psychologisches Modell aus vor- oder frühchristlicher Zeit. Manche nennen es esoterische Wünschelrutengängerei, und ich will hier keineswegs einem »Absterben des Individuellen zugunsten des Typus« (Stefan Zweig) das Wort reden. Aber das Enneagramm hilft, sich und andere besser zu verstehen, indem es konfliktrelevante Persönlichkeitsmerkmale konturiert. Derer gibt es nach diesem Modell neun – die 9 Gesichter des Selbst. Da es uns hier um Konflikte geht, überbetone ich die konfliktstimulierende »Ego-Grandiosität«. Wer tiefer loten will, findet problemlos entsprechende Literatur. Also, schauen Sie mal, ob da was in Ihnen anspringt:

Der *Perfektionist* (Typ 1) ist ein kritischer und wacher Geist mit hohem Ordnungssinn. Er möchte gerecht sein, strebt nach Höherem, möchte immer besser werden. Seine Grundmotivation ist idealistisch, gewissenhaft und rational. Das ist der Pluspol. Im Minuspol kann er jedoch besserwisserisch werden, pharisäerhaft und zersetzend. Nichts ist ihm dann gut genug. Was nicht in sein Schema passt, wird unerbittlich und in aller Öffentlichkeit angeprangert. Der Perfektionist kann derart genauigkeitsfanatisch und belehrend werden, dass er sogar vom eigenen Gewissen als gefühllos erlebt wird. Viele tyrannische Väter der Kriegsheimkehrer-Generation gehörten zu diesem Typ.

Der *Helfer* (Typ 2) ist an hoher Moral und steter Hilfsbereitschaft orientiert. Er ist mitfühlend, freundlich und großzügig. Seine Grundmotivation ist es, gebraucht und geliebt zu werden. Das ist sein Pluspol. Wird ihm Anerkennung für seine Hilfsbereitschaft verweigert, wird er leicht manipulativ und symbiotisch. Er beutet dann die Hilflosigkeit anderer aus, um sich großartig und unersetzlich zu fühlen. Wer sich alleine helfen kann, dem weist er nach, dass das ein Irrtum ist und er auf seine Hilfe angewiesen ist. Der Helfer bewirkt zum Schluss das, was er am meisten fürchtet: Er wird gemieden und zieht sogar den Hass anderer Menschen auf sich. Die Mitleidsindustrie zieht diese Menschen an.

Der *Dynamiker* (Typ 3) möchte unbedingt besser, cleverer, erfolgreicher sein als der Rest der Welt. Die Dauerproduktion ist seine bevorzugte Lebensform. Dabei ist er selbstsicher, attraktiv und voller Energie: »Vorwärts! Vorwärts!« Seine Grundmotivation ist die Suche nach Bestätigung bis hin zur Bewunderung. Im Konflikt neigt er dazu, opportunistisch und betrügerisch zu handeln. Jedes Mittel ist ihm recht, Aufmerksamkeit auf sich zu ziehen. Später erweist sich viel von dem, wofür die anderen ihn bewunderten, als Fassade. Was der Dynamiker fürchtet, ereilt ihn: von anderen abgewiesen zu werden.

Ruht der *Künstler* (Typ 4) in seiner positiven Kraft, dann ist er intuitiv, schöpferisch und sensibel. Schönheit ist ihm wichtig. Seine Grundmotivation ist Selbsterkenntnis und emotionales Angekommensein. Fühlt er sich im Konflikt bedroht, geht er zum Minuspol: Statt sensibel ist er wehleidig, statt kreativ ist er dekadent. Der Alltag wird ihm fad und leer; die fehlende Großartigkeit entwertet sein Leben. Auch der Künstler bringt schließlich hervor, was er fürchtet: Er entfremdet sich in einem Ausmaß von sich selbst, dass ihm jede Aktivität sinnlos erscheint. Er ist nicht selten suizidgefährdet – Nirvanas Kurt Cobain.

Der *Denker* (Typ 5) ist interessiert und analytisch, originell und erfinderisch, im besten Falle wach und weise. Er möchte seine Umwelt verstehen, sucht nach Wissen und Bildung. Er kann zwar zu außergewöhnlichen Einsichten kommen, läuft aber Gefahr, zunehmend exzentrisch und verneinend zu werden. Wird ihm Nähe und Geborgenheit versagt, traut er nichts und niemandem mehr, wird feindselig gegenüber anderen Meinungen, glaubt nur noch seiner persönlichen Logik. Im Extremfall wird die Welt für den Denker ein bedrohlicher und unberechenbarer Ort.

Der *Loyale* (Typ 6) ist treu und pflichtbewusst, traut sich selbst und anderen, ist liebenswert und verlässlich. In seiner Grundmotivation möchte er Sicherheit und Berechenbarkeit, die er ebenso gerne gibt wie nimmt. Nach unverarbeiteten Konflikten neigt er zu bedingungslosem Gehorsam, sichert sich ständig ab, wird abhängig, feige und/oder aggressiv. Durch sein Misstrauen schlägt er jeden in die Flucht, mit dem er eigentlich zusammen sein möchte. Irgendwann ist der Loyale einsam und hat genau den Zustand erreicht, vor dem er sich fürchtet. Willy Loman, der Handlungsreisende aus Arthur Millers Drama.

Der *Positive* (Typ 7) ist in seinem Pluspol aktiv, fröhlich und optimistisch. Er kann genießen, ist empfänglich für das Angenehme des Lebens und ist dafür ausgeprägt dankbar. Seine Grundmotivation: glücklich sein, Spaß haben, sich amüsieren. Lässt sich Unangenehmes nicht dauerhaft vermeiden, kann er in Aktionismus und Gier eskalieren. Sein plakativer Konsum lässt ihn zunehmend unbefriedigt, sein Jugendwahn macht ihn würdelos. Die persönliche Apokalypse des Positiven endet in gehetzter Oberflächlichkeit, Absurditätsgefühlen und bisweilen alptraumhaftem Kummer.

Der *Boss* (Typ 8), willensstark, einflussreich und entschlossen, möchte im Grunde nur eins: autonom sein. Es ist für ihn undenkbar, auf die Hilfe anderer angewiesen zu sein. Seine Grundmotivation ist Macht und/oder Geltung: die Umwelt zum Besseren und Richtigen bekehren. Dafür sucht er Konflikte: Viel Feind, viel Ehr! Wird ihm (vor allem im Alter) die Anerkennung dafür versagt, eskaliert er zum Minuspol: ins Tyrannische. Sein geheimes Motto: »Niemand ist mir gewachsen.« Er kennt keine Grenzen mehr, beginnt sich über Gesetz und Regeln hinwegzusetzen. Ein Mensch vom Typ »Boss« zerstört zum Schluss alles, was er aufgebaut hat. Er scheitert dadurch mit seinem tiefen Anliegen, die Welt nach seinem Bilde neu zu formen. Ich.

Der *Vermittler* (Typ 9) ist friedfertig und umgänglich, hellwach und ausgeglichen, zufrieden und emotional stabil. Die Bandbreite seiner emotionalen Ausdrucksmöglichkeiten reicht von A bis B. Er möchte die Dinge so belassen, wie sie sind, sucht auch das Einvernehmen mit problematischen Positionen. Der Vermittler ist von allen Enneagramm-Typen der größte Konfliktvermeider. Eskaliert er, sucht er Ruhe und Frieden um jeden Preis. Er weigert sich hartnäckig, Konflikte und Probleme anzuerkennen, negiert die Notwendigkeit von Veränderungen, wird fatalistisch, ja stur. Ein eskalierter »Vermittler« distanziert sich von der Wirklichkeit, von anderen Menschen und zuletzt auch von sich selbst.

Soweit die neun Persönlichkeitstypen. Alle haben ein Plus- und einen Minuspol, alle sind gleichwertig. Finden Sie sich wieder? Normalerweise kann man die meisten Typen ausschließen und schwankt zwischen den restlichen zwei. Nehmen Sie beide! Und seien Sie sensibel vor allem für Ihre konfliktstimulierenden Energien. Um Rechthaben-Eskalationen zu bändigen, kann man gar nicht genug selbstaufmerksam sein.

Wir aber verlassen jetzt die Sphären der Selbstbegegnung und wenden uns wieder der etwas allgemeineren Frage zu: Was ist die Zielidee des Konflikts? Worauf soll er hinauslaufen?

Das Ziel des Konflikts

Hinter einem Konflikt stecken fast immer verdeckte, aber ernst zu nehmende Probleme, die bisweilen schon lange der Zuwendung harren. Die meisten Menschen sehen freilich *im Konflikt selbst* das Problem, das man lösen muss. Und auch *kann*, wenn man es nur »richtig« macht. Dann wäre der Konflikt gleichsam das notwendige Übel auf dem Weg zur vernünftigen, von allen geteilten Lösung. Ahnen Sie, worauf ich hinaus will?

Das Gegenteil ist nämlich der Fall:

> Konflikte lassen sich nicht lösen,
> nur besser handhaben.

Konflikte im Sinne von Interessenkonflikten lösen sich nicht einfach in Luft auf. Das ist eine Illusion, wenn auch eine gerne gepflegte. Dort, wo Sie sitzen, kann ich nicht sitzen. Das schließt sich aus. Das, was Sie besitzen, kann ich nicht besitzen. Beides geht nicht zusammen. Auch grundsätzliche Persönlichkeitseigenschaften sind so, wie sie sind. Eine »Einigung« ist da unmöglich, im Detail ist sie schon gar nicht vorstellbar. Dazu sind wir alle zu besonders, unsere Interessen zu unterschiedlich. Deshalb ist eine Lösung des Konflikts – im Sinne von »Beendigung« oder »Beilegung« – unwahrscheinlich.

Sie sind im Unausführbaren zu Hause, sollten Sie meinen, man müsse nach Austragen des Konflikts einer Meinung sein. Eine Meinung heißt Meinung, weil sie »mein« ist; sonst wäre sie eine »Deinung«. Die Unterschiede der Präferenzen und der Perspektiven lassen sich nicht einfach mit ein bisschen Vernunft überbrücken. Wer eine mehrköpfige Familie für ein gemeinsames Sonntagsprogramm zusammenbringen will, weiß, wovon ich spreche.

Wenn also Ihre Zielidee des Konflikts die »Einigkeit« ist, brauchen Sie erst gar nicht einzusteigen. Es kommt – unter dieser Bedingung! – fast immer zu Duellen, die nur neue Wunden aufreißen. Vielmehr geht es um pragmatisches Handhaben der Unterschiede. Das Ziel ist ein vernünftiges *Weitermachen* – trotz aller Differenzen.

Das Ziel des Konflikts ist nicht der Konsens, sondern das Weitermachen.

Man muss sich nicht einigen, aber arrangieren. Die erklärte Absicht der Beteiligten muss es sein, zu kooperieren, obwohl man sich in der Sache *nicht* einig ist. Das ist – und wenn Sie ehrlich sind, dann wissen Sie es – der Normalzustand jeder engagierten Partnerschaft, sei es Lebens- oder Arbeitsgemeinschaft. Dafür brauchen wir Auseinandersetzung nach Regeln und pragmatische Vereinbarungen bis auf Weiteres.

Ein vernünftiges, für alle erträgliches Weitermachen – das ist keine leichte Aufgabe. Ihr Gelingen setzt ein aktives Darauf-hin-Arbeiten voraus, ein mehrfaches »Wollen«:

1. Gemeinsam weitermachen *wollen.*

2. Den anderen als Gleichberechtigten anerkennen *wollen.*
3. Die Perspektive des anderen als bereichernd erleben *wollen.*
4. Dem anderen entgegenkommen *wollen.*
5. Die eigene Position als eine unter vielen relativieren *wollen.*

Alle diese Punkte sind wichtig; Punkt 5 allerdings will ich herausheben: den Selbstzweifel. Es ist eine Grundbedingung für das soziale Leben überhaupt, den eigenen Standpunkt *subjektgebunden* zu sehen. Nicht über jeden Zweifel erhaben zu sein. Sich irren können. Keine absolute Gewissheit für sich zu beanspruchen. Neugierig sein. Und bleiben. Das nennt die Philosophie »Fallibilismus«. Dieser bestreitet nicht die Möglichkeit einer absoluten Wahrheit (das tun die Relativisten). Er sagt auch nicht, dass der Mensch sich immer irrt (das meinen die Nihilisten). Sondern nur, dass der Mensch sich irren *kann.*

Was ist die gute Nachricht in diesen Überlegungen? Wer die Erwartung fallen lässt, ein Konflikt ließe sich lösen (und danach bräche Harmonie und Frieden aus), geht pragmatischer mit Konflikten um. Es fällt leichter, die Unterschiede bestehen zu lassen und *dennoch* gemeinsam weiterzumachen. Ein Gefühl von Freiheit stellt sich ein. Vielleicht nicht sofort, aber nach und nach. Probieren Sie es aus!

Perspektivwechsel: Both sides now

Wie können Sie das Weitermachen befördern? Zunächst und sehr grundsätzlich: Nutzen Sie den Spielraum des eigenen Denkens! Halten Sie nicht dogmatisch an einem Standpunkt fest. Schon gar nicht an Details. Denken Sie daran, wie Sie *nach* dem Streit dem anderen begegnen wollen. Sodann: Pflegen Sie Freundschaften mit Menschen aus den unterschiedlichsten sozialen Schichten. Lauschen Sie deren Wirklichkeiten. Seien Sie großzügig in der Bejahung, zurückhaltend in der Kritik. Was können Sie konkret tun, um mehr über andere zu erfahren, um andere Perspektiven als immer nur die eigene in Ihrem Leben zuzulassen? Lesen Sie jeden Tag einen Zeitungsartikel, dessen Thema sie eigentlich nicht interessiert. Lesen Sie Zeitungen, deren richtungspolitische Tendenz Sie nicht teilen. Besuchen Sie Kongresse jenseits Ihres Fachgebietes. Mindestens einmal im Jahr sollten Sie einen Philosophie-Kongress besuchen, Soziologen hören, Anthropologen, Biologen, Theologen. Gehen Sie in die Kirche, auch wenn Sie das sonst nie tun. All das und viele andere solche Maßnahmen, die Sie sich ausdenken können, erweitern Ihren Gesichtskreis und verdeutlichen Ihnen, dass die Welt, in der Sie leben, nicht die einzige ist. In meinem Leben erfüllen Musiker diese Funktion eines heimlichen Korrektivs. Was sie bewegt, womit sie sich beschäftigen, was sie wissen, das erlebe ich immer wieder als – anders. Meistens bereichernd, immer erfrischend. Letztlich findet man Variationen für den eigenen Lebensentwurf.

Sie merken wahrscheinlich, dass das, was ich hier beschreibe, kaum dem Normalverhalten entspricht. Dass Sie gegen die natürliche Neigung arbeiten müssen, »Mehr-vom-Selben« anzuhäufen, »unter sich« zu bleiben, sich bestätigen zu lassen. Ja, Selbstdisziplinierung ist anstrengend – und lohnend. Im Konflikt ist die Fähigkeit, die Dinge durch die Augen des anderen zu sehen, die alles tragende Voraussetzung für eine gelingende Zusammenarbeit »danach«. Mehr noch: *Alle Menschlichkeit resultiert aus dem Perspektivwechsel.* Lauschen Sie Joni Mitchell, deren ganzes Leben sich um das Uneinheitliche der Persönlichkeit gedreht hat: »Both sides now« aus dem Jahre 1969. Besser kann man es nicht illustrieren.

Both sides now

Rows and flows of angel hair
And ice cream castles in the air
And feather canyons everywhere
I've looked at clouds that way

But now they only block the sun
They rain and snow on everyone
So many things I would have done
But clouds got in my way

I've looked at clouds from both sides now
From up and down and still somehow
It's cloud's illusions I recall
I really don't know clouds at all

Moons and Junes and ferris wheels
The dizzy dancing way you feel
As every fairy tale comes real
I've looked at love that way

But now it's just another show
You leave 'em laughing when you go
And if you care, don't let them know
Don't give yourself away

I've looked at love from both sides now
From give and take and still somehow
It's love's illusions I recall
I really don't know love at all

Tears and fears and feeling proud,
To say »I love you« right out loud
Dreams and schemes and circus crowds
I've looked at life that way

But now old friends they're acting strange
They shake their heads, they say I've changed
Well something's lost, but something's gained
In living every day.

I've looked at life from both sides now
From win and lose and still somehow
It's life's illusions I recall
I really don't know life at all

Text und Musik: Joni Mitchell ■

Perspektivwechsel: Nachvollzug, Einfühlung, Empathie – ist das möglich? Nein, in einem engen und starken Sinne nicht. Das ist auch gar nicht nötig. Es genügt allein das Wissen, dass nicht alle Menschen so wahrnehmen, glauben, handeln, Zusammenhänge herstellen, Konsequenzen ziehen, kurz: leben und lieben wie man selbst. Es genügt die Einsicht, dass die eigenen Erfahrungen und Interessen nicht verallgemeinerbar sind. Ob man dabei gleich, wie einige Alleszertrümmerer fordern, die Perspektive des anderen *übernehmen* sollte (also Heterosexuelle für Homosexuelle etc.), sei dahingestellt. Aber dass die fremde Erzählung die eigene vervollständigt, kann kaum bestritten werden.

Damit sind wir bei einer Klippe angekommen, einer Grundbedingung: Ohne eine gewisse geistige Beweglichkeit ist kein erträgliches Miteinander möglich. Man muss bereit und fähig sein, den Perspektivwechsel als Quelle allen Zusammenlebens und -arbeitens anzuerkennen. Man muss bereit und fähig sein, das dann auch zu *tun*. In einem strengen erkenntnistheoretischen Sinn ist das nicht menschenmöglich; niemand kann durch die Augen eines anderen blicken. In einem schwachen Sinne aber ist es den Versuch wert: Wie könnte die Angelegenheit vom Standpunkt des Gegenübers aussehen?

Was aber, wenn Sie dieser Standpunkt gar nicht interessiert? Wenn Sie gar nicht gemeinsam weitermachen *wollen*?

Die ultimative Konfliktlösung

Wenn Konflikte nicht wichtig sind (im Sinne von »überlebensrelevant«), werden psychologische Spielchen gespielt. Vom Nicht-Verstehen-Wollen über Lagersolidaritäten bis zum Mobbing. Was aber können Sie tun, wenn ein Konflikt zwar wichtig ist, auch viel Energie bindet, aber nicht besser handhabbar ist? Wenn die Interessen so weit auseinander liegen, dass man lediglich klären kann, *dass* sie weit auseinander liegen? Wenn ein gemeinsames Weitermachen unerträglich scheint? Dieses:

> Manchmal heißt „einen Konflikt lösen" – sich vom Konflikt lösen.

Manchmal? Zu vorsichtig. Oft? Wie oft genau? Egal, wie die Antwort ausfällt: Es geschieht viel zu selten. Und meist ist eine solche Loslösung auch nur eindimensional gedacht. Dabei haben wir es mit einer Heiligen Vierfaltigkeit zu tun. Also, was heißt das vierfaltige »sich vom Konflikt lösen«?

1. Sie können sich *innerlich* lösen, sich nicht involvieren und sich nicht involvieren *lassen*. Dann schlagen Sie sich auf die Seite

der Unbeteiligten – eine Freiheit, die Sie immer haben und derer Sie sich von Zeit zu Zeit erinnern sollten. Manche der bisher vorgeschlagenen Denkfiguren können Ihnen helfen, den Konflikt »aus der Distanz« zu betrachten. Nicht so nah an sich herankommen zu lassen. Lohnt es überhaupt, sich über die Angelegenheit aufzuregen? Lohnt sich die Anstrengung, wenn Sie den Verlust an Zeit, Energie und den gestörten Seelenfrieden bedenken? Ist jemand wirklich so wichtig, dass er es wert wäre, sich über ihn zu ärgern? Das Spiel heißt ja klugerweise »Mensch ärgere dich nicht!«; es heißt nicht »Mensch ärgere *mich* nicht!«.

Diese Fähigkeit hört heute auf den Namen »Resilienz«. Persönliche Resilienz bestimmt in einem hohen Maße, wer Erfolg hat und wer scheitert. Egal, ob bei einer Scheidung, auf der Krebsstation, bei den Olympischen Spielen oder in Vorstandsetagen. Persönliche Resilienz bündelt so disparate Eigenschaften wie Anpassungsfähigkeit und Unabhängigkeit. Vor allem aber schätzen resiliente Menschen ihre Umwelt richtig ein: Sie unterscheiden zwischen Änderbarem und Nicht-Änderbarem. Von Niederlagen und Verlusten lassen sie sich nicht unterkriegen, nehmen die Dinge mit Humor und glauben an den nächsten Erfolg. Sie haben ein hohes Selbstwertgefühl und sind nicht leicht verwundbar. Eine Ressource, die man entwickeln kann. Literatur dazu gibt es zur Genüge.

2. Sie können den Konflikt lösen im Sinne von *»aufknoten«*. Dann irritieren Sie den Konflikt durch geeignete Interventionen. Diese kennen Sie als »Konfliktmoderation« oder »Mediation«. Ein anderer Aggregatzustand des Konflikts hilft, ihn abzukühlen. Sie können zwar nicht sicher sein, ob der neue Zustand erträglicher ist als der alte – aber es nicht zu versuchen, wäre verantwortungslos. Dazu mehr im nächsten Kapitel.

3. Sie können sich vom Konflikt lösen im Sinne von physisch *»trennen«*. Das ist nun ein sehr weites Feld, von vielen beackert

(auch von mir in früheren Büchern). Auf ihm trauern die leergelaufenen Freundschaften, die man leise und ohne Eklat sterben lässt. Es weht dann noch kühl an der Stelle, wo sie einst wohnten. Ein Beispiel gibt die Musikband, die sich nach inneren Zerwürfnissen, lange Jahre mühsam zusammengehalten vom äußeren Erfolg, endlich trennt im Sinne von »auflöst«. Oder: Was mache ich, wenn während einer Autofahrt meine beiden kleinen Söhne auf der Rückbank streiten? Ich setze einen nach vorne, ich trenne sie.

Zu diesem Punkt gehören auch die schwachleistenden oder unpassenden Mitarbeiter im Unternehmen, von denen man sich trennt im Sinne von »kündigen«. Hier dazu nur so viel: Wir haben etliche Führungskräfte, die sich in solchen Fällen ins Flachwasser der Anpassung retten. Konsequenzinvaliden. Statt klar zu sagen: »Wir haben Absprachen getroffen und die klage ich ein« oder »Sie brechen Spielregeln und das toleriere ich nicht«, beginnt die Herumeierei, der Ruf nach der Personalabteilung oder gar nach der nächsthöheren Instanz, die es richten soll. Nicht selten deckt man das Problem mit einer Neueinstellung zu. Falsch! Sie sollten unbedingt bereit sein, einen einmal begonnenen Weg zu beenden, wenn der Konflikt Ihnen keine gute Zukunft verspricht. Im Unternehmen ist nur das wichtig, was auch durch eine Trennung bezeugt werden kann. Sie sollten sich jedoch erst dann trennen, wenn Sie schonungslos geprüft haben, ob Sie Ihre Erwartungen deutlich kommuniziert, klar rückgemeldet und mögliche Konsequenzen unmissverständlich geklärt haben. Sie müssen den Raum verantwortungsvoll füllen, der sich zwischen Schweigen und Kündigung spannt, zwischen jahrelangem Schonen und jähem Schlussjetzt. Konsequent ist nur derjenige, der sich darin seiner Sache sicher ist.

Was jedoch, wenn das Trennen aus arbeitsrechtlichen Gründen nicht möglich ist bzw. aus unternehmenskulturellen Gründen erschwert wird? Dann wird es ernst. Denn Konflikte am Arbeitsplatz haben erfahrungsgemäß eine Besonderheit, die bereits eingangs angesprochen wurde: Sie verbleiben nicht am Arbeitsplatz. Man nimmt sie in der Regel mit nach Hause. Dort vergällen sie nicht selten das Familienleben, werden übertragen auf Lebenspartner und Kinder. Man läuft herum mit einem dicken Kloß im Magen. Angst, Ärger, Abneigung, Niedergeschlagenheit – starke Emotionen, es steht ja viel auf dem Spiel. Nicht nur Geld, Karriere, Ansehen. Auch die eigene Gesundheit. Wenn Sie unter diesen Umständen langfristig gute Miene zum bösen Spiel machen wollen, brauchen Sie einen starken Cocktail aus Seneca und den Stoikern. Was, wenn Sie davon nicht abhängig werden wollen? Dann gibt es eine vierte Möglichkeit …

4. Sie können sich lösen im Sinne von *»selbst woanders hingehen«*. Sie müssen sich den Konflikt nicht antun, wenn Sie nicht wollen. Niemand kann Sie hindern, Ihr Heil in der Veränderung äußerer Umstände zu suchen: neue Firma, neuer Job, neuer Chef, neue Kollegen, neue Stadt, neues Land, neuer Lebenspartner. Das sollten Sie ernsthaft erwägen. Das sollten Sie nicht als »theoretisch« zur Seite schieben. Aber seien Sie gewarnt: Mancher glaubt etwas Größeres oder Besseres zu finden, als er schon kennt. Er träumt von Lebenssituationen voller Befriedigung, Anerkennung und Wohlbefinden. Er packt seine Koffer, verabschiedet sich vom Alten (nicht selten von seiner Umgebung beneidet) und wacht schließlich in einem anderen Bett auf – und da, neben ihm, ist das nämliche Selbst, unverändert, vor dem er floh. Die alte zeitgehärtete Prägung bricht immer wieder hervor, auch unter veränderten äußeren Umständen. Der Irrtum, der solchen Loslösungsentscheidungen zugrunde liegt und stets mit Verspätung erkannt wird: Man nimmt sich immer mit!

Was auch an »Wenn« und »Aber« aufkommt: Prüfen Sie die Option des Weggehens aufrichtig! Die meisten Menschen tun es nicht. Sie halten am Abgelebten fest, kommen gar nicht auf die Idee, woanders hinzugehen. Ich erinnere eine Führungskraft aus einem Unternehmen, das früher ein staatseigener Betrieb war und deshalb viele ehemalige Beamte »beschäftigte« (im Wortsinne). O-Ton: »Meine Mitarbeiter sind alle unkündbar. Die haben Beamtenmentalität. Was soll ich denn da als Chef machen? Die können jedes Problem aussitzen!« Das ist ein Konflikt, den ich aus meiner Beratungspraxis gut kenne: Man macht sich als Führungskraft lächerlich, wenn man nicht warnen, wenn man nicht mit Beendigung des gemeinsamen Weges drohen kann. Was jedoch hindert diese Führungskraft daran, *selber* zu gehen? Was hindert sie, aufzustehen und sich ein anderes Spielfeld zu suchen? Offenbar Dinge, die ihr wichtiger sind als der Konflikt. Die Würdelosigkeit ihrer Freiheitsbeschneidung nimmt sie dafür in Kauf. Ich nehme an, Sie werden sich in diese Führungskraft hineinfühlen können, ihr Dilemma möglicherweise als Ihr eigenes kennen. Und bitte verstehen Sie mich nicht falsch, ich will die Verlegenheit nicht vom Tisch wischen. Aber die oben zitierte Führungskraft traf eine Wahl, traf sie täglich, schlug Alternativen aus. Dafür ist sie verantwortlich. Unser Mitleid sollten wir uns für jene aufbewahren, die sich wirklich nicht selber helfen können.

Bevor Sie jedoch die Flinte ins Korn werfen, sollten Sie ernsthaft ein Konfliktgespräch führen. Wie, das lesen Sie im Folgenden.

Konfliktgespräche führen (I): Der richtige Zeitpunkt

Wie kommt man heraus aus dem Dickicht von gereizten Vermutungen, bösen Unterstellungen, verhärteten Positionen? Dann dürfen Sie nicht abwarten, dann müssen Sie aktiv werden. Die Nummer »Wer tut den ersten Schritt?« ist etwas für Unsouveräne. Ebenso Selbstgespräche wie »Jetzt ist der andere aber am Zuge.« Souverän hingegen ist es, auf den anderen beherzt zuzugehen. Das funktioniert gut mit dem Satz: »Es tut mir leid, wie es gelaufen ist. Das ist mir nicht egal. Ich möchte mich mit Ihnen über die unterschiedlichen Sichtweisen austauschen.« Dadurch gesteht man nicht zerknirscht Schuld ein, sondern schafft eine persönliche Ebene und startet den Ausgleichsversuch.

Wann? Es schadet nicht, sich zunächst in der fast verlernten Kunst des *Zögerns* zu üben. Augustus, nicht nur als Monatsnamengeber Nachfolger des großen Julius Caesar, soll im Zorn immer erst das Alphabet aufgesagt haben, bevor er reagierte. Hat er deshalb dem römischen Reich 40 Friedensjahre geschenkt, damals unvorstellbar? Wenn es also irgendwie möglich ist, vermeiden Sie Spontanität! Vor allem, wenn Sie sich im Krach »mitten drin« fühlen, unfähig zu analytischer Distanz. Viel spontan Gesagtes wird später bereut. Zudem verlieren Sie mit Spontanität selbst gewöhnlich mehr als Sie gewinnen. Warten Sie zumindest einige Minuten nach dem ersten Ärger ab, bis dieser verraucht ist. Ärger bedeutet Stress, Stress bedeutet geringere Durchblutung des Gehirns. Physiologisch dauert es etwa zehn Minuten, um vom Gipfelpunkt der Übererregung runterzukommen. Die berühmte »Nacht darüber schlafen« mag lang sein, aber als Symbol des Überlegens ist sie nicht falsch. Hilfreich ist auch der »Spaziergang um den Block«, Bewegung oder Sport und die Wiederaufnahme des Themas nach ein bis zwei Stunden. Das erhöht auf allen Seiten die Gesprächsbereitschaft. Oft erlebe ich, wie Manager alles sofort klären wollen und sich wundern, dass beim Mitarbeiter oder Kollegen nichts ankommt. Falscher Zeitpunkt, weil zu schnell!

Ich weiß, der passende Zeitpunkt kommt nie. Aber schließen Sie zumindest den *unpassenden* aus. Zum Beispiel, indem Sie sich ehrlich die folgenden Fragen beantworten: Wie viel Tribüne ist im Spiel? Kann Ihr Gegenüber gerade Ihre Kritik überhaupt aufnehmen? Ist die Situation so, dass er zuhören und nachdenken kann, ohne sein Gesicht zu verlieren? Wer sein Gegenüber gut kennt, kann ungefähr den richtigen Zeitpunkt einschätzen: In welcher Situation lenkt jemand schneller ein? Zum Beispiel, wenn etwas Wichtigeres vor der Tür steht. Oder wenn die Zeit drängt. Ein verstörendes Beispiel erzählte mir ein junger Krankenhausarzt, der bemerkte, dass es in der morgendlichen Chefarztbesprechung bei den ersten »Fällen« regelmäßig zum Konflikt kam. Die Experten stritten hartnäckig um Diagnose und Therapie. Je weiter die Uhr vorrückte und sich das Ende der Besprechung näherte, desto schneller wurden die Fälle durchgewunken: »Sie wissen schon, Herr Kollege, wie man diesen Fall behandelt.« Unser junger Arzt lernte daraus, seine Patienten erst kurz vor Besprechungsende zu präsentieren. Damit konnte er verhindern, dass, überspitzt formuliert, seine Patienten mit einer Nierendiagnose hereinkamen und mit einer Beinamputation heraus.

Also: Konfrontieren Sie so früh wie möglich. *Aber nicht früher.* Nicht hastig. Sammeln Sie keine negativen Gefühle. Denn man kann eben auch zu lang warten. Wie Sie im nächsten Kapitel lesen können.

Konfliktgespräche führen (II): Rabattmarken fortwerfen

Kennen Sie noch Rabattmarken? Meine Mutter schickte mich oft zu Kaiser's Kaffeegeschäft (mit dem grammatikalisch falschen Apostroph-s), um sie einzutauschen. Heute sind sie durch Bonusprogramme, Meilengutschriften und Loyalitätspunkte ersetzt. Aber das nur für junge Leser, um das Folgende zu verstehen …

Stellen Sie sich vor, Ihr Lebens- oder Arbeitspartner tut etwas, was Ihnen ganz und gar nicht gefällt. Sie sind vielleicht von seinem Verhalten überrascht, reagieren nicht sofort, warten erst einmal ab. Dieses Ereignis kleben Sie aber schon mal als kleine Rabattmarke in Ihr Rabattmarkenbuch. Derweil beobachten Sie das Verhalten des anderen aufmerksamer. Und richtig! Mit den (leicht abgewandelten) Worten von Britney Spears: »Oops, he did it again!« Sie reagieren wiederum nicht; eine verärgerte Reaktion scheint Ihnen verfrüht, vielleicht auch der Sachlage nicht angemessen. Aber eine weitere Rabattmarke ist fällig, eine größere. Oder wegen der Schwere des Vorfalls vielleicht zwei? Sie sind jetzt deutlich gereizter als zuvor. Sie bringen schon mal die Kanonen in Stellung, halten jedoch noch ihr Pulver trocken. Und wieder macht Ihr Partner, was Ihnen nicht gefällt – er selbst aber in Ordnung findet, sonst würde er es nicht tun. Noch einmal zögern Sie, Sie sind sich nicht ganz sicher, wie Sie reagieren sollen. Aber jetzt kleben Sie gleich drei Rabattmarken. Sie stellen eine Falle auf und warten: »Wenn er das noch einmal macht, dann …!« Darauf müssen Sie nicht lange warten. Das Opfer tappt nichtsahnend in die Falle. Und dann gibt es: kein Halten. Sie pumpen sich richtig auf. Das Maß ist voll, das Rabattmarkenbuch auch, Sie tauschen es ein. Sie fühlen sich berechtigt, durchzugreifen, mal richtig vom Leder zu ziehen: »Immer machen Sie …!«, »Nie tust du …!«. Der andere ist ziemlich verdattert, sich keiner Schuld bewusst, hält dementsprechend Ihre Reaktion für völlig übertrieben: »Wie kann man sich über ein solche Kleinigkeit nur so aufregen!« Ihr Gegenüber weiß ja nicht, dass Sie schon eine ganze Weile Rabattmarken kleben. Eine Chance zur Veränderung haben Sie ihm nicht gegeben. Es geht dann nur noch um das letzte Wort. Eine zugeschlagene Tür macht sich gut.

Dieses Psychospiel heißt »Jetzt hab ich dich endlich« und ist ein beliebter Gesellschaftsspaß nicht nur im Privaten, sondern auch in betriebsinternen Verfolgerkulturen. Kennen Sie dieses Verhalten auch an sich selbst, wenn Ihre Wut nicht blind ist, sondern lauernd? Wenn ja, dann wartet jetzt eine der wertvollsten Nachrichten auf Sie, die ich Ihnen für Ihr Konfliktverhalten mitgeben kann:

Sie haben kein Recht, alten Ärger zu präsentieren!

Es ist oft so, dass sich der Krach von seinem Ursprung zeitlich weit entfernt hat, sogar Jahre zurückliegen kann. An die damaligen Umstände kann sich niemand so recht erinnern. Der andere schon gar nicht. Aber Sie lauerten und hatten viele böse Stunden Zeit, alle erdenklichen Eigenschaften und Vorfälle der näheren und ferneren Vergangenheit hervorzuholen und sich in gemein geschliffenen Worten zurechtzulegen. Fast vergessene Kränkungen fallen Ihnen ein, kleine ungesühnte Bosheiten. Sie eilen Tage, Wochen, Monate, Jahre zurück und suchen nach alten Waffen, mit denen sich alte Wunden aufreißen lassen.

Klar und deutlich: Sie haben zum richtigen Zeitpunkt Ihre Chance vertan! Jetzt müssen Sie damit zurechtkommen. Gefordert ist Ihre Fähigkeit, mit dem Vorfall abzuschließen. Wenn Sie Kinder haben, wissen Sie das: Entweder sofort konfrontieren oder gar nicht! Ein Kind kann sich schon nach wenigen Minuten kaum mehr erinnern, was es getan hat. Aber auch bei Erwachsenen versinken Vorfälle schnell ins Vergessen. Ich hatte einst eine Nachbarin, die ihrem Ehemann dreißig Jahre alten Ärger präsentierte. Damals gab es einen Fehltritt seinerseits, seitdem hat sie geschwiegen. Vernünftig können beide heute nicht mehr darüber reden. Oder die vielen Ehekräche, in denen zur Untermauerung der Argumente hervorgeholt wird, dass der andere 1996 den Hochzeitstag vergessen hat. So kommt es oft zu Trennungen, weil ein oder beide Partner ihre schlechten Gefühle aufstauen.

Einen ähnlichen Effekt haben Mitarbeitergespräche, die einmal jährlich geführt werden. Sie werden in der Regel den Leistungspartnern aufgezwungen, weil die Personalabteilungen das so wünschen. Die Absicht mag ehrenwert sein. Aber sind es auch die Konsequenzen? Es hat die unerwünschte Nebenwirkung, dass viele Führungskräfte in Stasi-Manier Beobachtungen sammeln. Am Jahresende oder spätestens zu Beginn des neuen Jahres wird ja »abgerechnet«. Dann will man etwas Substanzielles sagen bzw. den Bonus anpassen. Das wiederum verführt dazu, in der konkret-aktuellen Situation eines »Fehlverhaltens« passiv zu bleiben, um dann einmal im Jahr auftrumpfen zu können. Aus dieser Sicht ist das Mitarbeitergespräch eine Einladung zur situativen Verantwortungslosigkeit. Eine psychoorganisatorische Verlockung, alten Ärger zu präsentieren.

Daher ist es wichtig, nicht »aus der Übung zu kommen«. Damit Sie nicht so viel Anlauf nehmen müssen – und dann über das Ziel hinausschießen. Kleben Sie keine Rabattmarken! Servieren Sie nicht alten Ärger! Vermischen Sie nicht Ihren Zorn über das Verhalten des anderen mit dem Ärger über sich selbst, weil Sie so lange gewartet und dabei sich innerlich verschmutzt haben. Ihr zorniges »Jetzt reicht's!« ist ein Hinweis, dass Sie nicht erst seit Kurzem ein Ärgerkonto führen. Löschen Sie es! Das befreit ungemein.

Konfliktgespräche führen (III): Klarheit und Klärung

Ein Konfliktgespräch erfordert Konzentration. Das Problem während des Gesprächs ist, dass die Konfliktpartner entweder selber sprechen oder im Kopf schon den Widerspruch vorbereiten. Das Zuhören, das Daraufachten, was der andere sagt, gar der Versuch, das vom anderen Gesagte in sich entstehen zu lassen, genau dies bleibt meist auf der Strecke. Kaum jemand beherrscht die Kunst, den anderen nicht nur »zu Wort kommen« zu lassen, sondern ihm auch zuzuhören (früher konnten tiefe, seufzende Züge an der Zigarette dabei helfen).

> **siehe auch Seite 216: Blickkontakt**

Zwingen Sie sich und den anderen zwischendurch zu *Pausen* (ja, ich meine »zwingen«), um innezuhalten, nachzudenken, Verhältnismäßigkeiten zu prüfen, den Tunnelblick zu öffnen, Festgefahrenes aus anderem Blickwinkel zu betrachten, neu anzusetzen. Der Ablauf eines Konflikts ist *nicht alternativlos*. Er kann unterbrochen werden. Auch ein Ausflug in die reflektierende Zurückgezogenheit des »stillen Örtchens«, über das Peter Handke so eindrucksvoll geschrieben hat, bringt eine neue Dynamik.

Nun, was ist unter »Klarheit und Klärung« zu verstehen? Vor allem das: nicht den anderen *schonen*. Schonen hält die Menschen klein. Verachten Sie nicht die selbsthelferischen Kräfte! Muten Sie dem Gegenüber Ihre Perspektive zu! Muten Sie ihm Erwachsensein zu! Deuten Sie Probleme nicht nur an, sondern formulieren Sie sie aus. Bleiben Sie nicht beim »So geht das nicht!« oder »Das muss anders laufen!«. Begründen Sie, definieren Sie Wünsche, Leistungen und Gegenleistungen. Sie haben das Recht, für Ihre Bedürfnisse einzutreten. *Klar* einzutreten:

Blickkontakt

Von Angesicht zu Angesicht: Das gilt zweifellos als die Königsdisziplin des Konfliktgesprächs. Aber es ist nicht nur herausfordernd, es ist vielfach überfordernd. Und kontraproduktiv, wenn man auf die Konsequenzen schaut. Prüfen Sie sich selbst: Dem anderen in die Augen blicken und wirklich zuhören, zuhören im Sinne von »lauschen«? Extrem schwierig. Sehr viel Energie fließt in das Lesen der Mimik und Gestik des anderen, fließt, mehr noch, in die eigene Gesichtskontrolle. Das alles lenkt ab vom Inhalt. Der Pianist Igor Levit schaut immer auf die Tischplatte, wenn er interviewt wird; erst wenn er selbst spricht, hebt er den Kopf und schaut den Gesprächspartner an.

Die aufrichtigsten Gespräche kann man ohne Blickkontakt führen. Zum Beispiel auf Autofahrten: Das sitzt man nebeneinander, nah genug, ohne sich direkt anzuschauen, sucht nicht nach winzigen Anzeichen der Halbwahrheit. Die katholische Kirche hat genau gewusst, warum sie Vorhänge in ihre Beichtstühle hängte. Und auch die Couch des Psychoanalytikers ist Blickvermeidung. Einer meiner Ausbilder schloss die Augen, wenn ich etwas sagte. Das irritierte mich zunächst, war aber seine Weise der Konzentration auf das gesprochene Wort. Ich selbst habe Konfliktgespräche moderiert, bei denen die Konfliktpartner auf zwei Seiten einer Pinnwand miteinander sprachen, sich hören konnten, jedoch nicht sehen. Im Extremfall tut auch ein Telefon gute Dienste. Abzuraten ist vom Schreiben. Vor allem die Verkürzung, die zum Beispiel eine SMS verlangt, birgt riesiges Aggressionspotenzial. Schlimmer ist nur noch Schweigen. Meistens. ■

Aus der Furcht, zu weit zu gehen, gehen wir oft nicht weit genug.

Laden Sie synchron Ihr Gegenüber ein, auch seine Perspektive zu formulieren: »Wie sehen Sie das?«, »Was sind Ihre Gedanken dazu?«.

Wenn Sie konkret in die Klärung eines Konflikts einsteigen, sind *sieben Elemente* hilfreich, die nun folgen. Dabei unterscheide ich idealtypisch zwischen »Kritik« und »Klärung«. Die Kritik setzt herab, tut weh, will in die Anpassung drängen. Wenn Kritik »geübt« werden muss, dann sollten wir auf diese Übung verzichten. Die Klärung hingegen lässt die Konfliktlinie *zwischen* zwei Parteien, zieht sie nicht monologisch in sich selbst hinein. Die sieben Elemente sind vertikal wie horizontal nicht trennscharf, aber doch hinreichend unterscheidbar, sodass Schwerpunkte sichtbar werden. Zum Schluss ergeben Sie eine magische Formel. Mit der können Sie konkret in eine *Konfliktmoderation* einsteigen. Hier zunächst ein Überblick:

Kritik		**Klärung**
Du	–	Ich
Person	–	Problem
Allgemein	–	Spezifisch
Beschuldigen	–	Ändern
Vergangenheit	–	Zukunft
Eigener Vorteil	–	Gemeinsamer Vorteil
Trennung	–	Beziehung

Diese Unterscheidungen beschreibe ich im Folgenden detailliert.

Konfliktgespräche führen (IV): Die sieben Klärungen

Du/Ich

Wie fühlen sich solche Botschaften an: »Du kommst immer zu spät.« – »Von deinen Haaren in der Dusche kann man eine Perücke machen.« – »Sie haben die Präsentation nicht sauber gegliedert.« – »Wann halten Sie sich endlich an die Compliance-Vorschriften«? Nicht so toll, nicht wahr? Es sind *Du*-Botschaften, die die meisten Menschen in Konfliktsituationen reflexhaft senden. Man schaut ja auch nach außen, auf den anderen, ärgert sich über ihn. Deshalb *reden Sie nicht über Ihre Bedürfnisse*, sondern *bewerten das Verhalten anderer*. Das können Sie natürlich so machen, aber es erzeugt vor allem Widerstand. Deshalb reihe ich mich an dieser Stelle ein in die viel gehörten und selten beherzigten Appelle: *Ich*-Botschaften wären effektiver! Etwa: »Ich habe ein Problem …« »Ich nehme wahr …« »Ich erlebe …« »Mir gefällt es nicht …« »Aus meiner Sicht …«

Also, streichen Sie Du-Botschaften! Statt »Du lässt immer deine Kleidung herumliegen«, sagen Sie besser: »Ich kann schlecht damit umgehen, wenn auf dem Boden Kleidung herumliegt; dann fühle ich mich unwohl.« So klären Sie, was es mit Ihnen macht, wenn Sie Unordnung erleben. Schildern Sie, dass Sie darunter leiden, wenn sich das Verhalten des anderen in Ihre Lebensqualität dehnt. Oder: »Mir gefallen auch manche Vorschriften nicht, aber wenn wir zusammenarbeiten wollen, müssen wir nach den Regeln spielen.« So kann es gelingen, über Bedürfnisse zu sprechen und eventuell Auswege zu finden. Man muss üben, dabei beharrlich zu bleiben. Der andere wird immer wieder versuchen, Sie aus Ihrer Ich-Haltung herauszulocken und einen Vorwurf zu provozieren, auf den er gegenaggressiv reagieren kann. Bleiben Sie standhaft!

Jedoch: Als manipulativer Sprachtrick funktionieren Ich-Botschaften nicht. Sie werden nicht umhinkommen, das (Fehl-)Verhalten eines anderen anzusprechen. Mehr noch geht es darum, die Auswirkungen auf Sie selbst zu artikulieren. Mithin geht es um die Konsequenz dieser Erkenntnis: Ohne *Sie* gäbe es den Konflikt gar nicht! Das sollten Sie sich immer wieder klar machen. Erst wenn Sie hinzukommen, wird aus dem Verhalten eines anderen Menschen ein *negatives* Verhalten. Erst durch Sie wird aus dem Wetter ein »schlechtes Wetter« (die Hopi sagen: »The sky is always perfect«). Diese *Hinzufügung* dümpelt aber im toten Winkel unseres Bewusstseins. Sie wird externalisiert, nach außen gewendet. Das ist auch einfacher: »Der *andere* hat ein Defizit!«

Es ist leicht, Ich-Botschaften als unauthentisch und verhaspelt zu kritisieren. Etwa: »Ich hätte mich gefreut, wenn du die Theaterkarten nicht vergessen hättest.« Oder: »Ich fänd es prima, wenn wir nach dem Kochen nicht die Küche renovieren müssten.« Ja, das kann man belächeln. Vor allem temperamentvolle Zeitgenossen können mit Ich-Botschaften wenig anfangen; sie müssen manchmal nur Dampf ablassen, und dann ist es schnell wieder gut. Einverstanden. Ich gebe aber zu bedenken, dass Authentizität kein Wert an sich ist. Die Idee der Authentizität ist so lange attraktiv, bis man auf Menschen stößt, die sich authentisch verhalten. Das nennt man dann unhöflich, rücksichtslos oder gar unbarmherzig. Nur Tiere sind authentisch. Menschen spielen *immer* Rollen in sozialen Kontexten. Sie sollten sich entsprechend zivilisiert verhalten. Auch radikale Ehrlichkeit hat sich lediglich auf ungeschminkt geschminkt.

Was ich Ihnen empfehle: Nehmen Sie sich Zeit zur Vorbereitung eines Konfliktgesprächs. Ohne Vorbereitung geht das nicht. Denn Ihre spontane Reaktion wird wahrscheinlich eine Du-Botschaft sein. Also, atmen Sie tief durch, lassen Sie sich Zeit, wählen Sie Ihre Eingangsworte sorgfältig, notieren Sie sie, lernen Sie sie auswendig, bleiben Sie beharrlich beim »Ich« – das wäre kein schlechter Anfang.

Person / Problem

Die Kritik neigt dazu, eine Person »als Person« zu kritisieren. Sie nimmt den »ganzen« Menschen in den Blick, kritisiert ihn vollumfänglich. Sie unterscheidet nicht zwischen der Person und ihrem Verhalten. Deshalb sagt die Kritik: »Sie *sind* so.« Klärung sagt hingegen: »Sie *verhalten* sich so.« Besser noch: »Ich habe ein Problem mit Ihrem Verhalten.« Fokussieren Sie auf ein Problem, dann sprechen Sie nicht über die Person »als solche«. Sondern konzentrieren sich auf das von Ihnen *Beobachtbare* und auf die Schwierigkeiten, die Sie damit haben. Es ist deshalb von Belang, auch explizit zu sagen, dass Sie keine Aussage über die andere Person treffen, sondern nur mit einem bestimmten *Verhalten* nicht einverstanden sind.

In der Forschung ist die Auffassung verbreitet, dass es geschlechtsspezifische Unterschiede in der Bereitschaft gäbe, die Unterscheidung »Person/Problem« anzuerkennen. Frauen würden kritische Bemerkungen in Konflikten tendenziell »auf sich« als ganze Person beziehen. Sie fühlten sich in ihrer Gesamtheit infrage gestellt. Männer hingegen kämen kaum auf die Idee, dass man sie als Person kritisieren könnte. Sie erlebten sich nur in Einzelaspekten kritisiert, könnten auch ein alternatives Verhalten zeigen, die Flexibilität stünde Ihnen zu Gebote. Sollten diese Forschungen realitätsnah sein, dann wäre ja ausnahmsweise ein männlicher Wesenszug nicht »toxisch«, sondern konfliktbegrenzend. Für unsere Zwecke hier jedoch gilt es klarzustellen: »Ich kritisiere Sie nicht als Person, sondern habe einen Konflikt mit Ihrem Handeln.«

Allgemein / Spezifisch

Die Kritik hat eine Tendenz ins Allgemeine, die Klärung bleibt im Spezifischen. Die Verallgemeinerungstendenz der Kritik habe ich im Zusammenhang mit den »Rabattmarken« schon angesprochen. Ein Teilaspekt sei wiederholt: Um den Anpassungsdruck zu erhöhen, wird das negative Erleben ins Absolute und Generelle aufgetürmt. Sie erkennen die Kritik leicht an Worten wie »immer«, »nie« oder »typisch«. Diese Worte weisen auf etwas durchgängig Beobachtetes hin. Entsprechend bauen sich Emotionen auf, die irgendwann ein Ventil brauchen. Aber, wenn Sie das Wortspiel zulassen, »immer« stimmt »nie«! Ihr Gegenüber wird mit Recht darauf verweisen, dass Sie unstatthaft verallgemeinern. Dass Sie Unterschiede übersehen und Ausnahmen. Und dass in dieser allumfassenden Gültigkeit ja auch kein Gegenstand zu diskutieren ist.

Besonders gerne bewegen sich die Konfliktpartner von der konkreten Situation weg, hin zum abstrakten »man«. Ich erinnere noch gut eine Situation, in der drei Elternpaare (darunter ich und meine Frau), die gemeinsam ein Grundstück pflegten und dabei die heranwachsenden Kinder beteiligten, über den Umgang mit defekten Gartengeräten diskutierten. Ein Nachbarssohn hatte eine schadhafte Motorsense kommentarlos in den Werkzeugschuppen zurückgestellt. Das galt es zu besprechen. Wir starteten mit der Frage »Wie können wir sicherstellen, dass unsere Kinder einen Schaden melden?«. Nur wenige Minuten dauerte es, dann waren wir bei der Frage gelandet: »Soll *man* Kinder an der Gartenarbeit beteiligen?« Das war nun aber eine ganz andere Kategorie und »man« ohnehin ein Niemand. Die nächste Stufe wäre vielleicht gewesen: »Wieso haben wir überhaupt einen Garten?« Wer da nicht mit stoischer Beharrlichkeit bei der konkreten Situation bleibt, feiert ein Schlachtfest der Abstraktionen.

Was folgt daraus? Vermeiden Sie im Konflikt Worte wie »immer«, »nie«, »typisch«. Bleiben Sie spezifisch. Verharren Sie in schamanischer Versenkung bei dieser besonderen Situation. »Hier und jetzt« gilt es, dieses Problem zu lösen. Streichen Sie das konformistische »man« aus Ihrem Wortschatz. Rutschen Sie nicht auf der Bananenschale aus, die jemand Ihnen hinwirft, um auf die nächste Abstraktionsstufe zu klettern. Denn dort landen Sie im Nirgendwo.

> siehe auch Seite 224: Die nächste Verallgemeinerungsstufe

Überlegen Sie vor dem Konfliktgespräch sehr konkret, *was genau* Sie erreichen wollen. Lassen Sie vor allem keine Ego-Energie zu, das putscht nur die Ego-Energie des anderen auf. Fragen Sie sich: Dient Ihre Kritik wirklich der Sache? Oder schmeichelt sie vor allem Ihrem Geltungsdrang? Wenn Sie verletzend kritisieren, wird sich der andere nur weiter verhärten.

Und sollten Sie jemandem eine Rückmeldung geben wollen, die Sie »Feedback« nennen (statt »Kritik«), *dosieren* Sie diese! Nennen Sie nur *eine* Beobachtung. Wenn Sie mehrere haben, haben Sie zu lange gewartet, haben dem anderen keine Gelegenheit gegeben, sein Verhalten zu ändern. Fair ist das nicht. Und passen Sie als Führungskraft auf, dass Sie den Mitarbeiter nicht handzahm machen. Mit dem werden Sie den Wettbewerb der Zukunft nicht gewinnen.

Beschuldigen / Ändern

Ziel jeden Konflikts ist es, ihn zu beenden. Ein Paradox. Denn dann hätte man ihn gar nicht erst starten müssen. Auch ich habe viele Jahre geglaubt, Menschen wollten Konflikte beenden. Erst zunehmende Erfahrung wies mich darauf hin, dass das selten der Fall ist. Konfliktpartner gehen keineswegs stillschweigend davon aus, dass der Konflikt gelöst werden soll. Die meisten Menschen halten an ihm fest. Weil sie *beschuldigen* wollen. Sie wollen auf der »richtigen« Seite stehen. Das ist wichtiger, als die Sache aus der Welt zu schaffen. Es gefällt ihnen, mit dem Finger auf andere zu weisen wie Grünewalds Johannes. Es ordnet ihre Welt in gut und schlecht. Und diese Ordnung gibt niemand gerne auf. Deshalb will Kritik nichts ändern, sondern anklagen. Sie will »alten Ärger« loswerden, offene Rechnungen begleichen – wie oben gezeigt. Der andere soll Asche auf sein Haupt streuen, »mea culpa!« rufen und im schwarzen Loch verschwinden. Tut er das, ist der Kritiker besänftigt.

Bei langweiliger Büroarbeit, in einer erloschenen Beziehung, bei einem lahmen Wahlkampf oder ereignislosem Weltgeschehen ist der Konflikt ja auch eine willkommene Ablenkung. Man hegt und pflegt ihn in Ermangelung eines wirklich herausfordernden Themas, einer erfüllenden Aufgabe. Wer den Konflikt beilegen will, steht dann oft allein da. Die anderen verteidigen geradezu ihren Konflikt nach dem Motto: »Wenn du die Lösung bist, bist du unser Problem.« Ohne dass sie wissen, wie recht sie damit haben …

Das klärende Gespräch will hingegen *ändern*, nicht anklagen. Die Klärung will deshalb mobilisieren. Ein unbefriedigender Zustand soll verbessert werden Es geht nicht darum, selbst besser dazustehen. Deshalb ist das Ergebnis offen. Ändern heißt »Nicht-mehr-so-wie-jetzt«. Es eröffnet die Chance, für die eigenen Bedürfnisse einzutreten, ohne über die Bedürfnisse anderer hinwegzugehen.

Vergangenheit / Zukunft

»Warum?« Die Antwort auf diese Frage hat das mittelalterliche Denken noch dem Satan in die Schuhe geschoben, wenn etwas schieflief. Der ist heute demissioniert. Aber die Menschen fragen immer noch: »Warum? Wie wurde der Karren in den Dreck gefahren?« In nahezu allen Lehrbüchern zur Konfliktmoderation ist deshalb zu lesen, man solle die Entstehungsgeschichte des Kon-

Die nächste Verallgemeinerungsstufe

Sollten Sie Tennisfan sein, erinnern Sie sich vielleicht an das Damenfinale der US Open 2018. Serena Williams spielte gegen die Außenseiterin Naomi Osaka. Die Favoritin geriet überraschend schnell in die Defensive. Williams verwandelte ihre Leistungsschwäche in Unmut über Entscheidungen des Schiedsrichters. Als dieser sie wegen verbotener Coaching-Kommunikation verwarnte, steigerte sie sich in einen allgemeinen »Ich-verliere-lieber-als-ich-betrüge«-Schwur. Mit der impliziten Forderung, »man« sollte immer so handeln, allumfassend. Also andere auch. Als die Situation durch eine weitere Strafe eskalierte, schob sie ihre drohende Niederlage noch eine logische Ebene höher: auf die Ebene eines Mann-Frau-Konflikts. Der (männliche und weiße) Schiedsrichter hätte zuvor noch nie einen männlichen Spieler wegen Coachings verwarnt. Die Bestrafungen seien reiner Sexismus. Das Endspiel endete im Eklat. In der anschließenden Pressekonferenz ließ sie verlauten, sie werde sich weiter für die Sache der Frauen mit schwarzer Hautfarbe einsetzen.

Im Konfliktfall nimmt das Rechthabenwollen gerne voller Elan die *nächste Verallgemeinerungsstufe*. So schaffen es Ehepaare, mit der Frage zu starten: »Wer von uns beiden fährt heute Abend?«, um innerhalb weniger Minuten zu landen bei »Sollen wir uns nun scheiden lassen oder nicht?« Auch die Frage »Sollte man individuelle Leistung im Unternehmen honorieren?« ist zu entscheiden. Droht eine Einigung, die Ihnen nicht gefällt, müssen Sie nur die nächste Verallgemeinerungsstufe wählen, und schon ist die Lösung abgewendet. Schließlich landen Sie bei der Frage »Ist der Mensch gut oder schlecht?« Das ist nun wirklich unbeantwortbar. Spätestens dann sollten Sie nach Hause gehen.

Die konflikterhaltende Suche nach der nächsten Verallgemeinerungsstufe vermengt sich gerne mit *Kategorienfehlern*. Man bleibt nicht auf der logischen Ebene, auf der das Problem angesiedelt ist, sondern definiert es um. Achten Sie einmal darauf, wie oft Konflikte nur deshalb entstehen, weil die Kategorien verwechselt werden. Heute ist eben kälter als draußen. Die ganze Gleichstellungsdebatte lebt davon, dass mal mit Natur argumentiert wird, mal mit Kultur, mal mit Gleichheit, mal mit Gerechtigkeit, mal mit Gleichberechtigung. Jeder bedient sich der Kategorien nach Lust und Laune, wechselt hin und her.

Grundsätzlich gilt: Abstraktionen und Verallgemeinerungen machen passiv. Meiden Sie Substantive wie »Transformation«, »Flexibilisierung« oder »Change-Management«. Das sind Blähworte, reine Proklamationen. Da ist kein Handeln zu erwarten. Bleiben Sie mit stoischer Ruhe beim konkreten Problem. Lassen Sie sich nicht ablenken ins Allgemeine und Weltumspannende. Sonst landen Sie im Treibsand. ■

flikts ergründen. »Analyse« sei angesagt. Nur wenn man die Ursache eines Konflikts kenne, ließe er sich lösen. Ich halte das für irrig. Meine Erfahrung sagt vielmehr:

Ursachen suchen heißt Schuldige produzieren.

Wenn der andere den Konflikt verursacht hat, ist er auch »schuld«. Deshalb reißt das Identifizieren von Ursachen alte Wunden auf. Für einen selbst hingegen ist die Suche nach Ursachen richtungsgleich mit der Suche nach *Ent*-Schuldigung. Man leuchtet immer dahin, wo man selbst nichts zu verbergen hat.

Grundsätzlich gilt: Die Frage »Wer hat Schuld?« ist in den meisten Fällen weder zu beantworten noch sinnvoll zu diskutieren. Zwar geht es den Menschen in der Regel besser, wenn sie einen Schuldigen gefunden haben. Aber das ist, ich sage es frei heraus: geistlos. Es bringt Sie in der Sache nicht weiter. Das Thema »Schuld« gehört überhaupt nicht in ein Konfliktgespräch, sondern ins Strafrecht. Im wirtschaftlichen und sozialen Bereich sind ohnehin die Ursache-Wirkungs-Zusammenhänge so ineinander verschachtelt, dass sich *kein Anfang* finden lässt – nicht ohne dem bereits Gewordenen Gewalt anzutun. Niemand kann die Dinge entwirren, ohne sie zu verbiegen (was die amerikanische Sachbuchlegende Robert Caro mit tonnenschweren Biographien dennoch immer wieder versucht, bis die Vergangenheit in ihrer ganzen Widersprüchlichkeit gegenwärtig wird). An alte Geschichten hat jeder eine andere Erinnerung, und irgendwann landet man dann im Jahre 1754, wo vermeintlich schon die Vorfahren Ihres Gegenübers die Treibsätze für das gegenwärtige Drama gelegt haben. Ob im Sinne von »Auslöser« einer dem anderen voranging, lässt sich in der Regel nicht ausmachen. Wer also das Übel »an der Wurzel packen« will, muss sehr tief graben … und wird sich doch verirren im Dickicht der Beginnlosigkeit. Der britische Literatur-Nobelpreisträger Harold Pinter: »An manche Dinge erinnert man sich, obwohl sie vielleicht gar nie geschehen sind.« Wir sollten uns freuen, wenn wir wissen, was sich ereignete; aber wir sollten lächeln, wenn wir glauben zu wissen, warum es sich so ereignen *musste*. Gerade Konflikte lehren uns, für eine Wirkung nicht immer eine Ursache finden zu können! Und schon gar nicht eine einzige.

> siehe auch Seite 228: Konfliktbeschreibung

Ganz pragmatisch besteht bei Konfliktmoderationen die Gefahr, dass Sie sich drei Viertel der Moderationszeit mit Es-wareinmal-Erzählungen aufhalten. Genau so beginnen Märchen. Das bringt Sie für die Zukunft nicht weiter. Wenn Sie sich verirrt haben, nützt es Ihnen nichts, wenn Sie glauben zu wissen, warum Sie sich verlaufen haben, wo Sie falsch abgebogen sind. Und wenn Sie wissen, wie Sie den Karren in den Dreck gefahren haben, wissen Sie noch lange nicht, wie Sie ihn wieder herauskriegen.

Deshalb, auch wenn es ungewohnt klingt: Keine Ursachen suchen! Lassen Sie die vergiftete Vergangenheit hinter sich. Unterbinden Sie alle historischen Exkurse. Freundlich, aber entschieden. Lösen Sie bereits bestehende Erklärungsmuster auf. Machen Sie klar, dass es unmöglich ist, eine »wahre« Geschichte zu erzählen. Dass jeder ein anderes Erleben der Vergangenheit hat und dass das die Zukunft eher belastet als öffnet. Die Fragen »Wie ist es passiert?«, »Wer hat Schuld?« und »Wer hat angefangen?« haben in Konfliktgesprächen nichts zu suchen. Konzentrieren Sie sich auf das *gegenwärtige* Erleben der Situation. Und richten Sie den Blick dann in die Zukunft und auf mögliche Veränderungen. Ich weiß, es gibt in keiner Partnerschaft einen wirklichen Neuanfang; das ist eine romantische Tröstung, sei sie beruflich oder privat. Aber man muss die alten Wunden nicht immer wieder aufreißen. Schauen Sie auf heute und dann *nach vorn*.

Eigener Vorteil / Gemeinsamer Vorteil

Wie bereits gesagt, steigen Sie nur in einen Konflikt ein, wenn Sie daraus einen *Vorteil* ziehen. Sonst haben Sie keinen Konflikt. Ich werde diesen Punkt später noch vertiefen. Hier nur so viel: Dieser Vorteil ist so unterschiedlich, wie Menschen sind. Er kann schlicht »Rechthaben« heißen, aber auch »Unterhaltung« oder »Rache« – ein emotional verstärkter Vorteil, der sich auch von Konfuzius kaum schwächen lässt: »Wer auf Rache aus ist, der grabe zwei Gräber.«

Menschen haben die Neigung, an diesen Vorteilen festzuhalten. Deshalb ist eine Lösung (im Sinne von Beendigung) unwahrscheinlich. Meine Empfehlung: Steigen Sie erst gar nicht in ein Konfliktgespräch ein, wenn Sie Ihren Vorteil behalten wollen, Ihr

Konfliktbeschreibung

Ich hatte zu Beginn des Buches die These aufgestellt: Es kommt darauf an, wie man den Konflikt anschaut; dann kann man dessen konstruktiven Potenziale sehen. Oder noch fundamentaler:

Die Beschreibung des Konflikts IST der Konflikt.

Ich möchte gerne diese These in die Alltagspraxis einweben, indem ich eine Situation analysiere, die jeder von Ihnen kennt, privat oder beruflich. Im Hintergrund sollten Sie diesen Gedanken haben: *Es ist unmöglich, eine wahre Geschichte zu erzählen.* Sprache darf nicht mit Tatsachen verwechselt werden, »story« nicht mit »history«, Geschichten nicht mit Geschichte.

Stellen Sie sich vor, jemand – ein Freund oder Mitarbeiter – kommt zu Ihnen und beschreibt einen Konflikt, an dem er selbst beteiligt ist. Er sucht bei Ihnen Rat. Er beginnt: »Stell dir vor, was mir kürzlich passiert ist …« Und dann folgt eine *Konfliktbeschreibung*. Meine Beobachtung über viele vergleichbare Situationen ist grundsätzlicher:

Wenn jemand Ihnen einen Konflikt erzählt, möchte er Sie verführen, seine Weltsicht anzunehmen. Und diese Weltsicht rechtfertigt sein Problem.

Es ist der Konflikt selbst, der sich magischen Überredungskünsten bedient, um uns für sich einzunehmen. Man denke an Akira Kurosawas epochalen Film *Rashomon* von 1950. »… möchte er Sie verführen« meint hier nicht in einem *absichtlich* manipulativen Sinn, sondern auf der Grundlage einer unbewussten Folie, die *unterhalb* solcher Konfliktbeschreibungen liegt. Sie wirkt wie eine Template, die die Konfliktbeschreibung unerkannt ordnet. Sie besteht aus drei Kommunikationen:

1. Ich bin für den Konflikt nicht verantwortlich!
2. Der andere muss sich ändern!
3. Ich will meine Vorteile sichern!

Zu 1.: Wer Ursachen sucht, sucht Entschuldigungen. Oder Be-Schuldigungen. Die Ursachen des Konflikts liegen daher für einen Redner völlig klar: Jeder erzählt einen Konflikt so, als sei dieser »über ihn« gekommen. Motto: »Ich kann gar nichts dazu.« Er selbst sei Opfer, müsse den Konflikt passiv erleiden. Es kommt ihm nicht in den Sinn, dass er etwas dazu beigetragen haben könnte. Und es fällt ihm nicht auf, dass er zu dem Konflikt »ja« gesagt hat. Das ist das alte Kinderspiel: »Der andere hat angefangen!« Das sagt der Redner aber nicht klar und deutlich. Er behauptet nicht explizit, dass er für den Konflikt nicht verantwortlich ist. Er beschreibt ihn *implizit* so, dass er selbst es nicht ist – indem er einen bestimmten Aspekt betont, jenen auslässt, hier etwas hinzufügt, dort etwas ausklammert. Es entsteht ein »Klima« des Nicht-verantwortlich-Seins. Und, wiederum ohne es ausdrücklich zu fordern, ergeht an Sie als Zuhörer der Appell: »Stimme mir zu!« Und Sie erliegen dieser Einladung. Das hat er sich dadurch erkauft, dass er Sie ins Vertrauen zog. Wie wollten Sie da widersprechen? Aber vergessen Sie nicht: Konfliktgeschichten werden immer als Opfergeschichten erzählt.

Zu 2.: Jeder erzählt einen Konflikt so, dass die Gegenseite ihr Verhalten ändern muss. Das ist gleichsam die Konsequenz aus dem zuvor Gesagten. Das Verhalten des anderen wird so dargestellt, dass es von vorneherein als defizitär, unkooperativ, anstößig erscheint. Deshalb liegt es am Konfliktgegner, die Situation zu verbessern. Das eigene Verhalten ist normal und allenfalls als Reaktion auf das irrationale Verhalten des anderen zu verstehen. Der Redner sagt jedoch nicht klipp und klar »Der andere muss sich ändern«, nein, diese Botschaft kommt nur unterschwellig rüber. Und wieder liegt als Unterton darunter: »Stimme mir zu!«

Zu 3.: Jeder erzählt einen Konflikt so, dass der eigene Vorteil gesichert bleibt, den er aus dem Konflikt hat. Sonst wäre er als Konfliktpartner gar nicht eingestiegen. Der andere jedoch soll seinen Vorteil verlieren. Bis hin zu: »Wie bitte darf das Problem lauten, damit ich bei meiner Lösung bleiben kann?« Auch hier wieder: Keine *explizite* Aussage.

Und jetzt, Sie spüren es, sollen Sie ihm einen Rat geben. Sie sollen ihm sagen, wie er es schafft, dass der andere sich ändert und seine Vorteile verliert. Leichte Übung, oder? Nun, Sie wissen, Ratschläge sind auch Schläge. Sie erschlagen Selbstverantwortung. Denn: Wer immer mit einem Problem zu Ihnen kommt – er hat immer auch die Lösung. Mindestens eine. Weil es unmöglich ist, ein Problem zu haben ohne eine Lösung. Oft ist sein Blick verengt, will nicht in die Verantwortung für die Konsequenzen einer Lösung eintreten, will sich absichern. Manchmal braucht er nur einen Gesprächspartner. Ein Gesprächspartner, ja, das sollten Sie für ihn sein. Gemeinsam laut denken. Aber nicht mehr. Nicht nur, um ihn in seiner Verantwortung zu lassen. Sondern ganz praktisch: Jede Konfliktbeschreibung, die jemanden herabsetzt, führt nicht weiter.

Denn zu jeder Weltsicht gibt es Alternativen. Man könnte den Konflikt auch anders beschreiben: Nämlich (1), dass der Konfliktbeschreiber etwas zur Entstehung des Konflikts beigetragen hat, dass er (2) vielleicht auch sich selber ändern muss, und dass er (3) auf Vorteile verzichten muss, wenn eine gemeinsame Zukunft beschritten werden soll.

Sollte der Konfliktbeschreiber zu diesem Perspektivwechsel nicht bereit sein, können Sie die Uhr danach stellen, bis der Konflikt wieder aufbricht oder in anderer Gestalt um die Ecke biegt. ■

Gegenüber aber den seinigen verlieren soll. Niemand wird auf seinen Vorteil verzichten, wenn er nicht etwas dafür bekommt (das glaubt nur Donald Trump). Genau dies aber will die *Kritik*; sie will den eigenen Vorteil zum Nachteil des anderen sichern. Sie können sich leicht vorstellen, wie lange das funktioniert. Das gilt umso mehr, wenn jemand eine »Lösung« empfiehlt:

> Wer eine Konfliktlösung vorschlägt, will den eigenen Vorteil sichern.

Vor allem dann, wenn er die »einzig mögliche« Lösung schon immer mitgedacht hat. Dieses *alternativlose* Resultat definiert den Konflikt gleichsam »nach hinten«. Das verengt den Fokus, schnürt mögliche Ursachen so zusammen, dass die Lösung passt. Andere Ursachen bleiben unberücksichtigt. Unter diesen Umständen wird es kaum eine unbelastete Zukunft für die Zusammenarbeit geben.

Die *Klärung* will jedoch genau das. Sie denkt an die Zeit »danach«, an die Wiederbegegnung. Sie will das grundsätzliche »Zusammen« nicht gefährden. Deshalb sucht sie nach dem »Treff-Punkt«, der für *beide* akzeptabel ist. Das muss, ja das *kann* keine »perfekte« Lösung sein. Es gibt keine »kostenlose« Konfliktlösung, ein Preis ist immer fällig. Deshalb fragt die Klärung: *»Wo ist der Punkt, an dem wir beide weitermachen können?«* Auch wenn der manchmal schwer zu finden ist. Und schon gar nicht leicht zu ertragen.

Ich kann Ihnen vor dem Hintergrund meiner Praxis nur ans Herz legen, souverän genug zu sein, um dem Konfliktpartner entgegenzukommen. Wenn Sie bereit sind, sich zu bewegen und Ihre initiale Position zu verlassen – und es braucht nur eine Seite, die das tut! –, dann bewegen Sie sich von der Opposition zur gangbaren Vereinbarung. Zumindest sinkt die Konflikttemperatur. Die *Reziprozität*, das Prinzip der Gegenseitigkeit, können Sie dabei nutzen. Wenn Sie Ihrem Gegenüber entgegenkommen, wecken Sie in ihm die Bereitschaft, Ihnen ebenfalls entgegenzukommen. Manchmal reicht hierfür die Bestätigung seiner Meinung völlig aus: »Ich kann Ihnen darin zustimmen ...« Stimmen Sie mindestens einem Teil der Argumente Ihres Gegenübers zu. Wiederholen Sie die Argumente Ihres Konfliktpartners mit eigenen Worten. Manchmal können Sie auch – so empfiehlt es das Harvard-Konzept – die Verhandlungsmasse vergrößern. Sie fügen etwas hinzu, vergrößern gleichsam den zu verteilenden Kuchen. Schon wächst auf der anderen Seite die Bereitschaft zur Einigung. Entsprechende Gesten sind enorm wichtig, wenn die Situation festgefahren scheint.

Und, sollten Sie eine Vereinbarung erzielt haben, *schreiben Sie sie auf*! Der kürzeste Bleistift ist verlässlicher als das längste Gedächtnis.

Trennung / Beziehung

Der Vollständigkeit halber hier noch einmal die alles tragende Voraussetzung jedes gelingenden Konfliktgesprächs: Haben wir eine *gemeinsame Zukunft*? Oder nicht? Wollen wir zusammen weitermachen oder sollen wir getrennte Wege gehen? Das, was ich hier »Kritik« genannt habe, zielt auf *Trennung*. Sie will letztlich den gemeinsamen Weg beenden. Oder besser: Ihr ist es egal, wie das Ergebnis für den anderen aussieht. Damit schadet der Konflikttyp »Kritik« jeder kommenden Zeit. Weshalb ein gewonnener Wettbewerb ein Pyrrhus-Sieg ist. Er torpediert den Kooperationsvorrang – vor allem dann, wenn der andere im Unternehmen *bleibt*. Meistens ist er aber nur noch *physisch* anwesend; in Wirklichkeit hat er mental das Gemeinsame längst verlassen. Das gilt auch für jeden Konflikt in einer Liebesbeziehung: Die Kritik am anderen unterstreicht das Trennende und ist ein Baustein beim Beenden einer gemeinsamen Zukunft. Der Konflikttyp »Klärung« hingegen will an der Beziehung festhalten. Nur dann ist ein Liebeskampf in Würde möglich. Klärung will die Partnerschaft nicht schwächen, weder die Liebe noch die Leistungspartnerschaft im Unternehmen. Sie will ein gelingendes Morgen.

Halten wir kurz inne. Fragen Sie sich: Wenn Sie diese sieben Leitunterscheidungen überschauen – wohin tendieren Sie? Eher zur Kritik oder eher zur Klärung? Ich könnte verstehen, wenn Sie zur Kritik tendieren. Kritik ist leicht. Sie geht den meisten mühelos von der Hand. Mir auch. Klärung ist schwieriger. Die muss man üben. Und sie gelingt nur, wenn Sie sie wirklich *wollen*. Wenn Sie das Wissen um die *subjektgebundene Perspektive* tief verinnerlicht haben. Wenn Sie das Anderssein des anderen wirklich respektieren. Wollen Sie es mal probieren? Sie könnten alle obengenannten Punkte auf eine *Zauberformel* bringen. Indem Sie in ein Konfliktgespräch so einsteigen:

»Ich / habe ein / spezifisches / Problem, / das will ich lösen, / wo ist der Punkt, / an dem wir zukünftig / gemeinsam / Ja sagen?«

Sie können natürlich auch sagen: »Du warst schon immer ein Arschloch, und wenn du das nicht endlich merkst, weißt du, wo der Maurer das Loch in der Wand gelassen hat!« Geht auch, Sie haben die Wahl. Aber vergessen Sie nicht: Beziehungen enden nie; sie ändern nur ihre Form.

So, ist es mir gelungen, die psycho-soziale Dimension von Konflikten zu plausibilisieren? Wenn ja, dann können wir uns jetzt gemeinsam auf den Weg zu den *systemisch-sozialen* Konflikten machen. In denen geht es vor allem um die konfliktstimulierenden Kräfte von Institutionen in Organisationen. Beginnen wir mit der wichtigsten Institution – mit Ihnen!

4

Teil

Systemisch-soziale Konflikte

Wie kommen Konflikte zustande? Welche Einflüsse prägen das Konfliktverhalten? Warum verhalten sich Menschen in Konflikten so und nicht anders?

Wir sind es gewohnt (und haben es in diesem Buch bisher getan), die Antwort auf diese Fragen im *Individuum* zu suchen. Wir sprechen dann von »Charakter« und »Persönlichkeit«, diskutieren über innere Einstellung, Veranlagung, Fähigkeiten, Erziehung und Vorbilder. Derjenige, der uns diese Weltsicht auf magische

Weise, weil unendlich einflussreich vermittelt hat, war Sigmund Freud. Sein Ansatz war *personenzentrisch*: Verhalten erklärt sich »von innen«. Verhält sich jemand konfliktär, dann ist das äußerer Ausdruck intrapsychischer Prozesse. Mitunter therapiebedürftig. Die Diagnosen lauten dann etwa: »Harte Kindheit!«, »Klarer Fall von Napoleon-Komplex!« oder »Typisch Burgenländer (wahlweise Aargauer, Ostfriese)!«.

Eine andere Perspektive bietet die *Systemtheorie*, die ein anderer Magier begründet hat: der Soziologe Niklas Luhmann. Die Systemtheorie betont die Tatsache, dass wir Menschen keine Inseln sind. Dass wir keineswegs nur von innen heraus agieren, sondern vor allem aufeinander *reagieren*. Wir handeln ja nicht immer gleich, sondern werden von anderen Menschen in bestimmten Situationen beeinflusst. Manchmal ver-zaubert, manchmal be-zaubert, manchmal geradezu verwandelt. Menschliches Verhalten ist somit das Ergebnis sozialer Prozesse. Daraus resultiert die Frage: Wie reagieren Menschen auf Umstände, in denen sie leben?

Das gilt auch für Konflikte: Zwei Mitarbeiter können reibungslos zusammenarbeiten, dann kommt ein dritter hinzu, und plötzlich funktioniert nichts mehr – ein System, das im Gleichgewicht war, wurde gestört.

Die Systemtheorie beleuchtet daher nicht ein isoliertes Individuum, sondern das, was »zwischen« Menschen stattfindet. Sie spekuliert nicht über die »innere« Psychodynamik des Einzelnen, sondern betrachtet das »Außen«, das beobachtbare Verhalten. Dieses Verhalten des Einzelnen hängt wiederum vom Verhalten anderer ab, die ihre Entscheidungen aufeinander abstimmen. Kurz: Menschen passen sich einander an.

Ich will Ihnen das an einigen Beispielen verdeutlichen: Sie gehen in eine Kirche, automatisch senken Sie die Stimme. Warum? Die anderen tun es auch. Wenn Sie es nicht tun, sorgt das System schon dafür: Irgendwann legt sich eine Hand auf Ihre Schulter.

Wenn Sie aber auf ein Börsenparkett gehen, tun Sie das Gegenteil: Reflexhaft fangen Sie an zu brüllen. Warum? Die anderen tun es auch. Wenn nicht, sorgt das System schon dafür: Nur mit lauter Stimme werden Sie gehört, generieren Sie Umsatz. Denken Sie auch daran, wie Sitzordnungen soziale Beziehungen definieren – im Konferenzraum, am Familientisch, im Gerichtssaal. Oder: Sie unterhalten sich auf einem Fest angeregt mit einem Menschen, das Gespräch fließt, Sie fühlen sich wohl. Zehn Minuten später stehen Sie neben einem anderen Menschen, und alles in Ihnen gefriert: »Wo ist hier der Notausgang?« Sie sind derselbe Mensch, und doch – bezogen auf unterschiedliche Gesprächspartner – jeweils ein anderer. Sie sind ja auch eine bessere Ausgabe Ihrer selbst, wenn Sie mit freundlichen Menschen oder guten Freunden zusammen sind. Diese Erfahrung mache ich immer wieder in den USA, wo die Menschen offener, herzlicher, hilfsbereiter sind als hierzulande, sich wechselseitig ermutigen und jeden Unbekannten sofort ins Gespräch ziehen: Ich werde selbst freundlicher. Schauen Sie auch auf den Fußballspieler, der vor dem Tor dem besser stehenden Mitspieler das Zuspiel verweigert, selbst abzieht, den Ball hoch über die Querlatte drischt – er handelt nur konsequent, wenn der Trainer sich in einem Interview der Stadionzeitung vernehmen ließ: »Stürmer werden nun mal an Toren gemessen.« Es wäre naiv, dem Spieler einen Vortrag über Teamgeist zu halten. Im Unternehmen: Der neu ernannte Verantwortliche für Digitalisierung muss erleben, dass seine Kollegen ihre Verantwortung für digitale Serviceleistungen an die neue »Stelle« abtreten. Das Angebot schafft sich eine Nachfrage.

Oder eben dieses Beispiel aus meinem Privatleben, das ich für besonders illustrativ halte: Meine beiden Söhne hatten als etwa 8- und 10-Jährige die Neigung zum 24-stündigen Dauerstreit. Keine Gelegenheit ließen sie aus, sich hingebungsvoll zu malträtieren. Interessant war: In dem Augenblick, in dem sie wahrnahmen, dass ich sie dabei beobachtete, änderten sie ihren Aggregatzustand in Sekundenschnelle. Aus *Tätern*, die lustvoll immer neue Gemeinheiten ersannen, wurden *Opfer*, die beide angerannt kamen und sich wechselseitig übereinander beschwerten. Als Vater war ich offenbar eine Institution, die zum Sich-Beschweren einlud. Logischerweise beschuldigte ich beide des Petzens. Ich hielt dabei ihr Verhalten für ein Persönlichkeitsdefizit. Lange Zeit sah ich nicht, dass ich durch mein Beobachten das Petzen erst *erzeugt* hatte – ein Verhalten, was ich nur zu beobachten meinte. Ich rechnete mich gleichsam aus der Situation heraus, schaute lediglich auf die Kinder, aber nicht auf mich. Dabei hatte – wie in einer Versuchsanordnung – meine Anwesenheit die Verhaltensweisen der beiden verändert. Und jetzt tauschen Sie mich aus und setzen sich selbst ein …

Die Systemtheorie schaut also nüchtern auf die Prägekraft von *Institutionen,* die bestimmte Verhaltensweisen von Menschen wahrscheinlich oder unwahrscheinlich machen. Ihre Familie, Ihre Verwandtschaft, Ihr Freundeskreis, Ihre Arbeitskollegen, Ihr Unternehmen – sie alle bilden Systeme, innerhalb derer alle Teile/Personen aufeinander reagieren. Das kann man am besten so illustrieren:

Aus diesem Bild resultiert eine der lebenspraktischsten Fragen, die ich in Konfliktsituationen kenne:

Was tragen Sie dazu bei, dass der andere sich so verhält, wie er sich verhält?

Was genau Sie beitragen, das ist oft auf den ersten Blick nicht sofort sichtbar. Aber *dass* Sie beitragen – da können Sie sicher sein. Sie mögen nicht für den gesamten Konfliktverlauf verantwortlich sein, aber Sie haben ihn zweifellos beeinflusst. Daraus resultiert: Schauen Sie nicht auf Ihren Kontrahenten, sondern auf *sich selbst*. Nach dieser Logik kann *jeder* Konfliktpartner seine eigenen Verhaltensweisen prüfen: »Warum passt der andere sich in dieser Weise an mich an? Wieso erscheint ihm dieses Handeln zielführend?« Sie prüfen dadurch nüchtern die *Funktion* von Verhaltensweisen im System. Der eigenen wie der fremden.

Nehmen Sie exemplarisch einen Konflikt, der daraus resultiert, dass Probleme verschwiegen werden. Wenn Sie das Verhalten eines Menschen am systemischen Kältepol betrachten, dann heißt »Probleme verschweigen«: Der Rechtfertigungsdruck ist zu hoch; man steht unter Anklage. Sie spekulieren dann nicht mehr über die Psychodynamik des anderen (»Feige Socke!«), sondern anerkennen sein Verhalten sachlich als Anpassung an institutionelle Bedingungen. Das kann auch heißen: als Anpassung an Sie! Außer in Ausnahmefällen sind die Verhaltensweisen der Konfliktpartner *zirkulär*. Sie bedingen einander wechselseitig. Wie oft schon habe ich dieses Muster erlebt:

Wenn du nicht so drücken würdest, müsste ich nicht so drücken.

Das bisher Gesagte ist leicht missverständlich. Es geht nicht darum, sich selbst die »Schuld« zu geben. Es geht auch nicht um »Wer hat angefangen?«. Es geht darum, zu prüfen, was Sie selbst beigetragen haben. Denn irgendetwas haben Sie beigetragen – willentlich oder unwillentlich. Schon Ihre bare Existenz, wie im obigen Beispiel meiner streitenden Söhne gezeigt, fügt etwas hinzu, in dem Fall den beobachtenden Vater, und erzeugt eine Reaktion. Sie können also den Beleuchtungskegel drehen und sich selbst anschauen.

Spannend ist diese Selbstbetrachtung in allen privaten Konfliktsituationen, vor allem aber in der Rolle als Führungskraft. Denn als Führungskraft sind Sie eine Institution. Aus Sicht Ihres Mitarbeiters sind Sie ja nicht Frau Dr. Meier oder Herr Müller, nicht der Lars oder die Maria, sondern Sie repräsentieren vor allem den institutionellen Rahmen des Unternehmens (auch wenn das nicht immer fair ist). Und daran passen sich Mitarbeiter an. Der Chef beobachtet dann die Anpassung des Mitarbeiters an die Tatsache des Beobachtetwerdens. Das schlummert aber meist im toten Winkel der Selbstbeobachtung des Chefs. Weshalb man den Beobachter beim Beobachten beobachten sollte …

Menschen handeln immer sinnvoll

Die Systemtheorie hat wesentlich zum Verstehen von Konflikten in sozialen Kontexten beigetragen. Sie bietet Konzepte, die ich, das sei hier herausgestellt, in meiner praktischen Beratungstätigkeit bevorzuge. Aus einem einfachen Grund: Als Außenstehender kann ich über die Psychodynamik eines Konfliktpartners nur spekulieren. Ich kann nicht in seine Seelenlandschaften hineinschauen. Wer behauptet, er könne es, den halte ich für einen Mystiker oder Scharlatan. Ich beobachte lieber, was beobachtbar ist:

das konkrete Verhalten. Wie Menschen aufeinander reagieren. Ich frage nicht, »warum« sie so reagieren. Ich anerkenne Verhalten zunächst so, wie es ist.

Das mag provokant klingen, vor allem in sehr heißen Konflikten. Aber aus systemischer Sicht ist menschliches Verhalten immer und in jeder Situation *sinnvoll.* Nicht »richtig«, nicht »ordnungsgemäß«, nicht »gesetzeskonform«, nicht »gerecht«, nicht »gut«. Sondern sinnvoll, das heißt: voller Sinn. Aus der Innenperspektive! Mag es aus der Außenperspektive auch noch so verrückt, un-sinnig, sogar sinn-»los« erscheinen – aus seiner Innensicht heraus handelt jeder Mensch vernünftig. Eben so, wie es ihm angemessen erscheint. Er selbst mag es sogar Minuten später bereuen – in der spezifischen Situation schien es im sinnvoll. Systemisch gesehen ist also jedes Verhalten vernünftig, das hilft, in einem bestimmten Umfeld erfolgreich zu leben.

Das ist ein brisanter Punkt für den Umgang mit Konflikten: Ein mitunter sogar extremes Verhalten mag aus moralischen oder ästhetischen Gründen inakzeptabel sein – solange sich eine Person daran erfreut, ist dieses Verhalten für sie sinnvoll (auch wenn wir uns nicht vorstellen können, dass es sinnvoll *für uns* sein könnte). Wenn, um ein Beispiel des amerikanischen Philosophen John Rawls aufzugreifen, ein Mensch im Zählen von Grashalmen mehr Sinn sieht und dabei mehr Freude empfindet als beim Lösen mathematischer Großprobleme, dann ist jenes für ihn wertvoller als dieses. Das Gleiche gilt für *cheap thrills*, oberflächliche Vergnügungen – der moralische »Wert« dieser Freuden ist für die individuelle Sinnzuweisung bedeutungslos (was die Apologeten öffentlich-rechtlicher Medien ungern hören). Wir müssen uns damit abfinden, dass ein Ungeheuer an Grausamkeit ebenso wie ein vollkommen selbstloser Mensch ein sinnvolles Leben führen kann – aus seiner Sicht. Was einen an der Gerechtigkeit des Weltenlaufs manchmal verzweifeln lässt …

Ein Beispiel für die systemische Ausleuchtung aus dem Arbeitsumfeld: Viele Konflikte in Unternehmen lassen sich auch als *Spiele um Aufmerksamkeit* beschreiben. Sie werden inszeniert, um auf der Chef-Tribüne Reaktionen zu erzeugen, um auf die eigene Wichtigkeit hinzuweisen, mitunter um andere Mitspieler in der Bewertungskonkurrenz herabzusetzen. Insofern sind sie – aus der Innenperspektive betrachtet – »sinnvoll«. Nun aber gesetzt den Fall, es gäbe *keine* Tribüne. Was würde geschehen? Wahrscheinlich würden die Spiele ausfallen; die Mitarbeiter müssten Selbstverantwortung übernehmen. Wäre doch keine so üble Alternative, oder?

Schaut man also genauer hin, dann ist oft nur das Konflikt-*Verhalten* problematisch. Aber es ist ein Vordergrundphänomen. Hinter den Konflikten stehen oft legitime Fragen. Die werden jedoch von untauglichen Verhaltensweisen verdeckt. Etwa, wenn im Streit der eine Partner insistiert, dass der andere wieder laut geworden ist und so von der inhaltlichen Frage ablenkt. Manchmal muss man für diese – legitimen – Fragen tiefer loten …

Ohne Vorteil kein Konflikt

Warum steigen Sie in Konflikte ein? Ich hatte das Thema schon bei der Zauberformel unter »Eigener Vorteil/Gemeinsamer Vorteil« angesprochen, will es aber hier unter systemischen Vorzeichen ausführen: Weil der Konflikt Ihnen *nutzt*. Sonst würden Sie sich schlicht anders verhalten. Sie könnten wegschauen, unbeteiligt bleiben, andere Dinge für wichtiger halten. Unter der Bedingung, dass Sie die Möglichkeit haben, sich als Konfliktpartner zu verweigern, dann steigen Sie nur aus einem Grund ein: Weil Sie daraus einen *Vorteil* ziehen. Das Problem dabei ist: Auch Ihr Konfliktgegner hält an seinem Vorteil fest. Ich will hier mit allem Nachdruck darauf hinweisen, dass dieser Punkt für einen vernünftigen Umgang mit Konflikten kaum zu überschätzen ist:

> Alle Konfliktbeteiligten verfolgen rational ihre Vorteile.

Das mag zunächst kontraintuitiv klingen – die meisten Menschen erleben sich in Konflikten eher als Opfer, das eigentlich nur Nachteile hat. Man hat ihnen den Konflikt gleichsam aufgezwungen, sie konnten gar nicht anders … Doch! Sie konnten anders! Aber das *wollten* sie nicht! Eben, weil die Alternative ihnen weniger Vorteile bot.

Was sind das für Vorteile? Unterschiedlich. Ein Vorteil kann »Rechthaben« heißen, »Revanche«, »Unterhaltung«, »Siegenwollen«, »Gut aussehen« oder »Das passiert mir nicht noch mal!«. Oder eine Mischung aus allem. Auch wer sich selbst schädigt, zieht daraus einen Vorteil; für ihn ist das die bessere Alternative. Selbst der Hedonist, dem es um nichts anderes geht als um sein Wohlergehen, nimmt dafür einen nervenden Krach in Kauf. In einem heftigen Konflikt zum Beispiel ist unser Leben nicht mehr trübfarben, sondern erzählenswert.

Diese Vorteile werden auf Konfliktmärkten gehandelt. Manche heißen »Ehe«, manche »Elternsprechtag«, manche »Vorstandssitzung«. Ich habe einmal ein Vorstandsgremium moderiert, bei dem ein Mitglied bei jeder Auseinandersetzung seine »älteren Rechte« einklagte. Das tat er auf nebelige Weise. Er nutzte jedes kleine Sachproblem, um historische Geltungsansprüche zu positionieren, aber nicht explizit aussprechen zu müssen. Aus seiner Sicht war das sinnvoll.

Vorteile können auch bizarr sein: Der Perserkönig Xerxes führte 480 v. Chr. ein riesiges Heer gegen Griechenland und antwortete, nach dem Kriegsziel gefragt: »Um Honig vom Hymettos zu holen.« Das klingt zumindest ehrlicher als die großformatigen Erhabenheiten, die penetrant als nominelle Konfliktgründe herhalten müssen: Zukunft, Erfolg, Fortschritt, Menschenrechte, Ehre. Nein, oft geht es einfach nur um Honig.

> **siehe auch Seite 246: Der *Homo oeconomicus***

Wenn man akzeptiert, dass alle Beteiligten eines Konflikts ihre Vorteile verfolgen, dann lautet die Definition des Konflikts aus systemischer Sicht:

Jedes konfliktäre Verhalten ist ein sinnvoller Beitrag zum gemeinsam aufrechterhaltenen Status quo.

Systemisch gesehen bezieht sich ein Konfliktpartner immer auf andere und passt sein Verhalten an – so, dass das Ganze als ein System sich *wechselseitig bedingender* Handlungsweisen definiert werden kann. Aus dieser Sicht handelt es sich bei einem Konflikt um ein Reiz-Reaktions-Muster, das eine *gemeinsame* Wirklichkeit stabilisiert. Eben als Konflikt, der allen Beteiligten nutzt.

Dieser Nutzen kann wechseln. Der Militärhistoriker Martin van Creveld hat darauf hingewiesen, dass ein Konflikt *lebt*, sich ständig bewegt, Neues anzieht, Altes abstößt. Vor allem wechselt die motivationale Gestimmtheit während Konflikten. Die Gründe, die den Konflikt *auslösen*, sind selten dieselben, die den Konflikt *aufrechterhalten*. Der Konflikt wird autopoetisch, nährt sich im Laufe der Zeit aus sich selbst und schöpft dabei aus immer neuen Quellen. So sehr, dass zuweilen niemand mehr den Beginn des Konflikts erinnert: »Am Sonntagabend wollte ich mich scheiden lassen; am Montagmorgen wusste ich nicht mehr, warum.« Nach dem römischen Dichter Papinius hatte Achilles den Grund seines Zornes vor Troja bereits nach einigen Wochen vergessen.

Und selbst Odysseus konnte sich nicht mehr recht erinnern … Dass der Ursprung eines Konflikts längst im Nebel des Vergessens versunken ist, hindert die Menschen nicht, umso entschlossener aufeinander einzudreschen. Herder hat das so zusammengefasst: »Selten wissen die Menschen, weshalb sie streiten; je länger aber, desto hartnäckiger hadern sie.«

Wie meistens, so ist auch hier die schwierigste Übung die ertragreichste. Ich glaube, dass eine fundamentale Voraussetzung für den vernünftigen Umgang mit Konflikten die Annahme ist, dass der andere *gute Gründe für sein Verhalten* hat. Gute innere Gründe für sein äußeres Verhalten. Es mögen nicht *Ihre* Gründe sein, von Ihrer Wertschätzung ganz zu schweigen. Diese Gründe nicht anzuerkennen, sie gar herunterzumachen, erzeugt die Abwärtsspirale in die Verhärtung, ins Drama.

Unzählige Konflikte entstünden gar nicht erst, wenn beide Parteien nicht vorschnell die Sinnhaftigkeit des jeweils anderen Handelns aufgäben. Ist »Großzügigkeit« dafür das richtige Wort? »Güte«? »Duldsamkeit«? Wäre »Vertrauen« in die Intelligenz des anderen bisweilen angemessener? Alle diese Trauben scheinen mir moralisch zu hoch zu hängen. Vielleicht ist »Klugheit« hier der beste Begriff.

Wenn Sie das für ein »Zu viel verlangt!« halten, wie wäre es dann, wenn Sie wenigsten den Kipppunkt in den abwärts drehenden Zirkel ein wenig hinausschöben? Wenn Sie das Argument des anderen erst einmal wirklich »hörten«, bevor Sie es ablehnten? Wenn Sie prüften, ob es hier nicht vielleicht ein »Und« geben kann? Das »Kill'em with kindness!« ist ein Appell, der an die Klugheit appelliert. Auch Julian Barnes' Jack, der in *The Sense of an Ending* die Bürokratie aushöhlt, indem er unzählige Briefe mit ausgesuchter Höflichkeit verschickt. Der britische Essayist John Cowper Powys hat die *Freundlichkeit* weit über die Liebe gestellt und zur alleinigen ethischen Forderung erkoren. Zur alleinigen!

Der *Homo oeconomicus* – beschränkt rational?

Es gibt eine Leitunterscheidung, die für das alltägliche Umgehen mit Konflikten kaum zu überschätzen ist: rational/irrational. Diese Unterscheidung gab es im älteren Verstehen nicht: Da war das Magische keineswegs dem Irrationalen zugeordnet, sondern auf natürliche Weise lebensweltlich präsent. Denken Sie an den magischen Realismus in den Büchern von Gabriel García Márquez.

Wer das Rationale einer Handlung bestreitet, der unterstellt wie selbstverständlich, dass hinter dem Verhalten des anderen dieselbe Rationalität wie die eigene steckt. Das geschieht so reflexhaft, dass uns diese Selbstverständlichkeit gar nicht als solche auffällt. Sogar Nobelpreisträger unter den Verhaltensökonomen gehen davon aus, dass der Mensch nur »beschränkt rational« sei (das Wort »irrational« vermeiden sie), im Extremfall sei er ein kognitiver Versager. Dies hat zur allgemein bejubelten Grablegung des *Homo oeconomicus* beigetragen. Die Psychologen wittern steigende Umsätze, die Betreiber der sogenannten »Künstlichen Intelligenz« freuen sich über den Einsatz von »besser« entscheidenden Algorithmen, die Politik kann ihre Umerziehungsneigung »wissenschaftlich« legitimieren – das resultiert im berühmten *nudging*. Der Grundtenor dabei lautet: Der gemeine Bürger wisse gar nicht, was gut für ihn sei.

Was ist davon zu halten? Zunächst: Rationalität ist nicht empirisch greifbar. Sie ist Sache des individuellen Maßstabs. Und ist »beschränkt rational« immer gleichbedeutend mit »schlecht«? Natürlich, Menschen rauchen, obwohl sie wissen, dass sie dadurch wahrscheinlich früher sterben. Dummerweise hat das Irrationale auch eine »gute« Seite: Altruistisches Verhalten etwa – Schenken, Spenden, Großzügigkeit – alles das ist zutiefst irrational.

Die Kritik am *Homo oeconomicus* kann ihren Kontrastwert nur erzielen, wenn sie den Menschen auf einen rein *materiellen* Rechenkünstler reduziert. Man verengt den Nutzenbegriff auf die Leitunterscheidung »mehr Geld/weniger Geld«. Unter diesen Vorzeichen identifizierte man in der Tat Handlungen, die man als »irrational« etikettierten konnte. Wenn wir jedoch die *Innenperspektive* des Handelnden integrieren, wenn wir davon ausgehen, dass jemand aus verschiedenen Gründen handelt, dann müssen wir anerkennen: Menschen haben unterschiedliche Rationalitäten, die eben auch *nicht-materielle* Werte kennen.

Scheinbar irrationales Verhalten ist also auf eine subtile, nicht sofort sichtbare Weise rational. So kann ein offenbar selbstschädigendes Verhalten (beispielsweise sich zu viel Arbeit aufzubürden) durchaus selbstdienlich sein. Es ist dann eine soziale Technik, sich selbst etwas zu beweisen oder andere Menschen zu beeindrucken. Die Nachteile nimmt man dafür in Kauf. Oder jemand akzeptiert einen finanziellen Nachteil, weil er das Gefühl hat, einer guten Sache zu dienen. Es ist auch absolut rational, wenn ein Mensch einen finanziellen Vorteil ausschlägt, weil er ihm zu unbedeutend erscheint, ihn gar als Beleidigung erlebt und daher vorzieht, lieber gar nichts zu bekommen. Vermeintlich irrationales Verhalten hat zudem noch eine weitere interessante Komponente. Man macht oft reichere und intensivere Erfahrungen als bei finanzieller Vernunft.

Und warum teilen Menschen mit anderen Menschen, wenn sie doch Egoisten sind? Ja, eben *weil* sie Egoisten sind. Man handelt immer aus Eigeninteresse. Auch das Soziale ist eigeninteressiert – ob man sich dabei selbst gefällt, den Beeindruckungsnutzen auf andere kalkuliert oder aus sozialem Frieden Vorteile zieht. Es sind *gefühlsökonomische Kalküle*; man kann sie auch »soziale Präferenzen« nennen. Der Ehrliche ist deshalb nur dann der Dumme, wenn er nicht *mit sich selber* handelt. Nimmt er sich selbst hingegen als Tauschpartner ernst, dann ist der Ehrliche der Kluge. Zumindest, was seine innere Buchhaltung anbetrifft.

Man kann das Argument noch ausdehnen (wie Murray Rothbard das getan hat) und das Ökonomische vollständig auf die Erzielung »emotionaler

Einkommen« reduzieren. Materielle Güter werden danach nur deshalb erworben, weil sie bestimmte Gefühle erzeugen. Weshalb man Menschen zum Handeln bewegt, wenn man ihnen ein *psychisches* Einkommen verspricht. Jeder Verkäufer weiß, dass der Kunde nicht einen Anzug um des Anzugs willen kauft, sondern um in dem Anzug »gesehen« zu werden.

Fassen wir zusammen: Menschen handeln immer vernünftig, immer sinnvoll – auch wenn das bei manchen Konflikten oft nur schwer verständlich, manchmal unerträglich scheint. Das gilt ebenso für das »gute« Handeln, für das Helfen, Unterstützen, für das Soziale – für all das, was der Verhaltensforschung als »beschränkt rational« gilt. Das hat schon eine ironische Pointe. ■

Individualisierung struktureller Konflikte

Die Systemtheorie zeigt: Menschen passen sich sinnvoll an institutionelle Vorentscheidungen an. Aber diese Einsicht, so überzeugend sie scheint, hat sich in der Praxis bislang kaum durchgesetzt. Denn was ist die übliche Reaktion, wenn etwas schiefläuft, jemand falsch handelt, einen Streit vom Zaun bricht? Der Blitz fährt nieder. Wohin? Auf den Einzelnen! Im Fußball heißt das: Trainer raus! Im Unternehmen: Fehlbesetzung! Da ist sie wieder, die »Externalisierung«. Man weist von sich weg, zeigt mit ausgestrecktem Finger auf den anderen. Man lädt Konflikte einfach beim Einzelnen ab, verlagert sie in dessen »Inneres«. Das geschieht aus gutem Grund: Man kann damit am institutionellen Rahmen festhalten.

Will man also die übliche Reaktion des Managements auf konfliktäres Verhalten zusammenfassen, dann ist es die *Individualisierung struktureller Entscheidungen*. Reflexhaft werden Systemversagen und menschliches Versagen verwechselt. Der Einzelne soll etwas leisten, was von der Organisation entmutigt oder gar dementiert wird. Der Mensch hat dann nur noch die Wahl, Held oder Märtyrer zu sein.

Nehmen wir eine x-beliebige Konfliktquelle: Ehrlichkeit/Unehrlichkeit. Sie können einen Menschen als ehrlich/unehrlich beschreiben und das als Persönlichkeitseigenschaft bezeichnen. Dann greifen Sie zu moralisierenden Appellen: »Du sollst nicht lügen.« Das entspricht dem freudianischen Denken, ist deshalb nicht falsch, aber verkürzt. Greifen Sie hingegen nach dem systemischen Modell, dann fragen Sie: Unter welchen Umständen lügt jemand? Welche Konsequenzen hat Lügen bzw. Nicht-Lügen? Dann analysieren Sie nicht die inneren Triebkräfte des Individuums, sondern erhöhen strukturell die *Bedingung der Möglichkeit* für Ehrlichkeit. Zum Beispiel: durch *Ihre* Reaktion auf Ehrlichkeit. Wie reagieren Sie auf Kritik, offene Worte, Zweifel? Wer schon mal dabei war, wie der Vorstand einer Firma die versammelte Führungsmannschaft zum ehrlichen Ansprechen von Problemen aufforderte und dann zusehen musste, wie einer, der sich ein Herz genommen hatte, öffentlich abgewatscht wurde, der hat ein klares Bild vor Augen. Wenn »oben« sich verteidigt, gar rechtfertigt, vielleicht sogar einen Gegenangriff startet (statt »Danke für Ihre Offenheit!« zu sagen), dann sorgt das eben für Ruhe – Friedhofsruhe.

Noch einmal: Ob »unten« ehrlich ist, hängt aus systemischer Sicht davon ab, wie »oben« auf eben diese Ehrlichkeit reagiert. Mehr noch: Institutionen können die Handlungen von Menschen derart umprogrammieren, dass sie lediglich der *Selbsterhaltung der Institutionen* dienen. Sie finden ihren Zweck in sich selbst, werden autonom, ja autistisch. Und es bräuchte wahre Persönlichkeitshelden, stemmte man sich dagegen. Denken Sie an die völlig überforderten amerikanischen Bankangestellten in der Finanzkrise 2007/08. Denken Sie an die Angstkultur bei VW zu Zeiten des Dieselskandals.

Dennoch darf es keinen Zweifel geben: Es ist immer noch der Einzelne in der Verantwortung. Er kann entscheiden, das Spiel mitzuspielen, etwas zu tun oder zu lassen. Aber es ist verfehlt, die institutionellen Rahmenbedingungen zu ignorieren, die ein Verhalten erleichtern oder erschweren. Wenn Sie also Konflikte analysieren, dann sollten Sie zunächst auf den institutionellen Rahmen schauen. Stellen Sie sich zum Beispiel die Frage: Welche Führungsstrukturen stehen im Widerspruch zur Zusammenarbeit? Das können Sie auch übertragen auf private Beziehungen und Ihre Partnerschaft: Welchen Rahmen kann ich setzen, damit mein Freund oder Partner merkt, dass mir eine gemeinsame Zukunft oder das Zusammenbleiben wichtig ist?

Das sei an einem konkreten Fall veranschaulicht.

Der Fall Thomas D. – Eine Übung

Die Individualisierung struktureller Entscheidungen ist eine – vielleicht *die* wichtigste Systemquelle von Konflikten im Unternehmen. Vor allem dann, wenn diese Entscheidungen geradezu strukturelle Schieflagen zur Folge haben. Dazu möchte ich Ihnen im Folgenden eine Übung vorschlagen. Dabei können Sie das zuvor Beschriebene anwenden. Hier die Fallstudie:

Sie sind Leitungsmitglied einer Privatschule. Die Schule hat einen sehr guten Ruf, steht aber mit anderen Privatschulen der Stadt in einem schärfer werdenden Wettbewerb. Sie beobachten eine Scherenentwicklung zwischen steigenden Kosten und sinkenden Schülerzahlen. Sie werben daher verstärkt um Schüler, genauer: um die Kinder gut verdienender Eltern. Zudem sind die Lehrer aufge-

fordert, Disziplinarmaßnahmen zurückhaltend einzusetzen. Von Ausschlussverfahren sei ganz abzusehen.

Einer der angesehensten und erfahrensten Lehrer ist Thomas D. (63), bei Schülern und Eltern gleichermaßen beliebt. Gegenwärtig ist er Klassenlehrer einer schwierigen 4. Klasse mit 18 Jungen und 4 Mädchen.

Überraschender Weise melden sich die Eltern eines kaum lenkbaren Jungen dieser Klasse bei Ihnen: Herr D. hätte ihren Sohn mehrfach an der Schulter und im Nacken angefasst, um ihn zur Ordnung zu rufen. Man könne sogar die Fingerabdrücke an der Schulter sehen. Ihr Sohn wäre weinend nach Hause gekommen und hätte versucht, am nächsten Tag den Schulbesuch zu verweigern. Das alles sei kein Einzelfall, sie hätten Ähnliches von anderen Eltern gehört.

Sie nehmen daraufhin Kontakt zu anderen Eltern der Klasse auf. Eine vergleichbare Situation wird von einem weiteren Elternpaar bestätigt. Die meisten Eltern reagieren hingegen überrascht bis ungläubig.

Sie müssen handeln. Es ist inakzeptabel, dass ein Lehrer seine Schüler mit Körperkontakt diszipliniert. Gleichzeitig wollen Sie Herrn D. als Lehrer nicht verlieren.

Ich möchte Ihnen hier nur eine Frage stellen: Welche Gründe für den Konflikt lassen sich erkennen? Wollen Sie einen Augenblick darüber nachdenken?

…………

Es gibt bei solchen Fallstudien kein Richtig oder Falsch. Wählen Sie den *personenzentrischen* Ansatz, dann werden Sie Herrn D. kritisieren. Sie werden individuelles Fehlverhalten erörtern. Sie werden altersbedingte Stressintoleranz diskutieren, milieubedingtes Männlichkeitsgehabe oder eine mögliche Ehekrise. Sie werden ihm »helfen«, ihn »unterstützen«, »sensibilisieren«, »coachen« –

weil ja irgendwas mit ihm nicht »stimmt«. Im schlimmsten Fall entlassen Sie ihn.

Wählen Sie hingegen die *systemische* Sicht, dann sieht der Konflikt anders aus: Offenbar zeigen einige Schüler der Klasse konstantes Fehlverhalten. Der Lehrer rügt das gelegentlich, aber nicht konsequent, vor allem ohne Ausschlussdrohung. Was macht nun ein Lehrer, der einen unbalancierten Mix aus Schülern disziplinieren muss? Da er keine angemessenen Mittel hat, nutzt er unangemessene! Das mag seine Methode nicht rechtfertigen, aber in einen Kontext stellen. Dann stellen Sie Fragen an sich als Institution: Welche institutionelle Vorgaben haben zum Fehlverhalten des Lehrers beigetragen? Was hat die Schule getan (bzw. unterlassen), um das Fehlverhalten der Schüler zu ermutigen?

Wenden wir das bisher Gesagte auf Ihr Unternehmen an: Was, wenn die Organisation den Konflikt nicht nur zulässt, sondern sogar nahelegt? Was, wenn die Abteilungssilos ein ausgeprägtes Eigenleben entwickeln? Was, wenn Vertrieb und Marketing einfach nicht »auf einen Nenner kommen«? Dann nützt es wenig, unter der Fahne der »Teamarbeit« den Einzelnen zu verantwortungsvollem Verhalten aufzufordern. Dann hilft es nicht, ergriffen Sonntagsreden zu lauschen. Dann müssen Sie, um vernünftig mit Konflikt umzugehen, das Unternehmen als *multirationale Organisation* begreifen. Dafür will ich im Folgenden werben.

Unternehmen als Widerspruchsverarbeiter

Wer und warum soll jemand ein Spenderorgan erhalten? Die Sitzungsprotokolle des Deutschen Ethikrates zeigen alle Facetten: Ein Verbandsvorsitzender macht das tatsächliche Leiden eines Betroffenen zum Kriterium. Ein Mediziner favorisiert die Erfolgsaussicht einer Transplantation. Ein Staatsrechtler verlangt vor allem eine verfassungsrechtliche Korrektheit der Vergaberegeln. Ein Philosoph fragt, ob diese Frage überhaupt beantwortbar ist. Der Ratsvorsitzende weist darauf hin, dass wissenschaftliche Argumente nicht mit politischen Wünschbarkeiten verwechselt werden dürfen. Oh, diese Wirrnis!

Werden Sie manchmal das Gefühl nicht los, Sie seien in Ihrer Firma von lauter Idioten umzingelt? Die alle nur ihre eigene Agenda haben? Der eine klagt die Effizienz ein, der andere die Produktivität. Der eine will es pünktlich, der andere gründlich. Der eine schnell, der andere fehlerfrei. Der eine fordert Nullfehlertoleranz, der andere verkündet, dass ohne Fehlertoleranz keine Innovation möglich sei. Der eine ruft »Kunde! Kunde!«, der andere »Kontrolle! Kontrolle!«. Auch auf der persönlichen Ebene: Ich kann mich gut erinnern, dass ich als Mitarbeiter manchmal den Eindruck hatte, mein Chef und ich arbeiteten nicht im selben Unternehmen. Ihm war offenbar anderes wichtiger als mir, er wandte sich an eine andere Tribüne, hatte andere Bilder der Wirklichkeit im Kopf.

Die aus dem Widerspruchserleben resultierenden Konflikte können sehr turbulent werden und die Menschen sehr zynisch. Manche reagieren mit innerer Kündigung, mancher »hält es im Kopf kaum aus«. Im besten Fall erleben sie das Unternehmen als »zerrissen«. Was sie nicht wissen: Sie leiden an genau der Struktur, die das Überleben der Organisation sichert.

Denn das alles wirkt nur deshalb verstörend, wenn eine bestimmte Metapher der Unternehmensführung dominiert: Vereinfachend nenne ich sie die »Maschinenlogik«. Ihre Prinzipien sind Reibungslosigkeit und Konsenszwang. Ihr Mantra: »Alle ziehen an einem Strang!« Das sind kindliche Vorstellungen, die aus Zeiten des Taylorismus stammen – und schon damals nicht stimmten.

Positiv gewendet: Unternehmen sind um *Widersprüche* herum gebaut! Das Überleben von Unternehmen liegt gerade darin begründet, das eine *und* das andere zu tun. Nach links *und* nach rechts zu gehen. Unterschiedliche Erfolgskriterien zu haben. Unterschiedliche Funktionslogiken. Und das alles gleichzeitig.

Um das zu plausibilisieren, will ich etwas weiter ausholen (und baue dabei auf Fritz B. Simons Überlegungen). Wenn Sie fragen: Warum gibt es Unternehmen? Wie heißt das Problem, für das das Unternehmen die Lösung ist? Da lautet die Antwort: Ein Unternehmen erfüllt Aufgaben, die keiner der Beteiligten allein erfüllen könnte. Es ist arbeitsteilig organisiert. Wer zum Beispiel gerade ein neues Medikament erforscht, kann sich damit nicht begnügen, es zu erforschen. Er muss es auch produzieren. Aber das kann er nicht gleichzeitig tun. Dafür braucht er jemand anderen: jemanden, der produziert. Aber auch damit nicht genug: Er muss das Medikament auch verkaufen, wenn er überleben will. Da die beiden Erstgenannten das nicht auch noch zusätzlich tun können, brauchen sie jemanden, der das macht. Dieser Verkäufer kann aber nicht gleichzeitig auch noch Werbemaßnahmen planen ... usw.

Alle diese Tätigkeiten sind notwendig für das Gelingen des Ganzen. Sie sind aber nur dann *gleichzeitig* realisierbar, wenn man sie auf verschiedene Rollen, Abteilungen und Unternehmensbereiche verteilt. Das Unternehmen muss sich dann nicht entscheiden, ob es forscht oder produziert oder verkauft oder wirbt. Es baut Einheiten auf, die zwar in gewissem Sinne getrennt voneinander sind, aber *nicht unabhängig* voneinander handeln können. Sie müssen gekoppelt werden und ergänzen sich im besten Fall zum Erfolg des Unternehmens.

Um sich nicht entscheiden zu müssen, macht die Organisation eben: beides. Der Unternehmens-Körper löst (!) seine vielfältigen Anforderungen mithin nicht mehr durch einen uniformen Großkörper, sondern durch Aufspaltung in Subsysteme, Spezialeinheiten. Es ist dann ein segmentiertes Unternehmens-Ich, das flexibel ist und sein muss, das sich nicht endgültig festlegt. Und alle Segmente entwickeln eine eigene Rationalität, die zu den Rationalitäten anderer Segmente in bisweilen großer Spannung steht. Der Theoretiker weiß es, der Praktiker spürt es, täglich:

Das Unternehmen ist organisierter Konflikt.

Alles im Unternehmen ist konfliktär organisiert. Sonst müsste man gar nicht organisieren. Stets müssen unterschiedliche Ziele, Interessen und Logiken balanciert werden. Das Bauprinzip des Unternehmens ist mithin nicht Konsens, sondern *Dissens*. Und Unternehmen werden durch das Zulassen von Konflikt nicht schwächer, sondern stärker. Widersprüche innerhalb einer Ordnung lassen die Organisation nicht kollabieren – das war der Irrtum der Marxisten, die bis heute glauben, der Kapitalismus würde an seinen inneren Widersprüchen zugrunde gehen. Im Gegenteil: Die Lösung für das Problem des Alles-gleichzeitig-tun-Wollens ist – der Konflikt. Weil es im beschriebenen Sinne ein »nötiger« Konflikt ist. Und wenn man klug mit ihm umgeht. Das hatte Machiavelli schon für Staaten diagnostiziert.

> **siehe auch Seite 256: Beidhändigkeit**

Wolfgang Eder, ehemaliger Konzernchef der österreichischen Voestalpine, sagte in einem Interview über die vollständige Privatisierung des früheren Staatsunternehmens: »Wir haben die Voestalpine konsequent nach unternehmerischen Erfordernissen ausgerichtet. Das war gar nicht so schwierig, manchmal mussten wir nur das Gegenteil von dem machen, was vorher getan wurde.« Das ist eine schon fast kuriose Illustration der Widerspruchsverarbeitung.

Beidhändigkeit – Ambidextrie als neues Führungsmodell für digitale Zeiten

Unternehmen sind »Zwischen«-Phänomene. Sie müssen sich ständig ändern, weil sich auch die Umwelt ständig ändert – und in gewissen Zeiten sehr schnell ändert. Sie müssen sich wohlfühlen zwischen Organisation und Marktdynamik. Sie sollten hin und her »zappen« und keine dogmatischen Aussagen machen. Der äußere Kontext bestimmt, was zu tun und zu lassen ist; im Grunde führt der Kunde das Unternehmen, nicht das Management.

Das Grunddilemma dabei: Der Mensch sucht Stabilität; das Unternehmen braucht Flexibilität. Dieser Konflikt muss offen ausgetragen werden, sonst ist das Unternehmen nicht zukunftsfähig. Und der Konflikt lauert an jeder Ecke: Dies tun? Oder jenes? Oder beides gleichzeitig? Oder gar nichts tun? Und was passiert, wenn wir mit den Konsequenzen der Entscheidung unzufrieden sind?

Ein Weg aus der Sackgasse ist »Driften«: Es gibt nicht nur einen einzigen Weg, den ein Unternehmen nutzen kann, um sein Überleben zu sichern. Es kann verschiedene Strategien nutzen. Digitalisierung kann *effizient* machen: etwa die Ablage papierlos organisieren. An einer anderen Stelle können digitale Dienstleistungen aber auch *produktiv* werden: neue Zugänge zu Kunden ermöglichen. Da muss man experimentieren. Diese Gleichzeitigkeit ganz unterschiedlicher, ja bisweilen gegenläufiger Wandlungsprozesse bedeutet: Unternehmen sind gleichsam ein institutionalisiertes UND. Das kann man »Beidhändigkeit« nennen, oder, wie John Kotter, das »duale Betriebssystem«.

Oder auch »Ambidextrie« – ein eher neues Denk- und Handlungsmodell für Zeiten digitaler Unruhe. Es bezeichnet eine Führung, die einerseits mit bekannten Produkten, Prozessen und Methoden das Kerngeschäft bedient. Andererseits treibt sie Innovationen für digitale Lösungswelten voran. Ein Spagat. Wobei es durchaus eine Lieblingsseite geben kann (wie beim Menschen ja auch). Dennoch muss das Unternehmen das Synchrone aushalten: Gewaltig sind die Unterschiede zwischen langjährig erfolgreichen Geschäftsfeldern und experimentellem Ausprobieren. Die traditionelle Führung in einer festgefügten Hierarchie ist an klaren, meist zentralen Strukturen und effizienten Vorgehensweisen orientiert. Ihr Mantra: »Mach keine Fehler!« Wenn es aber keine »richtige« Lösung gibt, wenn Führung eher *Ermöglichungshandeln* Ist, dann lautet das Mantra: »Scheitern ist der Normalfall!« Kommunikation ist dann nicht Information, sondern ein kreisförmiger, interaktiver Prozess. Das ist für manche Führungskräfte extrem herausfordernd. Und was ist mit Ihnen? Wurden Sie auch in anderen Welten geprägt? Können Sie sich umstellen?

Dass klassische Hierarchie und agiler Innovator sich wechselseitig misstrauen, liegt auf der Hand. Wenn Sie aber als Führungskraft – mit klarem Blick auf die zu erwartenden wirtschaftlichen Bedingungen – den Vorrang des Bestehenden infrage stellen, landen Sie automatisch im Konflikt. Einerseits: Unternehmen können mit klassischer Hierarchie nicht mehr länger überleben. Andererseits: Ohne eben auch nicht. Man kann sich über Leitunterscheidungen wie Rahmen/Bild helfen, oder notwendig/hinreichend. Nur eines ist klar: Entweder-oder hat ausgedient.

Diesen Gedanken zu verstehen ist das eine; ihn umzusetzen ist das andere. Denn wie man es verzahnt, wie man es argumentiert – das ist moderne Führungsleistung, das ist souveräner Umgang mit Mehrdeutigkeit. Auf der einen Seite anzuerkennen, dass es die Basisleistung von Unternehmen ist, bewährtes Wissen auf effiziente Weise zu nutzen. Andererseits Neues zu wagen und kreative Prozesse voranzutreiben, die über Innovationen das Unternehmen zukunftsfähig machen.

Die Schwierigkeit dabei: Wer etwas ändern will, steht unter Rechtfertigungsdruck. Das war immer so und wird wohl immer so sein. Es umzudrehen ist kontraintuitiv. Aber möglicherweise überlebenswichtig. Es ist elementar, den Gedanken einzuspeisen, das Alte *nicht* als das Normale anzusehen und das Neue als das Besondere. Wenn wir die Firma-Umwelt-Beziehung, also das »Dazwischen« in den Blick nehmen, sind beide notwendig. Je turbulenter die Zeiten sind, desto mehr sollte das Neue das Normale sein und der Status quo rechenschaftspflichtig.

Das bedeutet auch, dass Führung in digitalen Zeiten weniger an Personen gebunden ist, sondern mehr an Situationen. Nicht an Eigenschaften bestimmter Menschen, sondern an die Funktion einer System-Umwelt-Situation, die *von außen nach innen* definiert wird. Und wieder lauert der Konflikt. Denn das alte Paradigma »einmal Führungskraft, immer Führungskraft« ist in vielen Köpfen fest verankert. Und auch arbeitsrechtlich tief verwurzelt. Unfug war es seit jeher. ■

Rollenkonflikte

Wie gesagt: Jeder dieser Individuen, Spezialisten, Abteilungen, Subsysteme, Bereiche, Inseln entwickelt ein *Eigenleben*, gestaltet eine eigene Rationalität, entwickelt spezifische Rollenmuster. Diese Untereinheiten, wenn sie nur lang genug überleben und erfolgreich sind, orientieren sich am *individuellen* (Überlebens-) Erfolg. Sie folgen dem Muster »So funktioniert das für mich/für uns …« und sind *innerhalb* ihrer Arbeitsbereiche weitgehend widerspruchsfrei. Die Gefahr ist aber groß, dass diese Funktionssilos versteinern und versäulen. Sie verlieren den Blick für das Übergreifende, schauen nur innerhalb ihrer Silos nach oben oder nach unten, setzen das Unternehmen unter Vertikalspannung. Meiner Erfahrung nach gilt dies umso mehr, (1) je länger ein Unternehmen am Markt erfolgreich ist, (2) je größer das Unternehmen, (3) je spezifischer der Aufgabenbereich, (4) je individueller die Bezahlung, (5) je höher die Fluktuation und (6) je jünger die Mitarbeiter sind.

In sich mögen diese Rollenmuster widerspruchsfrei sein, zu anderen Bereichen sind sie es nicht. Es sind aber pragmatische Widersprüche, *die sich nicht ausschließen dürfen*. Daraus ergeben sich jede Menge nützlicher Konflikte: Ein Unternehmen muss effektiv *und* effizient sein. Es hält sich klugerweise die Alternative offen, heute mehr für die eine Seite zu entscheiden, morgen für die andere. Der Vertrieb muss etwas riskieren, er muss kreativ sein, experimentieren. Und darf dabei auch scheitern, weil es sonst keine durchschlagenden Verkaufserfolge gäbe. Der Service darf das alles nicht. Er ist an Standards gebunden. Und da darf es keine Abweichungen geben, da darf man keine Fehler machen. Das Marketing »tickt anders« als die Compliance-Abteilung, F+E anders als die Logistik. Der Betriebsrat hat eine andere Weltsicht als das Top-Management, die Verwaltung eine andere als der ärztliche Dienst. Und das Controlling stemmt sich sowieso gegen alle. Richtigerweise. Letzteres kann man noch am leichtesten verstehen: Kostenmanagement *ist* Konfliktmanagement.

Man darf also die Logiken, nach denen die Subsysteme funktionieren, nicht gegeneinander ausspielen. Zum Beispiel nicht Vertrauen und Kontrolle in Wettbewerb setzen – man braucht beide. Vielleicht in einem Unternehmensteil mehr Vertrauen, in einem anderen mehr Kontrolle. Man darf nicht Zentralität und Dezentralität in Kampfstellung bringen – man braucht beide. Vielleicht Online mehr dieses, Offline mehr jenes. Wir müssen Anweisungen befolgen – und wir müssen gleichzeitig unternehmerisch handeln. In der Verwaltung mehr *high tech*, im Service mehr *high touch*. Im Produktionsbereich mehr Effizienz, in der Kreation mehr Effektivität. In dem einen Firmenteil mag große Flexibilität herrschen; man hat aber gute Gründe für Standardisierung in einem anderen Firmenteil. Man mag mit überzeugenden Argumenten für mehr Agilität plädieren – aber vieles muss im Unternehmen beständig bleiben, um überhaupt agil handeln zu können. Es müssen Dinge getan werden, die spannend und reizvoll sind – und es müssen Dinge getan werden, zu denen niemand wirklich Lust hat. Vielleicht treiben Sie einen erheblichen Bürokratie-Aufwand, der Sie am deutschen Markt keinen Meter weiter bringt – aber er beruhigt die französische Muttergesellschaft. Will heißen: Auch Regelkonformität muss eine flexible Rationalität sein. Diese Rationalität besteht in situativen Balanceakten. Manchmal ist es rational, klare Linien zu haben. Manchmal sind offene, »weiche« Regeln angemessen. Und manchmal ist es hilfreich, spontan und regellos zu verfahren. Wie der Fußballtrainer Otto Rehhagel einst sagte: »Man kann nicht langfristig planen und kurzfristig immer verlieren.« Man braucht eben beides – Kurzfristigkeit und Langfristigkeit.

Wie oben schon angedeutet: Manche Menschen erleben gewisse Praktiken in Unternehmen als »sinnlos«, die aber in einem verdeckten Sinne durchaus sinnvoll sein können, weil Firmen als Organisationen multirationale Gebilde sind. Es gab in ihnen schon immer mehr als nur eine Rationalität, es gab unterschiedliche Ziele und Logiken. Sie begrenzen sich gegenseitig und halten sich gewissermaßen »in Schach«.

Die verschiedenen Rationalitäten im Unternehmen liegen also miteinander/gegeneinander im Konflikt. Und das ist gut so! Warum? Weil all diese Rationalitäten ohne einander nicht können, sich wechselseitig balancieren, damit sie nicht »einseitig« werden und damit anfällig. Alle diese Funktionen sind für das Unternehmen überlebensrelevant (wenngleich sich natürlich jede Funktion für die wichtigste hält). Das heißt:

Unternehmen schalten Konflikte nicht aus, sondern geben ihnen eine Form.

Wenn Sie es genau nehmen, sind diese systemischen, »nötigen« Konflikte eine Form der Zusammenarbeit mit Blick auf das Wohl des Ganzen. Damit sie das sind, müssen die Beteiligten miteinander reden, verhandeln, entscheiden. Das Wichtigste dabei ist, die Logik des anderen zu ehren. Dazu gehört die Überzeugung, dass der andere seine Sache mit der gleichen Legitimität vertritt wie man selbst, also weder die Betriebswirtschaft meuchelt, noch unmoralisch oder illoyal handelt. Die Beteiligten müssen verstehen, dass die Konflikte *strukturell bedingt* sind. Dass es diesen Konflikt »gibt«, schon bevor die einzelnen Menschen in dieses System einsteigen. Und dass es diesen Konflikt auch noch geben wird, wenn die einzelnen Menschen wieder ausgestiegen sind.

Sie sollten sich darüber im Klaren sein, dass der Realitätssicherer im Controlling gleichsam die Voraussetzung dafür schafft, dass das Marketing neue Absatzmärkte erschließt. Und umgekehrt. Dass es ohne Forschung und Entwicklung keine Produktion gäbe, und ohne Produktion keine Forschung und Entwicklung. Und auch wenn alle ihrer »innen« definierten Expertise frönen – sie können das nur tun, weil ein anderer oder eine andere Abteilung die anderen Aufgaben nach anderer Urteilskraft übernimmt. So »braucht« man einander, ohne es zu wissen.

Für das Überleben von Unternehmen ist Konfliktfreiheit keine Option.

Das heißt aber nicht, dass Sie diese anderen Funktionen mögen müssen oder sich diese Funktionen untereinander mögen! Oft herrscht noch nicht einmal gegenseitige Wertschätzung. Im Gegenteil! Wenn man zusammenarbeitet, also sich auf die jeweils andere Funktion beziehen muss, dann verliert man Autonomie. Dann muss man sich mit einer anderen Vernunft arrangieren. Man büßt Freiheitsgrade ein. Das erfreut niemanden.

Wir hatten schon bei psycho-sozialen Konflikten gesagt, dass sie nicht lösbar seien. Man könne sie nur mehr oder weniger gut organisieren. Hier, bei den systemischen Konflikten, wird es noch deutlicher: Genau das machen Unternehmen! Sie versammeln viele Perspektivdifferenzen unter einem Dach, nutzen das Nebeneinander von Sachlogiken und machen es produktiv. Am Ende wird dann irgendwie entschieden. Mal mehr nach dieser Logik, mal mehr nach jener. Dann jubeln mal die einen, dann die anderen, aber es ist immerhin eine Entscheidung.

Starker Tobak, mögen Sie sagen. Denn das alles steht quer zum Zeitgeist. Die zunehmende Moralisierung der Wirtschaft und ein grassierender Bekenner-Exhibitionismus haben dazu geführt, dass Menschen heute empfindlicher auf Widersprüche in Unternehmen reagieren. Zu Zeiten, als es noch darum ging, vorrangig gute Geschäfte zu machen, hat man darauf gelassener reagiert. Aber auch auf diese Zuspitzungen sollten Sie gelassen reagieren. Mehr noch: Sie sollten im Unternehmen grundsätzlich konfliktäre Arbeitsbeziehungen erwarten. Und nicht konfliktfreie. Dafür sind wir nicht nur als Einzelne zu individuell, sondern folgen auch in unseren Rollen partikularem Sachverständnis. Das sagt nichts darüber aus, dass man im Einzelfall beste, ja geradezu herzliche persönliche Beziehungen pflegen kann. Aber der Konflikt ist grundsätzlich *strukturell* vorbestimmt.

Personalisierung struktureller Entscheidungen

Frau Thurau verkauft Möbel. Sie ist eine Spitzenverkäuferin. Aber der Großteil ihrer Verkäufe ist vom Möbelhaus kreditfinanziert. Herr Schaffners Job ist es, die Kreditausfälle möglichst klein zu halten. Daher lehnt er regelmäßig Kreditanträge von Kunden ab, mit denen Frau Thurau gerade einen Kaufvertrag abgeschlossen hat. Obwohl weder Frau Thurau noch Herr Schaffner das Geschäft verlieren wollen, eskaliert eines Tages der Konflikt zwischen den beiden …

Es ist ein sattsam bekanntes Phänomen, dass Menschen in Konflikten »persönlich werden«. Sie werden ausfällig, angriffig, entgleisen verbal. Vor allem im Privaten glaubt man sich das leisten zu können. In Unternehmen eher selten. Dort trifft man häufig auf eine andere Personalisierung: Wenn Menschen einen *strukturell vorgegebenen* Konflikt »persönlich nehmen«. Wenn sie systemische Äußerungen, Handlungen und Entscheidungen gleichsam der Person anhängen. Sie bestrafen dann den Rollenträger dafür, dass er seine Rolle trägt. Dann sehen sie nicht, dass der andere eigentlich nur »seinen Job« macht und nach Gottes unerforschlichem Ratschluss genau für das bezahlt wird, was Ihnen auf die Nerven geht. Man denke an den idealtypischen Finanzbeamten, dem man gerne sadistische Neigungen unterstellt. Oder an Betriebsräte – für manche ein Klotz am Bein der Unternehmensentwicklung.

> **siehe auch Seite 264: Betriebsräte**

Oder an den armen Reisekosten-Kontrolleur in einer Firma meiner Frühzeit, der tatsächlich weit vor dem Rentenalter an Magenkrebs starb – viele Freunde im Unternehmen hatte er nicht. Der Marketeer hält den Controller für eine »Krämerseele«; umgekehrt hält der Controller den Marketeer für einen »Geldvernichter«. Von dem Compliance-Manager ganz zu schweigen, dessen

Betriebsräte

Jean-Paul Sartre hat erstmals auf das Paradoxon aufmerksam gemacht, dass nur die Aufrechterhaltung von Unentscheidbarkeit die Entscheidung erzwingt. Das hat die Organisationsforschung maßgebend aufgegriffen: Dass der Verzicht auf eine endgültige Entscheidung (etwa zugunsten eines Produktionsverfahrens) immer neue Entscheidungen erfordert. Damit bleibt das Unternehmen zukunftsfähig. Diese Dauerkonflikte, das Sich-immer-wieder-neu-Öffnen der Entscheidungssituation, sichern die Überlebens-Rationalität des Unternehmens.

Das kann man am klassischen Konflikt zwischen Kapital und Arbeit illustrieren: Das Unternehmen kann nur weitermachen, wenn dieser Konflikt stabil bleibt. Denn beide Seiten sind unverzichtbar. Beide Seiten haben ein Interesse am Überleben des Unternehmens. Wenn eine der beiden Seiten »besiegt« ist, ist das Unternehmen tot. Das Kapital zieht ab oder die Arbeitskräfte gehen woanders hin.

Konkret wird das am Beispiel der Betriebsräte. Überprüfen Sie zunächst Ihre Meinung zur Mitbestimmung. Halten Sie Betriebsräte für Garanten des sozialen Friedens? Oder für Scharfmacher im lokalen Klassenkampf (es gibt ja auch Betriebsräte, die nicht ständig mit dem BVG unter dem Arm herumlaufen – sie können es auswendig)? Fragen Sie sich manchmal, ob Betriebsräte tatsächlich die Interessen der Mitarbeiter verfolgen? Oder doch eher ihre eigenen? Oder gar die der Gewerkschaften?

Es ist gerade die Position »dazwischen«, die das Modell Betriebsrat erfolgreich macht. Ihrer gesellschaftsrechtlichen Funktion nach sind Betriebsräte zwar Arbeitnehmer-»Vertreter«. Wenn sie sich aber dementsprechend voll und ganz mit dieser Funktion identifizieren, kommt es zu harten und unversöhnlichen Konflikten mit der Betriebsleitung. Erst wenn sie sich ein wenig davon distanzieren, wenn sie sich nicht ultrafest an die Weisungen ihrer Interessengruppe gebunden fühlen, kann es zu einer kampflosen Einigung kommen. Zugespitzt: Betriebsräte müssen mehr Verständnis für die andere Seite aufbringen als jene, die sie vertreten. Sie müssen beweglicher, entgegenkommender sein. Deshalb, das ist die Pointe, misstrauen die Arbeitnehmer ihren eigenen Betriebsräten immer ein wenig. Mit Recht. Der Kapitalgeber ist daher gut beraten, dem Betriebsrat so weit entgegenzukommen, dass dieser das Vertrauen der Belegschaft nicht vollständig verliert.

Ihrer latenten Funktion nach sind Betriebsräte also eben nicht Vertreter, eben nicht Sprecher, sondern *Vermittler*. Was man nicht mit Kungelei und Kumpanei verwechselt darf! Im Grunde sind sie, das hat schon Niklas Luhmann so gesehen, Mediatoren. Diese Rolle können sie aber nur unter einer Voraussetzung spielen: Sie dürfen nur beraten. Sie dürfen keine Entscheidungsmacht haben (weshalb das VW-Modell so dysfunktional ist). Sie können nur dann ausgleichen und Konflikte dämpfen, wenn sie »zwischen den Stühlen« sitzen, also eigentlich »Dritte« sind. Als Dritte dürfen sie Partei ergreifen für die »Sozialpartnerschaft« – ein Begriff, den wir angesichts antiliberaler Kräfte von rechts und links hochschätzen sollten.

Das gilt natürlich auch für die Arbeit*geber*-»Vertreter« – auch sie dürfen nicht mit dem Kapital verschmelzen. Weshalb, umgekehrt, die Betriebsräte gut beraten sind, der Unternehmensleitung so weit entgegenzukommen, wie diese es braucht, um das Vertrauen des Kapitals nicht zu verlieren. Arbeitgebervertreter müssen eben auch »Dritte« sein. Dann können Konflikte innerbetrieblich und immer wieder neu befriedet werden, ohne dass es zu Lohnkämpfen kommt oder der Gesetzgeber eingreifen muss. Unumgänglich für den klugen Umgang mit Konflikten: Das Dreiecks-Vertrauen entlastet von der Zumutung des direkten Vertrauens. ■

ohnehin geringere Lebenserwartung als Mann sich durch seine Rolle im Unternehmen weiter verkürzt.

Das will ich Ihnen empfehlen: Trennen Sie Person und Funktion! Entwickeln Sie Spaß an rollendefinierten Spannungen! Vergessen Sie nicht, dass die unterschiedlichen Rollen Sie in einen »natürlichen« Strukturkonflikt bringen. Von den alten Griechen können wir lernen: den Respekt vor dem Gegner, der nicht deshalb schon ein schlechter Mensch ist, weil er andere Interessen hat und einer anderen Klarsicht folgt. Ein Unternehmen ist als *Einigungsverfahren* zu verstehen, das in wichtigen Fragen der Überlebenssicherung eben *keinen* Konsens verlangt. Dessen Unterschiedlichkeiten man nutzen muss und nutzen kann – Gedankenstrich: solange sich *alle* dem Integrationsverfahren unterwerfen. Das ist im Wesentlichen das Einhalten von Regeln und Prozessabläufen. Integrierend wirken diese Regeln und Prozesse dadurch – und das sei hier besonders betont! –, dass sie das sind, was heute als »kalt« und »technokratisch« gilt: reine Mechanik. Sie sind eben nicht »gut« oder »richtig« oder »moralisch«. Die Moralkampagnen in vielen Unternehmen bezeugen kein großes Vertrauen in die Kraft der Regeln und Institutionen.

Widerspruchsvernichtung – Sieg als Niederlage

Ein Unternehmen ist gekennzeichnet von Widersprüchen: von Vielfalt und Konformität, von Selbstorganisation und Hierarchie, von marktwirtschaftlicher Freiheit und betriebswirtschaftlicher Sicherheit. Damit lässt sich gut leben. Wenn es konkret wird, kann man wählen, welche Seite gerade vorzuziehen ist.

Diese Multirationalität ist aber auch lästig. Die Entscheidungsfindung dauert ewig, die Meetings dehnen sich, der Finanzchef hat es offenbar immer noch nicht begriffen, an den Kunden denkt ohnehin niemand, die Reichsbedenkenträger bleiben hartnäckig … einfach nervig. All das erzeugt die Sehnsucht nach dem Ende der Widersprüche.

Dieser Sehnsucht wird nur allzugern entsprochen. Zum Beispiel durch Verregelung: Unternehmen sind als Organisationen institutionalisierte Alternativvernichter. Und damit Konfliktvernichter. Organisieren heißt Konfliktausschließen. Das Paradoxe daran: Je mehr Konflikte sie ausgeschlossen haben, desto gefährdeter sind sie. Zum Beispiel, wenn die Märkte turbulent und disruptiv werden. Aber auch, wenn man eine Seite dauerhaft bevorzugt oder extremisiert. Wenn sich eine Teillogik durchsetzt – weil es gerade Managementmode ist oder eine starke Führungspersönlichkeit am Ruder ist. Das wäre Selbstmord. Denn im Unternehmen wird es immer dann krisenhaft, wenn ein Subsystem andere Subsysteme überlagert! Wenn die organisatorische Gewaltenteilung aufgehoben wird. Im Makrobereich: Wenn man es mit dem Change-Management zu weit treibt: Verwesung ist auch Wandel. Oder wenn die Verwaltung eines Krankenhauses den ärztlichen Dienst dominiert. Im Mikrobereich geschieht dies exemplarisch, wenn man eine bestimmte Mitarbeitergruppe für Partikularziele incentiviert. Dann hat diese Gruppe kein Ohr mehr für andere Rationalitäten. Dann wird das Denken ausgeschaltet, das Gemeinsame und das Ganze sowieso. Dann geht das Balancieren verloren. Nehmen Sie die Kostenkontrolle. Wenn Sie die ins Extreme treiben, können Sie den Laden auch dichtmachen – dann haben Sie die Kosten auf Null. Auf der Gegenseite: So mancher Start-up ist schon am wuchernden Marktanteil erstickt, weil die Controller mundtot gemacht wurden oder man nicht oder zu spät auf die Rentabilität achtete. Wenn eine Rationalität überwiegt, wird das Gesamtsystem geschwächt.

Die Gefahr liegt in der Ideologisierung, in moralisierenden Selbstberauschungen, in der Ausschaltung des Konflikts, in der

Vereinseitigung: Wir sind ein »Familienunternehmen« – ach ja? Heißt das, dass Adam Riese gefeuert wird? Oder: Wir sind ein »dezentrales Unternehmen«! Wenn man das ernst nähme, hätte sich das Unternehmen als Organisation längst aufgelöst. Man kann *überwiegend* dezentrale Elemente haben, aber ohne Zentralität gäbe es auch die nicht. Und was heißt Dezentralität heute im Zeitalter des Internets? Noch dasselbe wie zu analogen Zeiten? Die Sakralisierung einer Seite unterspült die Anpassungsfähigkeit an die Marktdynamik. Es ist doch gerade die Offenheit für die Vielfalt unterschiedlicher Organisationsentwürfe, die ein Unternehmen überleben lässt. Die Stärke liegt – wie immer – in der Kompensation, in der klugen Balancierung. Damit man nicht auf der einen Seite herunterfällt. Wenn es darüber zum Streit kommt – um so besser.

Für alle, die sich (zum Teil schon Jahrzehnte) über die Ungereimtheiten in ihren Firmen ärgern, liegt hier eine befreiende Erkenntnis parat: Diese Firmen sind nicht *trotz* ihrer Widersprüche erfolgreich, sondern gerade *wegen* ihnen.

Das heißt:

Im Unternehmen darf keiner einen Konflikt „gewinnen".

Noch einmal mit anderen Worten, weil es ein noch kaum gehobener Schatz der Organisationsentwicklung ist: Das Unternehmen gefährdet sich selbst, wenn es systemisch-soziale Konflikte löst. »Löst« im Sinne von Gewinnen und Verlieren. Insbesondere, wenn Sie auf die Zeit *nach* dem Konflikt schauen, darf niemand »siegen« – es würde eine andere wichtige Kraft im Unternehmen zum Verlierer machen. Und das würde das Unternehmen als Ganzes schädigen! Führen Sie sich und anderen das immer wieder klar vor Augen: *Im Unternehmen ist jeder Sieg eine Niederlage.*

Eine Niederlage der Zukunftsfähigkeit. Wenn eine Partiallogik in einem starken Sinn »gesiegt« hat, schwächt der Schwelbrand das Unternehmen auf der anderen Seite der Kooperationsarena. Wer siegt, verliert. Das sollten Sie nicht riskieren.

Geraten mithin zwei Abteilungen in einen Konflikt, ist die Situation doppelt widersprüchlich. Erstens: Der Konflikt zwischen beiden ist überlebensnotwendig für das Unternehmen, weil er verschiedene Logiken austariert. Zweitens: Es gäbe die eine Abteilung nicht ohne die andere. Der Konflikt darf also *nicht beendet* werden. Sonst wäre das Unternehmen beendet (jedenfalls in seiner jetzigen Form). Deshalb sterben Diktaturen – sie haben zu wenig innere Konflikte. Der Niedergang des einstigen Autogiganten General Motors steht beispielhaft für eine Firma, in der nur »yes-people« gute Mitarbeiter waren. Und Yahoo!s ehemaliger CEO Tim Koogle war so konfliktavers, dass er es nicht wagte, die Übergriffigkeit einzelner Abteilungsegoismen zu konfrontieren; das Unternehmen wurde bald von dem zuvor sehr viel kleineren Google überholt.

Jeder Mensch ist weder Engel noch Teufel, sondern etwas dazwischen. Er ist ein Leben lang auf der Suche nach seinem Wesen (hoffentlich in der Gewissheit, dass er es niemals finden wird). Das gilt auch für die Makrobetrachtung: Die gegenwärtig allumgreifende Weltuntergangsmystik darf nicht die Hauptaufgabe der Politik vernebeln, wirtschaftliche, soziale, kulturelle, ökologische sowie psychohistorische Aspekte *simultan* zu berücksichtigen, immer wieder neu zu gewichten und zu kompensieren. In gleicher Weise muss auch das Unternehmen auf der Suche bleiben, immer sein Zwischenwesen bewahren. Als institutionelle Lösung für ein Zugleich. Das Unternehmen löst die Einheit und das Zugleich der Seiten nicht auf, sondern ein.

Teil 5

Führung

Warum gibt es Organisationen? Ohne lange Umschweife: Organisationen gibt es, weil es *zu viele Möglichkeiten* gibt. Deshalb wird »organisiert«, werden einige Optionen ausgeschlossen. Das sichert den Fokus und senkt Transaktionskosten.

Wenn aber, so mögen Sie fragen, durch das Organisieren alles in schöner Ordnung ist, warum gibt es dann Führungskräfte? Eben *weil* nicht alles geregelt werden kann. Es gibt Widersprüche, Paradoxien, Überraschungen und Abweichungen vom gewohnten oder geplanten Gang der Dinge. Nicht alles kann die Organisation für jeden Fall vor-entscheiden. Insbesondere der Markt steht niemals still. Er hat eine nicht vorhersehbare Eigenlogik, die sich jeder Kontrolle entzieht. Organisation kommt daher immer zu spät. Und genau dort ist Ihr Einsatzpunkt als Führungskraft. Deshalb müssen Sie »einspringen«.

Stellen Sie sich eine Gruppe von Menschen vor. Fliehend. Hinter ihr ein Säbelzahntiger. Vor ihr eine Weggabelung; die Wissenschaft spricht von »Bifurkation«. Man kann jeweils rechts und links ein paar Meter in die Wege hineinsehen, dann biegen sie ab ins Unbekannte. Wohin flüchten? Einige rufen: »Nach rechts!« Andere rufen: »Nach links!« Der Stillstand droht (im Unternehmen: Paralyse durch Analyse). Natürlich könnte man sich aufteilen und trennen. Will man jedoch zusammenbleiben, dann ist genau das die Situation, die nach Führung ruft. Dann müssen Sie den Stillstand verhindern oder auflösen.

Führung gibt es, weil es Konflikte gibt.

Führung hat also ihren prinzipiellen Aufgabenbereich *jenseits der Routine*. Sie wird gebraucht in dilemmatischen Situationen. Nicht für den gewohnten Ablauf. Ein Unternehmen braucht keine Führung, wenn die Kunden die Produkte aus den Regalen reißen, wenn die Ziele übertroffen werden, wenn das Unternehmen in sicheren Gewässern segelt. Dann braucht es allenfalls Management, also Handwerk und Verwaltung. Droht aber Lähmung und Ratlosigkeit, muss Führung in die Verantwortung gehen. Daher: Ohne Konflikte wäre Führung überflüssig. Führungskräfte leben von der Weggabelung, vom Dilemma, von der Bedrohung. Dann und deshalb ist Führung »entscheidend«. Dann braucht es eine magische Hand.

Auch Magier wurden früher aufgesucht, wenn Menschen sich mit einer Fragestellung konfrontiert sahen, die sie auf üblichem Wege nicht lösen konnten. Zum Beispiel mit der Frage nach der

Zukunft. Oder: »Wie entscheiden?« Niklas Luhmann nannte Führungskräfte deshalb »Lückenbüßer der Organisation«. Man sollte sie nur für mehrdeutige Aufgaben einsetzen, also für all jene Themen, die von der Organisation nicht durch Regeln und Vorschriften zur Seite geräumt werden. Nimmt man es genau, dann sind Konflikte der *einzige* Grund, weshalb es Führung gibt. Führungskräfte sind mithin Konfliktparasiten, die ihre Daseinsberechtigung daraus ziehen, die Entscheidbarkeit von Konflikten zu sichern. Dass sie deshalb auch Prügelknaben sind, ist nur eine weitere Paradoxie – von der wir hoffen wollen, dass das Schmerzensgeld sie lindert.

Widerspruch einführen

Wer von Konflikten redet, kontrastiert sie – bewusst oder unbewusst – gegen eine Vorstellung des Ungestörten. Wie aber soll dieser Nicht-Konflikt aussehen? Gibt es eine Normalität, die den Charakter des Selbstverständlichen trüge? Verhält sich Konflikt zur Normalität etwa wie Krankheit zur Gesundheit?

In Zeiten ruhiger Abschöpfungsmärkte und rigider Hierarchieverhältnisse fielen die Ambivalenzen der Unternehmensführung nicht weiter auf. Nun aber, in Zeiten der Globalisierung, Digitalisierung und Singularisierung, stehen die Dinge anders. Neue Technologien, aggressive Aktionäre, erratische Politiker, die Übermacht Chinas und die Winner-takes-it-all-Herrschaft von Digitalkonzernen erzeugen zuvor unbekannten Druck, Lähmung und entsprechende Entscheidungsverschiebung. Das hat der ehemalige Schweizer Bundesrat Kaspar Villiger die »Durcheinanderwelt« genannt. Unter diesen Vorzeichen brechen die Ambivalenzen an vielen Stellen hervor und müssen bearbeitet werden. Freiheit und Organisation, vor allem aber der Kernkonflikt Offenheit und Abgrenzung müssen neu austariert werden. Von Führung wird mehr denn je die Kunst gefordert, Ordnungen zu schaffen, die Festlegungen variabel und korrigierbar machen.

Führung war schon immer eine Tätigkeit, deren Mitte es war, Spannungsfelder zu bearbeiten. Traditionell: Freiraum schaffen – Freiraum begrenzen. Das wurde aber selten klar gesagt und noch seltener anerkannt. Lieber zeigte man »klare Kante!« Heute ist es zwingend: Wir müssen die Führung auf Mehrdeutigkeiten umstellen. Und damit kommt es zu einer Höherbewertung dessen, was nur der Mensch für das Unternehmen leisten kann. Nur der Mensch kann die Perspektiven wechseln und Mehrdeutigkeiten situationsbunt entscheiden. Nur der Mensch kann mit Widerspruch umgehen, ist zur Ambiguitätstoleranz fähig.

Das gilt insbesondere für die Auseinandersetzung um den richtigen Unternehmensweg (den man früher »Strategie« nannte). In einem gut aufgestellten Unternehmen werden die Veränderungen auf den Märkten schnell und direkt in die Organisation hineingetragen. Dann kann man den Wandel *zulassen* – und muss ihn nicht »implementieren«. In der Regel prallt Veränderung in den Unternehmen jedoch auf Strukturen und Menschen, die sich eher nach Stabilität und Ordnung ausrichten. Das führt automatisch zu Konflikten. Aber die Zukunftsfähigkeit steht auf dem Spiel. Deshalb müssen Führungskräfte über den rechten Weg des Unternehmens streiten. *Zukunftsfroh* streiten. »Entdecke die Möglichkeiten!«, muss die Devise lauten, nicht »Benenne die Unmöglichkeiten!«. Voraussetzung dafür ist, Ungewissheit und Mehrdeutigkeit als Grundbedingungen auszuhalten. Und die »Anmaßung von Wissen« (Friedrich August von Hayek) freundlich beiseite zu schieben, sich nicht von scheinbar eindeutigen Lösungen, dauerhaften Entscheidungen und Glaubensbekenntnissen verführen zu lassen. Offen sein für Umkehrbarkeit: etwas wagen, es auch wieder korrigieren, wenn es nicht funktioniert.

Falsch ist es, aus Furcht vor dem Scheitern nichts zu tun oder aus Angst vor dem Gesichtsverlust immer weiter in eine Richtung zu marschieren, obwohl sie sich längst als Sackgasse herausgestellt hat. Alternativlos ist nichts.

Mit Blick auf die Mitarbeiter kommt etwas Neues hinzu. Um die Entscheiderrolle auszufüllen, lebte Führung seit Angedenken vom Amtscharisma. Diese Aura war immer eine geheimnisvolle Mischung aus Triumphgeschichte, Ausstrahlung und Erfahrung. Das erfolgsrelevante Wissen verändert sich aber in hoher Geschwindigkeit. Was gestern galt, ist heute alt. Und dieses Wissen ist nicht mehr vertikal gespreizt (oben mehr, unten weniger), sondern relevant oder nicht, wichtig oder unwichtig. Aber es spreizt sich *horizontal* an der Peripherie des Unternehmens. Deshalb sollte auch dort entschieden werden. Nah am Kunden. Das verschiebt das Verhältnis von »potestas« und »auctoritas«, wie die alten Römer es nannten, von Aufgabe und Autorität, von Handlungsvollmacht und überlagernder Würde. Führung muss sich somit neu definieren. Ihre Basis ist nicht mehr überlegene Sachkompetenz, schon gar nicht anachronistisches Vorbildgehabe. Sondern die Anerkennung der Geführten. Die sind besser ausgebildet denn je, sind unter den Bedingungen verinnerlichter Demokratie aufgewachsen. Sollten Sie insbesondere junge, hochindividuelle Experten führen, dann gilt:

*Wer Mitstreiter haben will,
muss streiten.*

Signalisieren Sie diese Bereitschaft, wenn Sie die Menschen für den gemeinsamen Weg gewinnen wollen. Nicht nur durch Worte, sondern durch Ihr konkretes Verhalten. Zum Beispiel, indem Sie Mitarbeiter-Befragungen nicht mehr anonym durchführen; damit zeigen Sie, dass Sie Ihren Mitarbeitern zutrauen, mit offenem

Visier für ihre Perspektiven einzutreten. Man kann sich nur auf etwas stützen, das Widerstand leistet.

Die Forschung ist ob dieser Konfliktbereitschaft skeptisch. Fasst man die wichtigsten Studien zu diesem Thema zusammen, dann sind vor allem Topmanager Konfliktvermeider. Sie möchten nichts von Schwierigkeiten hören, wollen immer schon die »Lösung«, nicht das Problem, sagen selbst selten Kritisches. Sie haben ja im Regelfall ihre Karriere gemacht, weil sie auf ihrem Weg nach oben wenig Menschen irritierten. Ein solches Verhalten mag auf den planbaren und weitgehend regionalen Märkten der Vergangenheit funktioniert haben – auf den heutigen schnellen und globalen Märkten müssen Manager Konfliktkommunen gründen, den funktionalen Streit organisieren: »Danke, dass Sie meine Aufmerksamkeit auf dieses Problem richten!«

Beispielhaft nenne ich hier einen CEO, der die neue Unternehmensstrategie in einem Townhall Meeting der versammelten Mannschaft vorstellt. Leidenschaftlich, ja geradezu beseelt spricht er von den zu erwartenden Marktbedingungen, den Herausforderungen, die dem Unternehmen daraus erwachsen, den Chancen. Dann, die Präsentation läuft auf den Höhepunkt zu, folgt der Appell ... nein, nicht sich zu »committen«, nicht mit ganzem Herzen »Ja« zu sagen. Im Gegenteil. Der CEO bittet die Teilnehmer, die Frage zu beantworten: »Warum wird diese Strategie scheitern?« Ernsthaft! Man teilt sich in Gruppen auf. Sammelt, verdichtet und gewichtet mögliche Gründe für das Nicht-Funktionieren. Dann werden die Ergebnisse vorgestellt. Es wird offen aufgedeckt, was über kurz oder lang ohnehin ans Tageslicht gekommen wäre. So aber ist man auf Hürden vorbereitet, hat das Immunsystem aktiviert, ist realistisch und enttäuschungsresilient. Die positive Kraft des negativen Denkens! Nicht die schlechteste Chance, die Strategie dennoch – nämlich gerade deshalb – ins Momentum zu bringen.

> **siehe auch Seite 278: Konfliktforen verhindern Eskalation**

Der blinde Fleck der Hierarchie

Bei Konflikten, in denen Sie selbst nicht direkt involviert sind, findet sich in amerikanischen Ratgebern der Hinweis: »This is *not* your conflict.« Das ist bezeichnend, sogar entlarvend: Amerikaner haben kaum Sinn für systemische Zusammenhänge. Für sie handeln vorrangig Einzelpersonen – »heroes or villains«. Der Kontext, der institutionelle Rahmen, das Beobachtetwerden spielt keine Rolle in ihrer Vorstellungswelt.

Ein solches Denken ist unterkomplex. Denn man hat in den Unternehmen die »Lösung« von Konflikten ja gerade *institutionalisiert* – das heißt, man hat sie vom Individuum (im starken Sinne) entbunden: durch *Hierarchie*, durch eine »heilige Ordnung«. Den einzelnen, gleichsam symmetrisch streitenden Menschen, Rollen und Funktionen wird ein Einzelner übergeordnet. Der verfügt dann im Konfliktfall über Entscheidungsmacht »kraft höheren Gehalts«. Auf diese Weise sichert Hierarchie die Handlungsfähigkeit des Unternehmens. Eine wichtige Funktion der Hierarchie ist damit benannt: Sie *befriedet*. Schon allein der Gedanke an eine zu erwartende Entscheidung der Hierarchie mäßigt die Konfliktgegner. Das ist ein hohes Gut.

In Zeiten flacher Hierarchien und quasi-demokratischer Netzwerke etablieren sich jedoch mehr und mehr *symmetrische* Kooperationsbeziehungen. Diese Entwicklung resultiert aus dem gesellschaftlichen Wertewandel, aus der Knappheitssituation vieler Personalmärkte sowie aus Markterfordernissen (Stichwort: Agilität). Dabei gibt es manche Übertreibung, die lediglich eine Ideologie durch eine andere ersetzt. Man muss sich klarmachen, welche Konsequenzen das hat:

Konfliktforen verhindern Eskalation

Kann man Konflikte verhindern? Unwahrscheinlich. Noch fraglicher ist, ob das überhaupt wünschbar ist. Billigen wir den Doppelcharakter von Konflikten (und damit auch die »negative« Seite), dann ist es sicherlich erstrebenswert, die *Eskalation* von Konflikten zu verhindern. Nicht jedes Feuer muss sich in Shakespeares blutige Wellen steigern. Vor allem nicht in Unternehmen, die grundsätzlich hohe Solidarenergien brauchen. Dann anerkennt man zwar, dass Spannungen normal sind und wichtige Botschaften enthalten – aber man muss sich nicht gleich wechselseitig die Köpfe einschlagen und mit der schlechten Form den guten Inhalt verdecken.

Wie aber kann das gehen? Wie können Sie den Raum zwischen Wegsehen und Zuspitzung verantwortungsvoll ausfüllen? Führungskräfte reagieren oft erst, wenn das Betriebsergebnis leidet. Das muss nicht sein. Denn es gibt so etwas wie ein Präventionsprogramm. Für die Eskalationsprophylaxe kann ich Ihnen *regelmäßige Konfliktforen* empfehlen. Für Familien sind sie bekannt als »Familien-Konferenz«. Auch in Partnerschaften sind sie in abgewandelter Form gut durchführbar: Regelmäßige (Rettungs-)Wochenenden ohne Kinder erinnern Sie vielleicht daran, dass es Gründe gab, weshalb sie sich einst als Partner fanden.

In Unternehmen nenne ich diese Konfliktforen »Team-Entwicklungs-Workshops«. Die laufen so: Suchen Sie sich einen guten Moderator, der schnell im Erfassen von sozialen Dynamiken ist. Zudem sollte er in einem umfassenden Sinne unabhängig sein. Ziehen Sie sich einmal im Jahr (in Übergangssituationen öfter) mit Ihrem Team an einen ruhigen Ort zurück – außerhalb Ihres Bürogebäudes. Sprechen Sie einen Tag moderiert über die Zusammenarbeit im Team, über die verschiedenen Rollen, die Vernetzungen und Widersprüche, über effektivere Kommunikation und Kooperation. Was läuft gut? Was läuft schlecht?

Wo gibt es Engpässe? Welche institutionellen Entscheidungen machen uns das Leben schwer? Was ist änderbar? Was nicht? Wenn Sie einige Spielregeln beachten und es vermeiden, Verlierer zu produzieren (»no-blame-method«), ist das die beste Investition in die Eskalationsprophylaxe, die ich kenne. Sie funktioniert gleichsam als Auffangbecken für Spannungen, die zu besprechen in der operativen Alltagshektik oft keine Zeit ist. Alle wissen dann: In ein paar Wochen habe ich Gelegenheit, in ruhiger Atmosphäre meine Bedürfnisse zu artikulieren. Solche Konfliktforen sind aber nur dann produktiv, wenn man Widersprüche als solche anerkennt und wenn die Hierarchie nicht glaubt, sie hätte privilegierten Zugang zur Wahrheit.

An dieser Stelle möchte ich den Schwachpunkt vieler »Konfliktgespräche« adressieren. Solche Gespräche fokussieren zumeist *bilaterale* Beziehungen und grenzen das Unternehmen als Kooperationsarena weitgehend aus. Diese Verkürzung bildet die Wirklichkeit unzureichend ab. Das wird oft deutlich, wenn im Gespräch der Namen eines Dritten fällt, der aber nicht anwesend ist. Oder wenn organisatorische Rahmenbedingungen ausgeblendet und deren Auswirkungen dem Einzelnen angelastet werden. Team-Entwicklungs-Workshops hingegen berücksichtigen das Beziehungsgeflecht. Nur so wird das Reiz-Reaktions-Muster von Konflikthandlungen hinreichend berücksichtigt und nicht kurzgreifend als pathologisch individualisiert.

Und noch ein Hinweis: Versuchen Sie nicht, den Workshop selbst zu moderieren. Sie sind Teil des Systems und als solches können Sie nicht von außen draufschauen. Ein guter Moderator (in diesem besonderen Fall will ich betonen: eine gute Moderatorin), die neutral durch den Prozess führt, ist Gold wert. ■

Flache Hierarchien zeugen mehr Konflikte.

Weil die Entscheidungsinstanz ungeklärt ist. Fällt die Hierarchie weg oder bleibt sie zahnlos, übermäßig zurückhaltend, brechen die Konflikte offen aus. Dann streitet man um Macht und Deutungshoheit. Diejenigen, die von Selbstorganisation schwärmen, sollten diesen Aspekt zumindest mitberechnen.

Aber Hierarchie hat – systemisch gesehen – noch weitere Nebenwirkungen. Von denen sind nicht alle begrüßenswert:

- Mitarbeiter gewöhnen sich daran, passiv und initiativlos zu bleiben. Das Dilemma der Organisation: Je mehr sie institutionalisiert, desto inaktiver werden die Mitarbeiter.
- Manche Konflikte entstehen, ohne dass Hierarchie sie beobachtet. Weit häufiger jedoch werden Konflikte für die Tribüne inszeniert – eben *weil* Hierarchie zuschaut.
- Es besteht die Gefahr, dass wichtige Auseinandersetzungen unterbleiben, wenn von vorneherein klar ist, wer sich durchsetzen wird.
- Im Regelfall ist der Konflikt durch Hierarchie tatsächlich »nur« entschieden, schwelt aber weiter, nur nicht mehr heiß, sondern kalt, wird chronifiziertes Leiden, latenter Bürgerkrieg. Man ist ständig bereit, die Kampfhandlungen wieder aufflammen zu lassen.

Auch hier unübersehbar: Hierarchie ist mehrdeutig. Nicht selten ist sie das Problem, für dessen Lösung sie sich hält.

Diesen Zusammenhang will ich durch eine Praxisstudie veranschaulichen. Ich setze dabei Sie als »Institution« voraus, als »Rolle« und »Funktion«. Deshalb, jetzt, Vorhang auf für die nächste magische Runde: Auftritt Edgar H. Schein.

Was zählt? Ihr Verhalten im Konfliktfall!

Nicht alles, was alt ist, ist überlebt. Das gilt mitunter auch für Forschung. Edgar H. Schein hat Mitte der 1980er Jahre eine Studie veröffentlicht, die für die Unternehmensführung bis heute ikonographische Bedeutung hat. Darin stellt er die Frage: »Was prägt die Arbeitsmoral?« Heute würden wir vielleicht fragen: »Was prägt die Unternehmenskultur?« Aber damals wurde eben noch hart gearbeitet. Seine Antwort ist dreiteilig: Es ist (1) das konkrete Verhalten (2) der wertsetzenden Persönlichkeit (3) *im Konfliktfall*. Dieses Verhalten nehmen Mitarbeiter seismographisch sensibel wahr und verallgemeinern es in eine Spielregel.

Schauen wir genauer hin. Das *konkrete Verhalten* entscheidet – nicht das, was jemand sagt. Auch nicht das, was auf Hochglanzpapier steht. Sondern was jemand tut. Erstens. Zweitens: Wessen Verhalten? Wer ist die *wertsetzende Persönlichkeit*? Normalerweise der Chef, der Vorstandsvorsitzende, Geschäftsführer oder Inhaber. In jedem Mikrokosmos aber sind *Sie* es! Jede einzelne Person. In Ihrer »Nachbarschaft« kommen Sie aus dieser Rolle nicht heraus. Und Sie sind – vielleicht erinnern Sie sich – aus Sicht des Mitarbeiters vorrangig Institution, nicht Individuum. Drittens: *Im Konfliktfall*. Bei Sonnenschein zählt nicht. Sondern bei schwerem Wetter. Wenn Wichtiges nicht erreicht wird – wie reagieren Sie? Wenn der Fehler passiert ist – wie reagieren Sie? Handelnd? Oder klagen Sie an? Wenn Sie kritisiert werden: Sagen Sie »Danke für Ihre Ehrlichkeit!«? Oder rechtfertigen Sie sich? Gehen Sie gar zum Gegenangriff über? Das ist die bare Münze: Ihr konkretes Verhalten in konfliktären Situationen wird von Ihren Mitarbeitern gleichsam »eingepreist« und entsprechend kalkuliert. So entscheiden Sie indirekt auch über das Maß an Offenheit, das sich der Mitarbeiter Ihnen gegenüber zutraut. Im alten Jargon: Wer herrschen will, muss sich beherrschen.

Warum präsentiere ich Ihnen diese alte Studie? Um Ihnen zu zeigen, dass Sie natürlich träumen können – von Ehrlichkeitshelden, Moralathleten und Leistungsgiganten. Selbstverständlich steht es Ihnen frei, die Charaktereigenschaften Ihrer Mitarbeiter zu diskutieren. Sie können auch auf gewohnte Weise eine konfliktäre Situation »externalisieren«, nach draußen wenden; dann haben Sie nichts damit zu tun. Aber dieses Denken ist nicht auf der Höhe der Komplexität, die zu bewältigen hier ansteht. Realitätsnäher ist es, Ihr Unternehmen so zu gestalten, dass auch jene Menschen vernünftig zusammenarbeiten, die keine Helden sind, sich nicht kennen und vielleicht auch nicht besonders mögen. Es ist Ihre Aufgabe, einen institutionellen Rahmen zu gestalten, in dem sogar Feinde kooperieren.

Wie können Sie das schaffen? Zunächst, indem Sie im Konfliktfall nicht die prekäre Psychodynamik Ihres Mitarbeiters oder Kollegen analysieren, sondern *Ihre* Wirkung auf andere abschätzen. Ich will an dieser Stelle kein Blatt vor den Mund nehmen: In über 35 Berufsjahren habe ich noch nie erlebt, dass sich eine Führungskraft selbst in den Konflikt »hineingerechnet« hätte. Alle glauben, dass sie ihn lediglich »beobachten«. Alle (und ich meine wirklich *alle*) blenden sich selbst aus der Situation aus. Sie drehen das Geschehen von sich weg, haben wirklich das Gefühl, sie hätten damit nichts zu tun. Sie meinen allen Ernstes, es gäbe eine Beobachtung ohne Beobachter.

Wenn Sie sich davon nicht angesprochen fühlen, sollten wir uns deswegen nicht in die Wolle kriegen. Es geht auch nicht um Ihr persönliches Konfliktverhalten. Es geht noch nicht einmal um *bestimmte* Verhaltensweisen, die Sie zeigen oder nicht zeigen. Es geht mir um etwas anderes. Wenn Sie bereit sind, den Konflikt einige Temperaturgrade kühler als bisher anzuschauen, dann lautet die Antwort auf die Frage »Warum handelt der Mitarbeiter so, wie er handelt?«: Weil Sie da sind! Ihre bare Existenz sendet

»Komm-beachte-und-nutze-mich-Botschaften«. Auch wenn Sie das selbst nicht beabsichtigen: Durch Ihr Angebot entsteht auch eine Nachfrage – die nicht selten in Bevormundung mündet. Häufig ungewollt. Das ist der blinde Fleck der Hierarchie, ihre *Selbstvergessenheit*.

Worin liegt die Magie? Darin: Was geschieht, sind Sie! Im Sich-dessen-bewusst-Sein. Im Sich-selbst-besser-Kennenlernen. In Ihrer Sensibilität für Ihre Wirkung auf andere – auch wenn es kein Patentrezept gibt, dem beschriebenen Dilemma zu entkommen. Aber Sie können Konfliktsituationen *mildern*, indem Sie sich selbst als aktiv oder passiv Mitwirkender einbeziehen. Das will ich im Folgenden veranschaulichen.

Gute Störung: Mobilisierung

Was ist die basale Intervention von Führung im Konfliktfall? Was ist zu tun? Es geht nicht um Lösung, sondern um *Mobilisierung*. Das ist eine grundsätzliche Konsequenz, die die systemische Sichtweise für den Umgang mit Konflikten hat. Denken Sie an das Mobile! Wenn Sie es an einem Teil bewegen, werden alle Teile reagieren und andere Positionen einnehmen. Deshalb gilt es, konfliktär erstarrte Reiz-Reaktions-Muster zu de-stabilisieren. Das heißt:

> Bringen Sie in Bewegung, wo vorher Paralyse war.

Nehmen Sie also Ihren *Störungsauftrag* ernst und irritieren Sie das festgefahrene Verhalten der Konfliktpartner. Die Dinge bewegen, in einen anderen Aggregatzustand bringen, um Verstörung, Lähmung und Schmerz aufzulösen. Das können Sie auf vielfältige Weise tun. Zum Beispiel, indem Sie Institutionen und Strukturen abschaffen, die ein gewünschtes Verhalten entmutigen, erschweren oder gar dementieren. Indem Sie Druck aus dem Kessel nehmen, aufhören, den andern verändern zu wollen. Ein Mensch wird umso mehr an seinem Rechthaben festhalten, wenn er sich unter Druck gesetzt fühlt. Dann kann er mitunter versteinern. Wollen Sie Möglichkeiten der Selbstveränderung eröffnen, dann müssen Sie den Anpassungsdruck vielleicht ganz tilgen. Wie zuvor gesagt: Wenn Sie nicht so drücken, muss der andere vielleicht nicht mehr so drücken.

> siehe auch Seite 286: Sprechen statt Schreiben

Eine andere Möglichkeit des In-Bewegung-Bringens: Ansprechen, den Konflikt zur Sprache bringen. Am besten im Beisein aller Beteiligten. Wenn Sie mutig sind, können Sie sogar noch einen Schritt weiter gehen: Sie können die *Vorteile* aufzeigen, die die Beteiligten aus der Situation ziehen. In der Therapie nennt man das »paradoxe Intervention«, und die ist ziemlich glattes Eis. Zu diesem Mittel sollten Sie daher in zurückhaltender Weise greifen. Und auch nur dann, wenn Sie sich Ihrer Sache sicher sind und die Empörung aushalten, die Ihnen garantiert entgegenschlägt. Denn Sie werden das Schicksal aller Schiedsrichter im Sport erleiden: Eine Seite haut immer drauf. Bleiben Sie dabei realistisch: Wenn Sie den Konflikt de-stabilisieren, wissen Sie nicht, ob der Zustand danach erträglicher ist. Denn man muss ja auch mit den *Problemen der Problemlösung* leben. Man kommt, wie oben gezeigt, aus den Ambivalenzen nicht heraus. Und die Reaktion sozialer Systeme auf Störungen ist unvorhersehbar! Niemand kann wissen, wie Ihr Konfliktsystem auf eine Intervention anspricht. Ob sich der Konflikt vielleicht sogar verschärft; das Mobile kann sich so bewegen, wie es Ihnen gar nicht gefällt. Aber ein größeres Risiko ist es, passiv zu bleiben und nichts zu tun. Das, und nur das, könnte man Ihnen ernstlich vorwerfen. Es bleibt jedoch eine

Wette. Und bleiben Sie skeptisch, wenn Ihnen jemand die »einzig mögliche Lösung« verkaufen will. Präzise Prognoseinstrumente wie das Orakel von Delphi haben wir ja nicht mehr; wir haben Unternehmensberatungen.

Konflikte im digitalen Zeitalter

Die Veränderungen sind kaum zu überschätzen, die mit der Digitalisierung und der Dynamik der Märkte auf die Unternehmen zukommen. Sie laufen frontal gegen das Gut-geölte-Maschine-Modell der Unternehmensführung. Das ist in seiner Wucht zumeist noch gar nicht begriffen worden. Maschinen kennen keine Konflikte. Ihr mentales Programm ist Reibungslosigkeit. Der Mensch ist im Maschinenmodell die größte Fehlerquelle für Routinen. Dass er gleichzeitig die Lösungsquelle für *Nicht-Routinen* bildet, ist eine neuere Einsicht.

Führungskräfte als »Lückenbüßer der Organisation« werden dadurch neu und höher bewertet. Denn die Lücke wird ständig größer, in der Sie büßen sollen. Man kann immer weniger regeln. Die Unternehmensführung kommt um ein höheres Maß institutionellen Vertrauens nicht herum. Neue Technologien, neue Geschäftsmodelle, neue Kooperationen, volatile Kundenpräferenzen – alles ist in Bewegung. Als Führungskraft sind Sie nahe an der Wirklichkeit, wenn Sie Ihr Verhalten primär als *Zufallsgenerator* betrachten, der auftretende Chancen in Gewinne umsetzt.

Das Neue dabei ist: Zu der klassischen Überfülle der Möglichkeiten, die ein Unternehmen lähmen kann, addiert sich die Überfülle der Daten und ihrer Vernetzung. Über den Umgang damit wissen wir insgesamt noch wenig. Wir sind die Generation des Übergangs, sind im analogen Zeitalter groß geworden und weder anthropologisch noch erfahrungskulturell vorbereitet für das

Sprechen statt Schreiben

Das Internet, das fabelhafte Effekte in vielen Lebensbereichen hat, birgt auch unabsehbares Konfliktpotenzial. Es zersplittert eine ehemals gemeinsam geteilte Öffentlichkeit in Millionen unvereinbarer Einzelmeinungen, die sich nicht mehr begegnen. Ein echter Dialog findet dadurch kaum noch statt. Man muss keine anderen Meinungen mehr aushalten, mit Widerspruch ist nicht zu rechnen.

Zu dieser Entwicklung gehört ganz wesentlich, dass das ehemalige Telefon (der »Fernsprecher«) heute ein Fern*schreiber* geworden ist. Wir sprechen immer weniger, wir schreiben immer mehr. Das ist nicht Kommunikation in realer Gegenwart, sondern das Hin- und Herwerfen von Information. Das sind geheuchelte Smileys und Heulis. Selbst bei der Sprachnachricht – sie simuliert Dialog, faktisch weicht sie aus. In der digitalen Komfortzone bleiben wir emotional in Deckung. Wie schnell ist etwas dahingeschrieben, das ohne Mimik und Gestik missverständlich ist! Und es gibt keine Möglichkeit der direkten Korrektur oder des Nachfragens. Möglicherweise brütet der Empfänger tagelang: Wie war das gemeint? Unendlich viele Konflikte sind entstanden, weil Menschen nur geschrieben haben, aber nicht gesprochen! Und viele Freundschaften sind beendet worden, weil Leute missverständliche Texte versandt haben, deren Themen mündlich problemlos hätten geklärt werden können!

Nicht nur Gesprächsvermeidung durch das Schreiben ist die Ursache vieler unnötiger Konflikte. Wir urteilen auch oft zu schnell, zu hart. Man wirft sich Meinungsbrocken hin und lässt den anderen daran kauen. Ein wirkliches Gespräch flicht sich so nicht. Kein gemeinsames Ringen mehr um eine mit-geteilte Wirklichkeit. Kein Zuhören, kein Modifizieren, keine neue Beleuchtung, kein gemeinsames Suchen nach einer Antwort, die noch nicht vom Standard vorformuliert wurde.

Die Anthropologen sagen uns, dass

Sprache keineswegs erfunden wurde, um Informationen zu transportieren. Sondern um Beziehungen zu pflegen und Kontakt zu halten. Schon Platon hatte im *Phaidros* für das Unmittelbare plädiert: Nur das gesprochene Wort und die direkte Begegnung könne Wahrheit herausarbeiten. Oder auch aufrichtige Lehre garantieren. Wer also will, dass etwas erinnert wird, der muss in persönlichen Kontakt treten, der muss mündlich werden. Das, was wir intensiv besprochen haben, wird sich entfalten und in uns reifen. Das Gespräch tritt in Wechselwirkung mit unserer Existenz, es modifiziert unsere Wahrnehmung. Ein Sprechender kann sich unterbrechen, korrigieren, neu ansetzen. Daher wimmelt es im mündlichen Kontakt von schöpferischen Irrtümern. Das Schreiben hingegen arretiert die Kommunikation.

Das wirft auch ein Schlaglicht auf das E-Mail-Schreiben. Oft will man den offenen Konflikt von Angesicht zu Angesicht vermeiden und wirft dem anderen den Konflikt einfach per E-Mail vor die Füße. Gerne auch freitagnachmittags. Damit sein Wochenende mal so richtig versaut ist. Zweifellos, E-Mails sind aus unserem Leben nicht mehr wegzudenken. Sie haben unbestreitbare Vorteile. Aber wir kommunizieren durch sie nicht von Mensch zu Mensch, sondern über eine dazwischengeschaltete Maschine, die die Kommunikation formt. Es ist eine Ein-Weg-Information, kein Dialog. Aus Lockerheit wird in E-Mails schnell Distanz- und Respektlosigkeit, aggressive Taktlosigkeit im Namen einer kruden Ehrlichkeit. Wir können die Reaktion des Empfängers nicht spüren. Für Höflichkeit, Taktgefühl und Humor wird die Maschine immer unempfänglich bleiben. Und es besteht nicht die kleinste Chance, dass etwas bisher Undenkbares, gemeinsam Geschaffenes, gar Kreatives entsteht. Deshalb die Regel: *Alles Konfliktäre gehört nicht in eine E-Mail.* Sonst haben Sie schnell einen Konflikt *über* dem Konflikt – einen Metakonflikt, der sich aus dem Nicht-Sprechen speist.

Was aber macht man, wenn man auf verschiedenen Kontinenten lebt und Zeitunterschiede berücksichtigen muss? Es gibt sicher Umstände, die E-Mails rechtfertigen – allerdings nur, wenn es dazu keine gangbare mündliche Alternative gibt. Die gibt es freilich meistens: das Telefon. Ein Telefongespräch ist dialogischer, persönlicher. Sie können allein durch Zwischentöne heraushören, wie der andere reagiert, wie er antwortet – wenn er etwas verantworten soll.

Daher: Mündlichkeit! Wenn immer es wichtig ist und wenn immer es möglich ist. Eine E-Mail ist vorrangig dann zu rechtfertigen, wenn ein Anhang mitgesendet wird. Bleiben Sie dann sachlich, machen Sie keine mehrdeutigen Bemerkungen, hinterlassen Sie keine grammatikalischen Wüsten. Und beachten Sie auch bei E-Mails Höflichkeitsregeln – vor allem, wenn es sich um Rangniedrigere handelt. Sonst ist das Medium die Botschaft: Konflikt. ■

digitale Zeitalter. Klar erkennbar ist allerdings das Hauptparadox digitaler Arbeitswelten: Trotz aller scheinbar »digitaler« Klarheit nehmen die *Unschärfen* zu. Das ist paradox, aber die Digitalisierung erzeugt viel Nicht-Digitales. Kein eindeutiges Null oder Eins. Und diese Mehrdeutigkeit ist nicht nur das Problem, sondern ebenso – Sie ahnen es – die Lösung.

Nun, welche Polaritäten sind zu entscheiden? Um welche neuen Konflikte geht es in *digitalen Zeiten*? Was ist immer neu zu balancieren? Zehn Ambivalenzen will ich nennen:

1. Herkunft/Zukunft: Tradition schützt vor Torheit nicht. Eine ruhmreiche Firmengeschichte liefert keine Erfolgsrezepte für die Zukunft. Da lauert allenfalls die *Erfolgsfalle*, das lernbehinderte »Weiter so«. Sie können sicher sein: Was Sie *hierher* gebracht hat, wird Sie nicht *dorthin* bringen. Das heißt: Nützen vor Schützen! Mit Blick auf die Zukunftsfähigkeit haben Führungskräfte den Auftrag, das Unternehmen permanent nervös zu halten. In optimistischer

Absicht. In homöopathischen Dosen. Sie führen Störungen ein, Routinebrechungen, bilden Nervositätsgemeinschaften.

2. Physisch/virtuell: Kommunikation und Kooperation verlagern sich zunehmend in den virtuellen Raum. Büros verlieren ihre Bedeutung beziehungsweise konvertieren zu Entertainment-Zentren, wie es das Silicon Valley vormacht. Das definiert das Unternehmen als Kooperationsarena völlig neu. Aber wir werden unser biologisches Gepäck nicht ignorieren können – und das ist auf *Orte* angewiesen. Für eine wirklich produktive Zusammenarbeit ist die physische Begegnung unersetzlich.

3. Innen/außen: Die Unternehmensgrenzen verschwimmen. »Wen meinen wir, wenn wir ›wir‹ sagen?« Die Frage nach der kollektiven Identität der Firma rückt ins Zentrum der Führungsarbeit. Digitalnomadentum, »angehängte« Start-up-Garagen und internetbasierte Plattformen stellen Fragen nach dem Fremden und dem Eigenen. Transaktionskosten erfahren dabei erhöhte Aufmerksamkeit. Nicht nur für Nationen stellt sich also der Kernkonflikt zwischen Offenheit und Abgrenzung.

4. Kurzfristig/langfristig: Die Volatilität innerhalb und außerhalb der Unternehmen wächst. Alles wird vorläufig. Marktlücken sind nur noch Gletscherspalten, Aufbauorganisationen immer im Übergang. Langfristige Planung ist schwierig, zunehmend illusionär. Lineare Führung mit Zielen, starren Budgetprozessen und langatmigen Reportings stehen unter Rechtfertigungsdruck. Wie kann das Unternehmen mit der erhöhten Umgebungsgeschwindigkeit Schritt halten?

5. Privat/beruflich: Die Vorstellungen von Karriere und Familie vervielfältigen sich. Leitwährung für viele – nicht nur für Angehörige der jüngeren Generation – ist nicht mehr Geld und Karriere, sondern Zeit, Gesundheit und Sinn. »Musterfrau« und »Mustermann« haben ausgedient. Das steht in Spannung zu tradierten Ordnungsformen. Führung muss sich vom »One size fits all« verabschieden – kulturell wie arbeitsorganisatorisch.

6. Vertikal/horizontal: Hierarchie, Netzwerk, Co-Leadership und Projekte überlagern und unterlaufen sich flexibel. Die Matrixorganisation als etablierter Organisationswiderspruch hat dazu den Weg bereitet. Führung wird dadurch indirekter, in Teilen auch ersetzt durch Selbstorganisation der Teams. Führung wird nicht mehr einzelne Mitarbeiter optimieren, sondern Netze flechten und Aufmerksamkeit kanalisieren. Fachliche Überlegenheit wird nur noch selten Führung legitimieren. Digital Leadership ist Pull, nicht Push.

7. Verbinden/trennen: Digitalisierung ist Verbindung von bisher Unverbundenem. Deshalb ist »übergreifend« eines der meistgebrauchten Worte. Das Zielbild: ein Ökosystem von Mitarbeitern, Partnern, Kunden, Zulieferern und Wettbewerbern, das Synergien erzeugt und in der digitalen Welt bestehen kann. Dennoch müssen auch innerhalb der Unternehmen weiterhin Grenzen markiert werden. Wie durchlässig dürfen/sollen/müssen Abteilungs-Silos sein? Brauchen wir sie überhaupt?

8. Individuell/kollektiv: Der Individualisierung der Menschen entspricht der Verlust der Zentralperspektive, der für moderne Unternehmen typisch ist. Der Personalisierung der Produkte wiederum entspricht die Dezentralisierung der Organisationsentscheidungen. Es ist die Frage, ob die alte Idee der Unternehmenskultur noch trägt, ob noch Eindeutigkeitssinn erzeugt werden kann. Immer neu zu entscheiden ist die Balance zwischen individueller Initiative und kollektivem Weitertragen. Müssen wir nicht über »New Pay« nachdenken?

> siehe auch Seite 292: Unternehmenskultur

9. Technisch/moralisch: Soziometrische *badges* können das Verhalten des Mitarbeiters (Wo ist er? Was tut er? Wohin geht er?) kontrollieren. Bis hin zu seiner mentalen Gestimmtheit. Diese Daten lassen sich für eine Echtzeitbeeinflussung durch Strafen oder Belohnungen nutzen. Unter neuen telematischen Bedingungen stellt sich verstärkt die wirtschaftsethische Frage, ob wir das tun *sollten*, was wir tun *können*.

10. Ökonomisch/ökologisch: Das Bewusstsein für ökologische Zusammenhänge und den Schutz der Natur ist in der Mitte der Gesellschaft angekommen. Und dort geradezu explodiert. Sowohl auf Kundenseite wie auf Mitarbeiterseite wird der ökologische »Fußabdruck« eines Unternehmens hoch bewertet. Sogenannte »nachhaltige« Finanzanlagen werden zur Normalität. Unternehmensführung ist hier zur neuen Schwerpunktsetzung genötigt, will sie nicht Legitimität einbüßen.

Die genannten Punkte sind bipolare, mithin konfliktäre Leitunterscheidungen. Beide Pole sind wichtig. Sie zu trennen ist unmöglich. Auch wenn wir reflexhaft dazu neigen, sie vor dem Hintergrund unserer Vorlieben mit »positiv« oder »negativ« zu bewerten. Sie werden in den Unternehmen von verschiedenen Rollen getragen, von verschiedenen Abteilungen bearbeitet, von verschiedenen Rationalitäten begründet. Aber gibt es ein Hintergrundparadigma, das Richtungen weist, das zu priorisieren ist? Orientierung gibt – Sie mögen sich erinnern – der Mangel. Es ist das Fehlende, das in pluralen, global aufgestellten Unternehmen zusammenschließt. Was ist das Fehlende? Das Fehlende, das ist

Unternehmenskultur: Abwehr des Neuen

Der Begriff »Unternehmenskultur« galt lange Zeit als Lösung für den Zusammenhalt großer Industriekonglomerate. Man begann zu erklären, *warum* und *wie* man etwas machte. Kultur sollte eine homogene Arbeitsgemeinschaft formen, deren Zusammenleben und -arbeiten auf einem gemeinsamen Verständnis informeller Normen beruht. Dem sprach man ursächliche Erfolgswahrscheinlichkeit zu: »*Weil* wir diese oder jene Kultur haben, deshalb sind wir erfolgreich.«

Das konnte man so interpretieren in den 1970er Jahren, als der notorisch unklare Begriff aufkam. Damals sprach noch niemand von Globalisierung. Fusionen waren Ausnahmen. Zudem waren viele Märkte ruhige Abschöpfungsarenen, die man in quasisozialistischer Weise planwirtschaftlich plünderte. Heute, auf schnellen und globalen Märkten, ist keinesfalls mehr klar, ob Unternehmenskultur tatsächlich eine produktive Größe ist. Vielmehr verstärken sich die Hinweise, dass eine starke Kultur ein Unternehmen *schwächt*. Bei einer 2018 durchgeführten Umfrage bei Führungskräften des C-Levels, »Was ist das Haupthindernis für den digitalen Wandel?«, war die meistgenannte Antwort: »Unsere Unternehmenskultur!« Bei Fusionen beispielsweise bin ich immer wieder Zeuge, wie bei den übernommenen Unternehmen der Anpassungsdruck mit dem Verlangen nach Akzeptanz kollidiert. Wenn Kultur die Summe aller »Selbstverständlichkeiten« ist, die sich teilweise über Jahrzehnte entwickelt und eingegraben haben, dann braucht es auch Jahrzehnte, sie zu ändern. Es ist nicht möglich, die Mitarbeiter des übernommenen Betriebes erst einmal einer Gehirnwäsche zu unterziehen, um sie kopplungsfähig zu machen.

Heute wird also ein fataler Nebeneffekt der Unternehmenskultur überdeutlich: der Wunsch, sich *nicht* zu verändern. Alles soll so bleiben, wie es ist. Man will Veränderung abwehren – mit Werten und Kulturbeschwörungen.

»Das passt nicht zu uns!« – »Wir sind ein Familienunternehmen!« – »We are a purpose driven company!« Das ist die feindliche Übernahme der Zukunft durch die Tradition, Schutzschild gegen Zukunftszuversicht. Gerade auch bei den modischen Business-Sekten ist sie das Gütezeichen für die eigene Erstarrung. Da mag die ganze Welt sich umstürzen – wir bleiben, wie wir sind. Die Ängstlichen tun dabei so, als seien sie stark. In Wirklichkeit sehnen sie sich nostalgisch nach einer Schneekugelexistenz. Unter der Hand wird so die Unternehmenskultur zum Schutzschild gegen Wandel, Innovation und Zukunft.

In der Schifffahrt gilt: Der Anker sichert – aber er hält auch fest. Unter globalen Bedingungen muss klar sein, dass wir nicht innerhalb eines Unternehmens irgendeine wertebasierte Kultur definieren können, anhand derer wir dann unsere Zusammenarbeit definieren. Das Pendel muss sich zur Seite der Veränderung bewegen. Wir sind, wenn wir überleben wollen, abhängig von den Menschen »draußen«. Menschen, in deren Leben wir einen Unterschied machen, zu deren Lebensqualität wir beitragen und die deshalb unsere Gehälter bezahlen. Ich will das Wesentliche auf zwei Punkte bringen: Es gibt nur eine Unternehmenskultur – den Kunden. Und nur eine Quelle der Kreativität – Heimatlosigkeit.

der *Kunde*, auf den das Unternehmen ausgerichtet ist. Als Mitarbeiter verbinden wir uns in unserer Verschiedenheit mit Blick auf die Lebensqualität des Kunden. Der profitorientierte Kundennutzen erzeugt Solidarität. Arbeitsfreude entsteht dann durch das Lösen von Kundenproblemen. Das heißt: Zurück zu den Wurzeln des Unternehmens! Zurück zum Kunden! Ein am Kunden orientiertes Unternehmen sollte noch erheblich mehr Konflikte verkraften, als gegenwärtig aufbrechen.

Das ist daher die vorrangige Führungsaufgabe:

Führung vereinigt die Multirationalität durch die Zentralperspektive „Kunde".

Der Kunde entscheidet, ob er für ein Produkt oder eine Dienstleistung zahlt oder nicht zahlt. Er zahlt damit auch Ihr Gehalt. Das ist der einzige »Wert«, an dem sich ein Unternehmen in einer freiheitlichen Ordnung orientieren darf. Der Kunde als fundamentale Spielregel. Vom ihm aus muss das Unternehmen gedacht werden. Es kann die internen und unterschiedlichen Systemlogiken, die oft auseinanderzufallen drohen, nur über den Kunden verkoppeln. Nur der Blick »von außen nach innen« macht das Unternehmen zur Integrationsmaschine. Nicht rigorose Identitätsansprüche und Moralvorgaben interner Institutionen. Sie sehen, es gibt viel Integrierendes zu tun. Können Sie das?

Germany's next Superboss: der Konfliktkünstler

Wer ein Volk groß machen wolle, so der Aufklärer Justus Möser im Jahre 1778, müsse es »in einer beständigen Krise unterhalten (…), worin es immerfort seine Kräfte anspannen und durch den Gebrauch derselben die Summe des Guten in der Welt vermehren könnte« (zitiert nach Ralf Konersmann, *Wörterbuch der Unruhe*). Übertragen aufs Unternehmen gehört dazu zuallererst die Bereitschaft und Fähigkeit zur *Entscheidung*. Da sich aber die Umwelten der Unternehmen permanent verändern, ist es klug, sich immer wieder neu entscheiden zu können. Diese Dauerkonflikte, das Sich-immer-wieder-neu-Öffnen der Entscheidungssituation, sichern die Überlebensrationalität des Unternehmens. Es geht um Balancen, um das Austarieren von Angemessenheiten. Das ist die Freiheit, hin und her zu oszillieren. Dieses Pendeln ist die Elastizität, die sowohl den Bambus widerstandsfähig hält wie auch ein Hochhaus. Ebenso Unternehmen: Sie sind Pendelveranstaltungen. Pendeln schafft Stabilität im Wandel.

Daraus folgt *erstens*: Es gibt selten letztgültige Kriterien zur inhaltlichen Entscheidung von Konflikten. Alle Entscheidungen müssen revisionsfähig bleiben – »Bis auf Weiteres!«. Als Führungskraft werden Sie »Germany's next Superboss«, wenn Sie auf Dauerhaftes verzichten, keine Entscheidungen mit Ewigkeitswirkung fällen. Damit schauen Sie auch nicht nur auf das, was verändert werden muss, sondern auch auf das, was *bewahrt* werden kann. Deshalb schaffen Sie Formen und Regeln zum Immerwiedervorlegen von Konflikten – Foren, in denen offen diskutiert werden kann, nach Regeln des kommunikativen Anstands.

Zweitens: Aufgabe von Toppositionen ist es, Unternehmenseinheiten *zusammenzuführen*, die *strukturell* im Dauerkonflikt liegen. Dafür braucht es Menschen, die das Ganze im Auge haben und die unterschiedlichen Rationalitäten anerkennen. Führungskräfte mit ausgeprägter Ambiguitätstoleranz. Spezialisten fürs Allgemeine und Generalisten fürs Besondere. Brückenbauer zwischen Tradition und Moderne, Alten und Jungen, Digitalen und Analogen, Lokalem und Globalem. Sie besitzen die Fähigkeit, zwischen entscheidbaren Fragen und unentscheidbaren zu sondieren, Mehrdeutigkeit auszuhalten – und auch die Prügel zu kassieren, wenn von der Tribüne die Pseudoklarheit »Schwarz oder weiß« erwartet wird. Im vollen Bewusstsein dessen zu leben: Der Konflikt erzeugt die Entscheidung – und die Entscheidung erzeugt den erneuten Konflikt. Man kommt aus der Ambivalenz nicht heraus. Ein zukunftsfähiges Unternehmen beruht mithin nicht auf der Suche nach Übereinstimmung, sondern übt die schöpferische Auseinandersetzung, hält das Unternehmen in produktiver Spannung. Der Umgang mit strukturellen Konflikten wird zur Königsdisziplin für Führungskräfte.

Konfliktfähigkeit ist der konstruktive Umgang mit der permanenten Nicht-Übereinstimmung

Ich bin nicht sicher, ob es mir gelingt, die Bedeutung dieser Tatsache für Ihre Rolle als Führungskraft hinreichend klar zu beschreiben. Etliche Ihrer Mitarbeiter werden das Offenhalten von strukturellen Dauerkonflikten und das Immer-wieder-neu-und-anders-Entscheiden als »unglaubwürdig« erleben, als »inkonsistent« oder schlicht als »Herumeiern« und »Planlosigkeit«. Insofern werden sie Ihr Balancieren auch nicht wertschätzen als angewandte Zukunftsfähigkeit – und damit kaum als Investition in die Sicherheit ihrer Arbeitsplätze. Sie werden in den Widerstand gehen, wenn Sie Entscheidungen treffen, die sie anders getroffen hätten. Und je heftiger der Wandel vorantreibt, desto größer wird die Zahl der Menschen, die ihn aufhalten wollen. Lassen Sie sich davon nicht beirren! Wer keinen Widerstand erzeugt, macht seinen Job nicht! Jedenfalls nicht in der Rolle des Zukunftssicherers.

Daraus resultiert *drittens* für Sie als Führungskraft: Nehmen Sie Abschied von der Eindeutigkeit! Behaupten Sie keine unumstößliche Unerschütterlichkeit. Widerstehen Sie der Versuchung, unterkomplexe Klartext-Illusionen zu schüren. Muss man unbedingt zu allem und jedem eine kohärente Position beziehen? Kann man nicht ganz bewusst mit Widersprüchen arbeiten? Und damit der Wirklichkeit näher kommen?

Werben Sie vielmehr dafür, dass da nichts »in Stein gemeißelt« ist. Dass die verschiedenen Rationalitäten des Unternehmens einander brauchen und der immer wieder neu auszufechtende Dauerkonflikt (zum Beispiel zwischen Abteilungen) das Unternehmen zukunftsfähig macht. Unter einer Voraussetzung: dass niemand

»gewinnt«! Weil es so wichtig ist, wiederhole ich es: Kein Subsystem darf andere Subsysteme überlagern. Der Chef als Konfliktlöser – das war gestern; heute ist der Chef ein Konflikterhalter. Mehr noch: Ehren Sie die Konsensverweigerer! Verschaffen Sie ihnen Gehör, geben Sie ihnen eine Plattform. Es ist deren Aufgabe, offen dagegenzuhalten und ihre strategischen Sichtweisen zu verteidigen. Offen! Nicht verdeckt und heimlich. Es sind genau *diese* Menschen, die die *Alternativen* gangbar halten. Es ist ihre Pflicht, Veränderungen, die sie für falsch und schädlich halten, zu kritisieren. Abermals: *Vor* einer Entscheidung! Nicht danach, dann wäre es Sabotage. Das offene Austragen dieser Gegensätze ist zum Besten des Unternehmens. Nicht der konformistische Versuch der Harmonisierung.

Insofern sind Sie die quintessenzielle Führungskraft, wenn Sie einem Wasserträger gleichen, der einen Waagebalken mit zwei Schalen auf den Schultern trägt. Sie wiegen die Schalen mit Blick auf den Kunden und bringen sie immer wieder ins Gleichgewicht, um sie so tragen zu können. Sie sind die personifizierte Konfliktfähigkeit. Sie sind die Gestalt, die ich zuvor nur als Gedanken kannte.

Konfliktfähig – das ist es, was eine Führungskraft zukünftig sein wird. Oder sie wird nicht sein. Der wahre Konkurrenzkampf der Zukunft wird sich mithin nicht nur um wichtige Kunden drehen, sondern um konfliktfähige Menschen. Sie sehen in Konflikten die Geheimgrammatik unseres Lebens, die uns magisch in Gespräche führt – darüber, wer wir sind und was wir wollen.

Urteilskraft – die Metakompetenz der Zukunft

Wir wissen aus der Forschung des Kybernetikers W. Ross Ashby und anderen, dass es ab einer gewissen Komplexität nur noch hilft, auf Einfachheit umzuschalten. Es genügt dann nicht mehr, komplexe Wirtschaftsstrukturen mit entsprechenden komplexen Organisationsstrukturen aufzufangen. Es funktioniert nicht mehr, die Abläufe zu verstehen und durch formale Verfahren der Organisation prognostizierbar zu machen. Es geht ab diesem Punkt vor allem darum, die Ergebnisse zu kontrollieren. Und die einfachste Struktur, die diese Komplexität beherrscht, ist der *Mensch*. Der Mensch ist voller Widersprüche, innerer Konflikte, unberechenbarer Kreativität. Er ist durch keinen Rechner zu ersetzen. Und nur er kann Wertkonflikte entscheiden.

Bei Wertkonflikten blicken Sie auf Münzen, die eine Vorder- und eine Rückseite haben. Die Bewertung konfliktärer Werte liegt nicht im Bereich von »richtig« oder »falsch«, sondern im Bereich von »angemessen« und »unangemessen«. Bezogen auf die Situation. Die Praxis des Entscheidens lässt sich daher auch nicht an Systeme, Instrumente oder Softwareprogramme abtreten. Es ist die *Urteilskraft*, die die besonderen Züge des Einzelfalls berücksichtigt. Und eben diese besitzen Menschen. Nur sie können aus dem »Entweder-oder« ein »Sowohl-als-auch« machen. Oder ein »Mehr-oder-weniger«. Oder ein »Hier so, dort anders«. Manchmal aber auch ein festes »Weder/Noch!«. Ein Weder/Noch, das sich nicht in die Bipolarität zwängen lässt und deshalb nach einem dritten Weg sucht. Dem eigenen, den bisher unbegangenen.

Also, Urteilskraft. Zwei Worte: »Urteil« und »Kraft«. Urteil heißt Ur-Teil, weil es einen »Teil« des Ur-Zusammenhangs bezeichnet. Also nicht das Ganze ist. Das sollte uns bescheiden machen. »Kraft« grenzt sich gegen »Schwäche« ab. Und Kraft war schon immer ein knappes Gut. Beide zusammen brauchen wir im digitalen Zeitalter mehr denn je. Denn Informationen sind das eine. Die Qualität der Informationen ist das andere. Ihre Beurteilung und Bedeutung ist etwas Drittes. Dafür muss man auf jene Ressource zurückgreifen, die bei Kant schon vorgesehen ist: »Mut, dich deines eigenen Verstandes zu bedienen«.

Dieser Maxime entsprechen Sie, wenn Sie zweifeln, aber dennoch zuversichtlich sind. Wenn Sie priorisieren, vorziehen, hintanstellen, fokussieren. Wenn Sie sagen: »Ich weiß auch nicht, welche Entscheidung richtig ist. Kein Mensch kann das wissen. Aber der Markt wartet nicht, bis wir mit dem Analysieren fertig sind. Deshalb gehen wir jetzt diesen Weg. Und wenn er in einer Sackgasse landet, drehen wir um und machen etwas anderes.« Gescheiter gescheitert. Das ist der Wille zur Möglichkeit der Widerlegung und der Revision. Die Verpflichtung zum Unabgeschlossenen. Genauso wie dieser Text, der nur ein Zwischentext sein kann.

Dazu gehört im Einzelfall auch die Fähigkeit des *Offenlassens*. Sie müssen nicht alles regulieren, nicht alles postulieren. Im Gegenteil: Je weniger man reguliert, desto rücksichtsvoller wird man. Man denke an die bewusst herbeigeführte Unsicherheit in einigen norddeutschen Ortschaften, die den Unterschied zwischen Straße und Gehweg verwischt haben und gerade dadurch Selbstorganisation fördern (anstatt mit Radarfallen die 50-km/h-Regel durchzusetzen). Man denke an die 4-Way-Stopps in den USA, wo man wechselseitig aufeinander achtet, dem anderen Autofahrer gar in die Augen schaut – statt auf das autoritäre Ampelsignal zu warten. Vorsicht und Gemeinsamkeit fördert man durch expliziten *Verzicht* auf Regeln. Regeln erzeugen Übertretungen. Regelverzicht erzeugt zumindest die Möglichkeit der Rücksicht.

Zur Urteilskraft gehört auch – ganz gegen den zeitgeistlichen Reinheitsfimmel – die Bereitschaft zu »schmutzigen« Lösungen. Also zu Lösungen, die pragmatisch sind, mit denen man sich

»zufrieden« geben kann, die »erträglich« sind wie eine mittelschwere Erkältung. Sie gelingen eher, wenn man nicht um unteilbare »Werte« streitet, sondern um die darin eingelagerten »Interessen«, die teilbar sind und Kompromisse zulassen. Das wird nicht überall Begeisterung auslösen, ja wird bisweilen als »überrational« kritisiert werden. Aber auch bei »schmutzigen« Lösungen kommen wir aus der Ambiguität nicht heraus, weil jede Lösung eben wieder neue Ambiguität erzeugt: Mit dem Einschließen ergeben sich neue Formen des Ausschließens.

Zu all dem, was ich hier als Urteilskraft bezeichne, gehört ganz wesentlich: die mittlere Tonlage. Stimmen, die zu laut und zu extrem klingen, kann man nicht für Situationen brauchen, die nach der heißen Phase des Konflikts noch koppeln sollen (die ehemalige französische Wirtschafts- und Finanzministerin und heutige Präsidentin der Europäischen Zentralbank Christine Lagarde beispielsweise ist für ihre Kopplungsfähigkeit und ihre intelligente Verhandlungsführung bekannt). Sogar in der Sache genügen mittlere Lösungen. Jedenfalls in etablierten Unternehmen. Radikale Experimente muss man an den Rändern durchführen.

Es ist hilfreich, die Quelle von Urteilskraft zu kennen: Urteilskraft resultiert aus Bildung. Aus Bildung in einem klassischen Humboldtschen Sinne – nicht aus Ausbildung. Bildung bewahrt den Sinn für die Zufälligkeit unserer Existenz. Sie ist daher die Quelle von Selbstdistanz, mahnt zu methodischer Skepsis, öffnet für Ironie. Ironie macht die Menschen empathischer, toleranter. Sie verbindet die Menschen zu einem Wir, weil sie nicht mit einem Wahrheitsanspruch den Konflikt vernichten will. Bei der Bildung geht es um Ordnungssysteme, um Kategorien, um Leitdifferenzen wie Form/Inhalt, Sein/Erscheinung, Natur/Kultur, Freiheit/Notwendigkeit, notwendige/hinreichende Bedingung. Auch Widerspruchstoleranz resultiert aus Bildung. Das ist nicht Wissen. Im Gegenteil: Wissen ist der Feind der Bildung. Es zerstört den

Überblick, die Souveränität. Es zerstört die Voraussetzung dafür, in bewegten Zeiten zu überleben. Nur wer den Überblick hat, erkennt, welche Faktoren wichtig sind und welche vernachlässigbar. Nur der verirrt sich nicht in den Schluchten der Datenberge. Bildung fördert die Fähigkeit, Informationen zu ignorieren. Und trotzdem gut zu schlafen.

Im Unternehmen ist die Bearbeitung der Ambivalenz die Existenzvoraussetzung für Führung. Gerade in turbulenten Zeiten ist eine hohe Toleranz für Mehrdeutigkeiten gefragt. Erfolgreiche Führungskräfte sind also Widerspruchskünstler, die Ambivalenzen sehen, sie anerkennen und sich nicht von ihnen blockieren lassen. Die ein starkes Unternehmen aus dem Geist des Konflikts schaffen. Die die Magie des Konflikts als Lösung anerkennen. Sie sind *Meister der Mehrdeutigkeit*.

Zum Schluss: Wie gelingt das Gemeinsame?

Laut einer Studie der Friedrich-Ebert-Stiftung aus dem Jahr 2019 rangiert die »Angst vor einer weiteren Spaltung der Gesellschaft« mit 81 Prozent noch vor der Zunahme von Kriminalität durch unkontrollierte Zuwanderung, vor der sich 73 Prozent fürchten. Überraschend ist das nicht. Schon seit Jahren befinden wir uns auf dem Weg von einer *Konsens-* zu einer *Konfliktgesellschaft*. Verstärkt durch den Epochenbruch 1989 driften die Weltsichten in den neuen Konfliktlandschaften immer weiter auseinander. Menschen sind nicht nur kulturell vielfältiger geworden, sondern haben vielfach überhaupt kein erkennbares Weltbild mehr: »Was soll sich ändern?« »Alles. Nichts.« Die mittlere Vernunft hängt erschöpft in den Seilen.

Dem Verlust der Mitte ging die Erosion der Debattenkultur voraus. Wie interessant und lebhaft ging es doch zu im Bundestag der 60er, 70er und noch bis in die 80er Jahre hinein! Die Politik unserer Tage hingegen sucht verzweifelt den Konsens, beschwört die Einheit – *ohne* vorher den Konflikt ausgetragen zu haben. Was ein Kompromiss ist, scheint niemanden zu interessieren. Damit beraubt sich die offene Gesellschaft ihrer größten Stärke. Das Internet verstärkt diesen Prozess: Es unterläuft die schlichtende Wirkung etablierter Konsenswächter und verbreitet ungefiltert jede noch so partikulare Unzufriedenheit. Wo vorher nur fünf Menschen am Stammtisch polterten, da hören, lesen und liken jetzt Hunderte, Tausende, Zehntausende. Der globalen Entgrenzung folgt gleichsam die sittliche: Mit manipulativen Halbfalschheiten werden die Dinge entwirklicht; man hat keine Gesprächs-Partner mehr, nur noch Gesprächs-Gegner; es geht nicht mehr um Meinungsfreiheit, sondern um Meinungshoheit. Überbelichtung und Polarisierung feiern einen absolutistischen Wahrheitsanspruch – derart rigide, das man sich fast schon wehmütig nach der alten bürgerlichen Heuchelei zurücksehnt. Die liberale Mitte wird zerrieben zwischen Ökopopulismus, utopischem Kulturrelativismus von links und mauerbauendem Ressentiment von rechts. Deshalb stagnieren wir gesellschaftlich, leben in bleierner Zeit. Am Horizont droht die soziale und wirtschaftliche Selbstaufgabe des Westens und seiner freiheitlichen Leistungsgesellschaften.

Das dynamisiert die Frage: Was hält uns zusammen? Wie können wir in pluralisierten Organisationen und Gesellschaften voller Fliehkräfte zusammenleben?

Die gängige Antwort lautet: durch Konfliktvermeidung und Konfliktlösung. Entsprechend hartnäckig hält sich das Vorurteil, eine Gesellschaft sei das harmonische Zusammenspiel gutwilliger Hüter der sozialen Wohlfahrt. Aber ein Zurück zur Konsensgesellschaft wird es nicht geben. Dieses Buch weist daher in eine andere Richtung: Wenn wir den Weg in die Konfliktgesellschaft gemeinsam gehen wollen, dann brauchen wir einen *neuen Konfliktbegriff*. Einen normalisierten und optimistischen. Der Konflikt ist dann die Regel, nicht die Ausnahme. Wir sehen dann seine vitalisierenden Potenzen, wertschätzen ihn als Suchprozess nach dem besseren Argument, oft auch als Ausgleich der Rationalitäten. Wir anerkennen seine Unlösbarkeit, weil die mannigfaltigen Interessen sich nicht einfach auflösen. Und wir lassen uns vom Konflikt ergänzen, weil sonst die Dinge einseitig werden. Wir freuen uns dann sogar über eine Paradoxie, nämlich dass er die Menschen einander nahebringt, dass er zusammenführt, was einst getrennt wurde und jetzt neu entschieden werden kann. So intensiviert er das Gespräch, konzentriert es auf Wesentliches und schafft eine Arena, in der engagiert um die gemeinsame Zukunft gerungen wird. In einem Wort: Wir tauschen die Lösung des Konflikts gegen den Konflikt als Lösung.

Deshalb müssen wir den Konflikt klug organisieren, vorurteilsfrei handhaben. Wie das geht, hat (hoffentlich) dieses Buch gezeigt. Dem Individuum: als Weg in die Souveränität. Dem Unternehmen: als kooperative Ordnung, in der verschiedene Rationalitäten die Marktdynamik auffangen und in Chancen verwandeln. Der Gesellschaft: als zivilisierte »Begegnungszone« (Isolde Charim), in der keine Glaubensbekenntnisse abgelegt werden müssen und Unterschiede sich neutralisieren.

Konflikt, so verstanden, ist das Integrationsvehikel überhaupt. Dann bildet Konflikt den eigentlichen sozialen Kitt unseres Zusammenlebens. Was braucht es dazu? Was ist der Zaubertrank, der uns zu einem neuen Konfliktverständnis verhilft?

Das Einfachste als das Schwierigste: das fundamentale Anerkennen der Tatsache, dass die Welt mehrdeutig ist. Dass alle Werte ambivalent sind, alle Interessen berechtigt und alle Erwartungen erfahrungsgesättigt. Wenn das verinnerlicht ist, kann das Verhalten folgen. Denn Widersprüche lassen sich leicht zu *Fließgleichgewichten, Gegenseitigkeiten und Wechselwirksamkeiten* verändern. Wenn man sie zeitlich reiht in schnell/langsam, örtlich separiert in innen/außen, atmen lässt in mehr/weniger. So wie Türen, die mal offen, mal geschlossen sind. Dann kann man Globales und Lokales zusammendenken, Ökologie und Ökonomie nicht gegeneinander ausspielen, Liberalität und Ordnung versöhnen, Unterschied und Gleichheit koppeln, Bewahrung und Veränderung pendeln lassen. Jeder ist mitverpflichtet für das kommunikative Klima auf diesem Planeten. Wer das Wissen um die andere Seite verneint, wer ins Extreme geht, kann nur beweisen, dass alles falsch ist. Die Sehnsucht nach Eindeutigkeit ist es, was den Zusammenhalt der Gesellschaft gefährdet und die Freiheit des Einzelnen bedroht. Denn nur dort kann sich das gute Gefühl entwickeln, etwas Gemeinsamem anzugehören, wo Widersprüche nicht ausradiert werden, wo unterschiedliche Lebenskonzepte nicht in gleichförmige Tugendradikalität gezwungen werden. Wir müssen lernen, Mehrdeutigkeit auszuhalten. Sollten Sie in den Himmel kommen – zögern Sie nicht, selbst dort kraftvoll dafür zu streiten.

Anhang

Ambivalenzen des Sozialen

Zur vertiefenden Illustration möchte ich hier für das Leben in Unternehmen einen noch ungehobenen Schatz präsentieren: eine Auflistung von fünf Ambivalenzen, der der Soziologe Karl Otto Hondrich vorgeschlagen hat. Hondrich spricht von Fließgleichgewichten, die jedwedes soziale Leben strukturieren. Zwischen ihnen ist ein Spannungsfeld, das uns zu immer neuen Balancen nötigt. Also mal mehr, mal weniger; mal mehr von dem einen, mal mehr von dem anderen. Je nach Situation. Und immer wieder neu. Eine »Balance« im starken Sinne, also ein stabiles »Gleichgewicht«, ist unrealistisch. So wirklichkeitsfremd wie die kuriose *work-life-balance*, die allenfalls ein Wunschdenken beschreibt. Wir leben immer »unbalanciert«. Das einzige, was wir tun können, ist korrigieren. Immer wieder. Betrachten wir das an den fünf Ambivalenzen Hondrichs.

Geben und Nehmen

Für jedes Zusammenleben gibt es Regeln, nach denen Güter, Dienstleistungen, Geschenke oder Grüße ausgeteilt und erwidert werden. Wenn Geben und Nehmen dabei ausgeglichen sind, funktioniert sowohl die Liebe, die (Leistungs-)Partnerschaft im Unternehmen als auch der Markt. Dieses Prinzip der Gegenseitigkeit (Reziprozität) wird als Tausch, Ausgleich und Balancierung meistens positiv erlebt. Es hat aber eine brisante Kehrseite. Sie fordert als »Wie du mir, so ich dir« auch die Gegengewalt als Reaktion auf Gewalt – die berühmte Gewaltspirale. Das gibt es subtil im Unternehmen als »Krankfeiern«, als Diebstahl von Büroartikeln, weiniger subtil als manipulierte Reisekostenabrechnung oder als Sabotage. Wenn Geben und Nehmen im Ungleichgewicht sind, ist es Ihre Aufgabe als Führungskraft, für Ausgleich zu sorgen. Das geht nicht ohne klare Forderung, das geht nicht ohne Konflikt. Auch nicht ohne inneren Konflikt: Was ist mit jenen, die krank, schwach oder leistungsunfähig sind und daher nicht ausgleichen können? Hilft da das Prinzip der Einseitigkeit weiter, das Geben ohne Erwartung einer Gegenleistung, die Mildtätigkeit? Wie lange können Sie sich das leisten, ohne in einem fundamentalen Sinn unsozial zu werden? Ohne das Unternehmen als Ganzes zu gefährden?

Aufwerten und Abwerten

In jedem sozialen System wird ständig verglichen, bewertet und die Bewertungen bisweilen öffentlich zur Schau gestellt. Unsere Beziehungen sind Vor-Ziehungen, die immer zugleich ein Zurücksetzen beinhalten. Was sich unwidersprechlich äußert im Umgang mit unserer knappen Lebenszeit. »Keine Zeit!« heißt: Es ist mir nicht wichtig. Manchmal: *Du* bist mir nicht wichtig. Auch wenn wir das Aufwerten und Abwerten bewusst wählen, so wurden wir doch unentrinnbar in kulturelle Vorentscheidungen hineingeboren. Und genau da lagert der Sprengstoff: Wir neigen dazu, das Unvertraute abzuwerten, das Fremde und Ferne. Im Extremfall diskriminieren wir und werden feindselig. Als Korrektiv wirkt die Pflicht zur Toleranz. Aber sie ist lediglich eine Duldung des Andersseins. Auch wenn die politisch Korrekten das nicht wahrhaben wollen, weil sie von einer unterschiedslosen Welt träumen: Dem Vorziehen und Zurücksetzen entkommen wir nicht.

Teilhaben und Ausschließen

Wo zwei oder drei in einem Namen zusammen sind, folgt bald die Frage nach genau jenem Namen, der diese Gruppe von anderen unterscheidet. Fortwährend teilt sich die Welt in die, die »dazugehören«, und alle anderen, die »Nicht-Mitglieder« sind. Und so zieht auch jedes Unternehmen Grenzen. Es lässt die einen teilhaben und schließt die anderen aus. Auch in seinen Institutionen werden fortwährend Grenzen markiert, denken Sie an Abteilungen, die sich ja »abteilen«. Wer wird informiert, wer nicht? Wer wird gefragt, ob man gemeinsam zu Mittag isst? Wer nimmt am Förderprogramm teil, wer nicht? Wen meinen wir, wenn wir »wir« sagen? Auch die Zeitarbeiter? Auch die dotcom-Nom@den? Das Ausgeschlossensein schmerzt. Nicht nur den Ausgeschlossenen. Auch die Ausschließer erleben das als inneren Konflikt. Denn nichts ist dem Menschenwesen natürlicher als Dazugehörenwollen. Was ist mit jenen, denen wir diesen Wunsch verweigern? Die Sie abweisen oder sogar rauswerfen? Aber auch, wenn Sie jemanden zum Mitglied machen: Schon bald erfährt der eben Aufgenommene, dass Dazugehören seine individuelle Freiheit beschneidet. Im Namen des Individuums, das sich unvergleichlich und einzigartig setzt, können wir gegen das Prinzip »Teilhaben/Ausschließen« protestieren, oder auch im Namen einer weltbürgerlichen Menschheit als Kollektiv von Gleichen. Aufheben können wir dieses Prinzip nicht.

Verbergen und Mitteilen

Keine Form sozialen Lebens kommt aus ohne einen Code dessen, was mitteilbar ist und was verborgen bleiben soll. Das gilt auch in Zeiten des Internets und für die weitgehend tabulosen westlichen Gesellschaften. Das Tabu als Verwerfungsregel, als Prohibitiv, als unantastbare Direktive »etwas-nicht-zu-tun«, erschafft erst Kultur. Keine Ehe, keine Gruppe, keine Organisation und keine Gesellschaft könnte bestehen, wenn alle inneren Widersprüche und Übel offenbar würden (deshalb tut der detailsensible Fernando Pessoa so weh). Man tut stets so, »als ob« man auf der »guten« Seite steht; das Böse überlassen wir den anderen. Explizite Schutzvorschriften und Verbote nützen wenig; sie stacheln die Neugier an, die Produktion neuer und detaillierterer Vorschriften. Verbote machen es also noch schlimmer. Selbst die Forderung nach Transparenz, das Gegenprinzip, bringt ihre Tabus hervor. Zum Beispiel das Schriftliche im Zeitalter des Transparenzwahns, wo Geheimes eben nur noch mündlich kommuniziert wird. Zum Beispiel im Hinterzimmer. Verborgen soll auch Schwäche bleiben, Arbeitslosigkeit, Krankheit, Tod. Der Konflikt entzündet sich dann an der Enthüllung des zuvor Verborgenen, an Ersatzhandlungen, die vom Tabu erzeugt werden (etwa Ethik-Seminare für Banker), am Nichtanerkennen des Verbergens: Der Kaiser ist ja nackt! Was immer Sie tun – es ist falsch aus Sicht der anderen Polarität.

Bestimmen und Bestimmtwerden

Niemand fängt von vorne an. Immer stoßen wir auf Vorgegebenes, durch das wir passiv bestimmt werden, zu dem wir uns dann aber aktiv verhalten. Früher nannte man das »Schicksal« – ein Begriff, der für den modernen Menschen ein Ärgernis geworden ist, weil er sich im Erfolgsfall als selbstbestimmt betrachtet, im Misserfolgsfall den Schaden gerne anderen aufbürdet oder den Umständen zuschreibt. Auch unser eigenes Handeln sieht sich oft mit ungewollten Folgen konfrontiert, die wiederum unsere weiteren Handlungsmöglichkeiten bestimmen – der berüchtigte »Kollateralschaden« oder die »unbeabsichtigte Nebenfolge«: Eine Affäre wird aufgedeckt und Sie befinden sich plötzlich »im falschen Film«. Die Freiheit des Menschen besteht in der Wahl der Reaktion auf das äußerlich Vorgegebene. Die Überlebensfähigkeit des Unternehmens besteht in der Wahl der Reaktion auf Ungewissheit, ja auf das Unerwartbare. Die Überlebensfähigkeit des Individuums besteht in der Wahl der *Reaktion* auf Schicksal, Macht und herrschaftliche Willkür.

Sie sehen, die Beschreibung ambivalenter Fließgleichgewichte könnte uferlos sein. Denn jede Entscheidung im Management, jede Struktur, jede Organisation soll zwar zumeist direkt-linear ein Problem lösen. Aber sie hat einen symbolischen Überhang, der immer auch etwas aussagt über das Verhältnis zwischen Führern und Geführten – wenn Sie den Begriff der »Unternehmenskultur« bemühen wollen: über die wünschenswerte Art des Miteinander-Umgehens.

Literaturverzeichnis

Adair, W. L./Weingart, L./Brett, J.: The Timing and Function of Offers in U.S. and Japanese Negotiations, in: Journal of Applied Psychology, 4/2007, S. 1056–1068

Aiolfi, Sergio: Wirtschaft am Gängelband der Politik, in: NZZ v. 29.06.2018, S. 12

Acklin, Jürg: Wenn wir die Phantasie kontrollieren, wird es gefährlich, in: NZZ v. 24.11.2017, S. 51

Barthelmess, Andreas: Konfliktvermeidung ist soziale Inkompetenz, in: NZZ v. 28.03.2018

Bastian, T.: Archaisch und Verdrängt, Der Affekt Scham, in: Universitas 10/94, S. 992–998

Bauer, Thomas: Die Vereindeutigung der Welt, Über den Verlust an Mehrdeutigkeit und Vielfalt, Stuttgart 2018

Bauman, Zygmunt: Moderne und Ambivalenz, Hamburg 1992

Bauman, Zygmunt: Gemeinschaften: Auf der Suche nach Sicherheit in einer bedrohlichen Welt, Frankfurt 2009

Beck, Ulrich: Die Erfindung des Politischen, Frankfurt/M. 1993

Beck-Gernsheim, Elisabeth: Liebe kennt keine Grenzen, in: Kursbuch 144, 6/2001, S. 111–121

Becker, Thomas A.: Willkommen in Dystopia, in: NZZ v. 09.09.2017, S. 10

Becker, Thomas A.: Die Kluft zwischen urbanen Eliten und Abgehängten wird zur Gefahr für die Demokratie, in: NZZ v. 14.06.2019, S. 10

Bernstein, Ethan/Bunch, John/Canner, Niko/Lee, Michael: Was ist dran am Holokratie-Hype?, in: Harvard Business Manager 1/2017, S. 58–64

Bicchieri, Cristina/McNally, Peter: Shrieking Sirens: Schemata, Scripts and Social Norms, in: Social Philosophy and Policy 35/2018

Bommarius, Christian: Vom Ehevertrag zur Ehescheidung, in: Kursbuch 144, 6/2001, S. 123–128

Bowles, H. R./Babcock, L./Lei, L.: Social Incentives for Gender Differences in the Propensity to Initiative Negotiations, in: Organizational Behavior and Human Decision Processes 103 (2007), S. 84–103

Braese, Stephan (Hg.): Offene Ordnungen, Zur Aktualität Wolfgang Hildesheimers, Bielefeld 2019

Bruckner, Pascal: Uncle Sam ist melancholisch, in: NZZ v. 16.11.2017, S. 37

Bürli-Borner,Sandra/Borner, Silvio: Die Wirtschaft suhlt sich im Mainstream, in: NZZ v. 13.03.2017, S. 11

Buhl, Dieter: Schluss mit der Harmonie? in: Die Zeit v. 07.02.1997, S. 46

Butollo, Willi: Angst ist Energie, Interview in: Süddeutsche Zeitung v. 04.07.2019, S. 8

Cavell, Stanley: The World Viewed, Boston 1971

Charim, Isolde: Ich und die Anderen, Wien 2018

Creveld, Martin van: Die Zukunft des Krieges, München 1998

Crum, Thomas: The Magic of Conflict, New York 1987

Cusk, Rachel: Lebenswerk: Über das Mutterwerden, Berlin 2019

Dahrendorf, Ralf: Die Krisen der Demokratie, München 2003

Dávila, Nicolás Gómez: Es genügt, dass die Schönheit unseren Überdruss streift, Stuttgart 2001
De Dreu, C. K. W./Weingart, L. R.: Task Versus Relationship Conflict, Team Performance, and Team Member Satisfaction: A Meta-Analysis, in: Journal of Applied Psychology, 08/2003, S. 741–749
De Dreu, C. K. W./Homan, A. C.: Work Group Diversity and Group Performance: An Integrative Model and Research Agenda, in: Journal of Applied Studies, 12/2004, S. 1008–1022
Doppler, Klaus/Haas, Oliver/Simon, Fritz B./Wimmer, Rudi: Change im Fluss der Dinge, in: OrganisationsEntwicklung, 03/17, S. 4–11
Drawert, Kurt: Schreiben. Vom Leben der Texte, München 2012
Dubiel, Helmut (Hrsg.): Populismus und Aufklärung, Frankfurt/M. 1986
Duwe, Julia: Beidhändige Führung, Springer 2018

Eberle, Walter/Hartwich, Erwin: Brennpunkt Führungspotential, Frankfurt/M. 1995
Emcke, Carolin: Ja heißt ja und … Ein Monolog, Frankfurt 2019

Foucault, Michel: Was ist Kritik? Berlin 1992
Franck, Georg: Ökonomie der Aufmerksamkeit, Wien 1998
Friedman, R./Anderson, C./Brett, J./Olekalns, M./Goates, N./Lisco, C.: The Positive and Negative Effects of Anger on Dispute Resolution, in: Journal of Applied Psychology 04/2004, S. 369–376

Gelfert, Hans-Dieter: Die Verblendung, in: Die Welt v. 09.10.2019, S. 2
Gil, Thomas: Praktische Paradoxien, Berlin 2005
Glasl, Friedrich: Konfliktmanagement, Bern 1980

Groebner, Valentin: Wer redet von der Reinheit?, Wien 2019
Gstrein, Norbert: Wenn es nur so einfach wäre, in: NZZ v. 22.03.2018, S. 39
Gujer, Eric: Der eine schreit »Lügenpresse«, der andere »Nazi«, in: NZZ v. 18.04.2018, S. 10–11

Haaf, Meredith: Streit! Eine Aufforderung, München 2018
Heifetz, Ronald: Näher am Problem – durch adaptive Führung, in: OrganisationsEntwicklung 02/2018, S. 28–30
Heinrich, Klaus: Dahlemer Vorlesungen (1): Tertium datur, Frankfurt/M. 1981
Heinrich, Christian: Streit, in: ZEIT-Wissen, 2017, S. 18–28
Herzinger, Richard: Einigkeit macht starr, in: Die Zeit v. 22.01.1998, S. 12
Hinds, P. J./Bailey, D. E.: Out of Sight, Out of Sync: Understanding Conflict in Distributed Teams, in: Organization Science, 12/2003, S. 615–632
Hirsch, Annabelle: Interview mit Rachel Cusk, in: FAS v. 03.11.2019. S. 45
Hondrich, Karl Otto: Wie sich Gesellschaft schafft, in: Preyer, Gerhard (Hg.): Neuer Mensch und kollektive Identität in der Kommunikationsgesellschaft, Heidelberg 2009, S. 91ff.
Hummler, Konrad: Der Markt schafft die treusten Gläubigen, in: NZZ, v. 13.07.2019, S. 37

Ibold, Frank/Kühl, Stefan/Matthiesen, Kai: Den Wandel richtig managen, in: Harvard Business Manager 03/2018, S. 38–45
Inglehart, Ronald: The Silent Revolution, New Jersey 1977
Irlenbusch, Bernd: Was der Kollege denkt, was ich denke, in: FAZ v. 12.02.2018, S.18

Jandl, Paul: Es ist alles sehr kompliziert, in: NZZ v. 05.11.2019, S. 35

Kaeser, Eduard: Es explodiert die Bombe der künstlichen Intelligenz, in: NZZ v. 29.05.2019, S. 10

Kaube, Jürgen: Sondiere das Unmögliche, in: FAZ v. 28.11.2017, S. 11

Kaube, Jürgen: Ist der Kapitalismus an allem schuld? In: FAS v. 03.12.2017, S. 48

Kegan, Robert/Laskow, Lisa: Immunity to Change, Watertown 2009

Kieserling, André: Erfolgreich zwischen allen Stühlen, in: FAS v. 09.09.2018, S. 56

Kittlitz, Alard von: Es ist kompliziert, in: Die Zeit v. 21.06.2018, S. 50

Kitz, Volker: Wir lernen den Umgang mit anderen Religionen und Kulturen, nicht aber mit anderen Meinungen, in: Die Zeit v. 08.03.2018, S. 56

Körtner, Ulrich H. J.: Für die Vernunft, Leipzig 2017

Konersmann, Ralf: Wörterbuch der Unruhe, Frankfurt 2017

Kopelman, S./ Rosette, A. S./ Thompson, L.: The Three Faces of Eve, Strategic Displays of Positive, Negative and Neutral Emotions in Negotiations, in: Organizational Behavior and Human Decision Processes 99 (2006), S. 81–101

Kühl, Stefan: Wenn Firmen Mitarbeiter erziehen, in: Süddeutsche Zeitung v. 28.05.2018, S. 18

Kolmar, Martin/Loren, Scott: Die verflüssigte Ordnung, in: NZZ v. 20.12.2017, S. 10

Lotter, Wolf: Die innere Sicherheit, in: brand eins 03/2018, S. 43–48

Luhmann, Niklas: Probleme eines Parteiprogramms, in: Baier,

Horst (Hg.): Freiheit und Sachzwang, Opladen 1977, S. 167–181
Luhmann, Niklas: Schriften zur Organisation, Band 1, Wiesbaden 2018, S. 255–275

Magee, J. C./Galinsky, A. D./Gruenfeld, D. H.: Power, Propensity to Negotiate, and Moving First in Competitive Interactions, in: Personality and Social Psychology Bulletin, 02/2007, S. 200–212
Menasse, Eva: Digitale Gespenster, Rede zum Literaturfest, September 2018
Meyer, Alex: Diversität zählt mehr als Wahrheit, in: NZZ v. 12.09.2018, S. 36

Neuhaus, Christina: 0-7-9 hat sie gesagt, in: NZZ v. 29.08.2018, S. 12

Perel, Esther: Untreue, in: Süddeutsche Zeitung v. 23.03. 2019, S. 56
Phillips, Adam: Missing Out, New York 2012
Pinker, Stephen: Aufklärung jetzt!, in: Schweizer Monat, 07/2018, S. 62–67
Pitcher, P./Smith, A. D.: Top Management Team Heterogeneity: Personality, Power and Proxies, in: Organization Science, 02/2001, S. 1–18
Pörksen, Bernhard: Die große Gereiztheit, München 2018

Reckwitz, Andreas: Die Gesellschaft der Singularitäten, Berlin 2017
Reckwitz, Andreas: Für eine Kultur der emotionalen Abkühlung, in: FAS v. 24.11.2019, S. 42
Richmer, Hilke/Falkenberg, Eva-Louisa: Spirit – The Game, in: OrganisationsEntwicklung 4/2017, S. 85–89

Rödder, Andreas: Zukunft ist auch nicht mehr das, was sie mal war, in: FAS v. 03.12.2017, S. 34
Roser, Brigitte: Das Ende der Ausreden, München 2008

Scheller, Jörg: In deinen Mängeln liegt die Kraft, in: NZZ v. 09.02.2018, S. 37
Scherrer, Ivo: Stammestriebe, in: Schweizer Monat, 07/2018, S. 57–61
Scheu, René: Das Spiel der Differenzen, in: NZZ v. 18.07.2018
Schmetkamp, Susanne: Anerkennung im Konflikt, DZPhil. 4/2010, S. 655–660 (Besprechung von Bedorf, Thomas: Verkennende Anerkennung, Berlin 2010)
Schmid, Birgit: Sex nur nach explizitem Ja? Nein!, in: NZZ v. 02.08.2019, S. 53
Schmitt, Carl: Die Tyrannei der Werte, Berlin 1967
Schneider, Manfred: Die Gabe des Krieges, in: Kursbuch 147, 2002, S. 9–22
Schuh, Franz: Das eine tun, das andere nicht lassen, Rez. Bauer, Thomas: Die Vereindeutigung der Welt, in: Die Zeit v. 08.03.2018, S. 11
Schwarz, Gerhard: Konfliktmanagement – Sechs Grundmodelle der Konfliktlösung, Wiesbaden 1995
Sevinc Basad, Judith: Sexismusverdacht bei der Diskriminierungsolympiade, in: FAZ v. 08.03.2018, S. 11
Shapiro, Daniel: Verhandeln, Frankfurt 2018
Simon, Fritz B.: Einführung in die Systemtheorie des Konflikts, Heidelberg 2010
Simon, Fritz B.: Wenn rechts links ist und links rechts, Paradoxiemanagement in Familie, Wirtschaft und Politik, Heidelberg 2013
Siemons, Mark: Die Ideologie der Eindeutigkeit, in: FAS v. 27.05.2018, S. 45
Siemons, Mark: Der Aufstand der Atome, in: FAS v. 25.08.2018, S. 45

Simanowski, Roberto: Teile dich mit, überwinde deine Kultur, in: NZZ v. 22.01.2018, S. 27

Simmel, Georg: Soziologie. Untersuchungen über die Formen der Vergesellschaftung, Frankfurt 1992

Sloterdijk, Peter: Die Sitten verwildern, die Gerechtigkeit ist obdachlos, in: NZZ v. 31.03.2018, S. 45–47

Smith, Wendy K./Lewis, Marianne W./Tushman, Michael L.: Sowohl-als-auch-Management, in: Harvard Business Manager 8/2016, S. 30–39

Sprenger, Reinhard K.: Scham und Schuld, in: brandeins 5/2002, S. 136–137

Sprenger, Reinhard K.: Einigkeit macht starr, in: brandeins 1/2004, S. 110–111

Sprenger, Reinhard K.: Radikal führen, Frankfurt 2012

Sprenger, Reinhard K.: Das anständige Unternehmen, München 2015

Sprenger, Reinhard K.: Der Mensch, das manipulierbare Wesen, in: NZZ v. 01.12.2017, S. 37

Stadler Elmer, Stefanie: Identität – Wer bin ich und wo gehöre ich dazu?, in: Schweizer Monat, 07/2018, S. 54–56

Steiner, George: Der Garten des Archimedes, Wien 1997

Steiner, George: Von realer Gegenwart, München 1990

Stephan, Cora: Wer Streit vermeidet, erntet nicht Frieden, in: NZZ v. 24.02.2017, S. 37

Strasser, Peter: Kein Friede ohne Krieg?, in: NZZ v. 18.06.2018, S. 8

Strauß, Botho: Fragmente der Undeutlichkeit, München 1989

Strohschneider, Peter: Wer sagt dem König, dass die Füchse auch nicht alles wissen, in: FAZ v. 16.12.2019, S. 13

Theisen, Heinz: Warum Liberale heute konservativ sein sollten, in: NZZ v. 03.12.19, S. 10

Thiessen, Ansgar/Wreschniok, Robert: Strategie-Aktivierung, in: OrganisationsEntwicklung 3/2019, S. 63–68
Tomatis, Alfred: Der Klang des Lebens, Hamburg 1995

Ullrich, Wolfgang: Gewissensaristokraten schweben über dem Wandel, in: changement 06/2018, S. 12–15
Ulrich, Bernd: Mann irrt, in: Die Zeit v. 12.04.2018, S. 60–61
Ulrich, Bernd: Wie radikal ist realistisch? In: Die Zeit v. 14.06.18, S. 2–3
Ulrich, Bernd: Weniger Moral, in: Die Zeit v. 06.09.2018, S. 4

Vaihinger, Hans: Die Philosophie des Als Ob, Paderborn 2013

Waal, Frans de/Aureli, Filippo: Conflict Resolution and Distress Alleviation in Monkeys and Apes, in: Annals of the New York Academy of Sciences 01/1997, Bd. 807, S. 317–328
Waldenfels, Bernhard/Gehring, Petra/Gelhard, Andreas: Phänomenologie braucht einen langen Atem, in: Deutsche Zeitschrift für Philosophie, 06/2017, S. 1109–1126
Watzlawick, Paul: Anleitung zum Unglücklichsein, München 2009
Wittenberg-Cox, Avivah: Keine Extrawurst, in: Harvard Business Manager, 01/2018, S. 52–53

Yang, J./Mossholder, K. W.: Decoupling Task and Relationship Conflict: The Role of Intragroup Emotional Processing, in: Journal of Organizational Behavior, 08/2004, S. 589–605

Zwack, Julika/Bossmann, Ulrike: Wege aus beruflichen Zwickmühlen, Navigieren im Dilemma, Göttingen 2017